国家自然科学基金面上基金项目(52174194、52374214)
国家自然科学基金青年基金项目(52204225、52204211、52204223)
山东省自然科学基金青年基金项目(ZR2022QE229、ZR2022QE196)
山东省高等学校青创科技计划创新团队(2021KJ011)资助

构造煤储层孔隙结构 与瓦斯吸附解吸

王振洋　　郝从猛　　谢景娜
刘义鑫　　张明光　　　　　　著

东南大学出版社
SOUTHEAST UNIVERSITY PRESS
·南京·

图书在版编目(CIP)数据

构造煤储层孔隙结构与瓦斯吸附解吸 / 王振洋等著.
—南京：东南大学出版社，2023.12
ISBN 978-7-5766-1012-3

Ⅰ.①构… Ⅱ.①王… Ⅲ.①煤层-储集层-地质构造-研究 ②煤层瓦斯-研究 Ⅳ.①P618.11 ②TD712

中国国家版本馆 CIP 数据核字(2023)第 236532 号

责任编辑：贺玮玮　责任校对：韩小亮　封面设计：毕真　责任印制：周荣虎

构造煤储层孔隙结构与瓦斯吸附解吸

Gouzao Mei Chuceng Kongxi Jiegou yu Wasi Xifu Jiexi

著　　者：王振洋　郝从猛　谢景娜　刘义鑫　张明光	
出版发行：东南大学出版社	
出 版 人：白云飞	
社　　址：南京四牌楼 2 号　邮编：210096	
网　　址：http://www.seupress.com	
经　　销：全国各地新华书店	
印　　刷：广东虎彩云印刷有限公司	
开　　本：787 mm×1 092 mm　1/16	
印　　张：14	
字　　数：315 千字	
版　　次：2023 年 12 月第 1 版	
印　　次：2023 年 12 月第 1 次印刷	
书　　号：ISBN 978-7-5766-1012-3	
定　　价：59.00 元	

本社图书若有印装质量问题，请直接与营销部联系。电话(传真)：025-83791830。

前　言

PREFACE

　　孔隙结构是煤储层最基本的物性特征,孔隙的存在与连通为瓦斯提供了赋存和运移的空间。煤的孔隙结构一直是业内研究的重点,是评价瓦斯赋存特征、运移能力,以及瓦斯灾害防治和煤层气开采的基础。构造煤是发生突出的必要条件之一,突出煤层中构造煤厚度增大,突出危险性也会相应增加。构造煤越来越被煤炭企业人员和科研工作者所重视,专注于孔隙结构、瓦斯吸附解吸扩散特性方面的研究,已经取得了大量原创性成果,并得到了广泛的应用。然而,目前尚未有一本书能较为全面地介绍储层构造煤孔隙结构与瓦斯吸附解吸的相关理论及应用。近年来,煤矿事故发生率虽然呈降低趋势,但瓦斯灾害仍时有发生,对人员生命健康、环境生态均有重要的影响。出于此方面的考虑,有必要对当前相关学者的研究成果进行介绍和总结,为科研工作者和技术人员提供借鉴。因此,作者编写了《构造煤储层孔隙结构与瓦斯吸附解吸》一书。

　　本书是在中国矿业大学煤矿瓦斯防治研究所以及山东科技大学地下工程灾害防治理论与技术团队多年的理论研究和科研实践成果上凝练而成。全书共分为 8 章:第 1 章为孔隙分类的介绍,主要是对孔隙的定义,对煤孔隙的成因、分类及研究意义进行介绍;第 2 章为对构造煤的形成分布及结构特征的分析;第 3 章着重从微晶等化学结构的角度介绍煤分子结构的特征,并给出了煤的大分子结构模型的构建方法;第 4 章主要对煤的孔隙结构进行了系统全面的研究,介绍了现有孔隙结构测试方法、分析方法,并基于上述方法对孔隙结构进行了分析;第 5 章主要基于几种测试方法介绍了煤孔隙结构的分形及多重分形特征,并给出了孔隙结构复杂度定量评价方法;第 6 章从实验和分子模拟的角度介绍了煤的瓦斯吸附特性,分析了孔隙结构尤其是微孔结构对瓦斯吸附的影响;第 7 章介绍了影响煤瓦斯解吸特性的因素、瓦斯扩散模型及扩散特性;第 8 章主要介绍了煤与瓦斯突出的机理、瓦斯对环境生态的影响、瓦斯急速解吸对突出的作用。全书旨在系统地介绍煤孔隙结构、吸附解吸瓦斯的研究进展,并着重对储层构造煤的相关特性进行了介绍,旨在让读者对构造煤的性质有更为全面的了解。本书可供安全工程、采矿工程和煤层气工程等相关专业师生使用,也可供煤炭企业技术人员和相关科研院所研究人员使用。

本书在编写过程中得到了金侃、赵伟、胡彪、易明浩、何鑫鑫等人给予的巨大帮助。此外,国家自然科学基金委员会、山东省自然科学基金委员会也对本书的研究给予了资助和鼓励。在此向他们表示衷心感谢。

作　者
2023 年 6 月

目 录

Contents

第7章 煤的瓦斯解吸扩散特性

第**8**章 瓦斯吸附解吸特性对突出及突出发展的作用

第 1 章　孔隙分类

煤孔隙结构指煤储层所含孔隙的大小、形态、发育程度及孔隙的相互组合关系。由于煤孔隙结构的复杂性及其对瓦斯赋存和运移性质的重要性,关于孔隙结构的研究一直是业内关注的重点和难点。按照国内外学者对煤孔隙的研究进展,对煤孔隙的分类可概述为两种方法:成因分类和大小分类。孔隙的定义是什么? 储层煤孔隙结构的成因是什么? 目前,国内外孔隙分类的依据及广泛应用的分类方法是什么? 孔隙结构研究的意义又有哪些? 本章将对上述这些问题给予解答。

1.1　孔隙的定义

孔隙是指材料中的空隙或孔洞,是物体内部的一种特殊结构形态。这些空隙或孔洞可以来自物质本身的属性,也可以来自物质的结构和组成。多孔介质或材料中被固体物质占据的部分为骨架,未被固体物质占据的部分,就是骨架颗粒之间的部分。广义的孔隙是指岩石中未被固体物质所充填的空间,在土力学中把这部分称之为空隙,也就是空的意思。但在煤炭和石油行业,则称这部分空间为孔隙,当然还涉及裂隙。狭义的孔隙是指岩石中颗粒间、颗粒内和充填物内的空隙。岩石中的孔隙有原生的,也有次生的;有相互连通的,也有孤立存在的。

古人在诗词中已对孔隙进行了初步的解读,《宗镜录》卷八十五:"譬如有孔隙处风入其中,摇动於物有往来相。菩萨亦尔,若心有间隙,心则摇动,以摇动故,魔则得便,是故菩萨守护於心不令间隙"。唐朝诗人卢仝在《月蚀诗》中提到:"今夜吐焰长如虹,孔隙千道射户外"。唐朝诗人姚合在《买太湖石》诗中提到:"背面涼注痕,孔隙若琢磨"。这些诗词都是对孔隙的具体描述,诗词中孔隙的意义为空隙、孔窍。

相关学者对孔隙和空隙的研究众多,但二者存在本质的区别。孔隙是指岩土固体矿物颗粒间的空间,是材料内部的,是多余水分蒸发、发泡、火山喷发及焙烧产生气体膨胀等作用形成的充满气体的结构。空隙则是散状材料堆积在一起留下来的空隙,反映了散粒状材料的颗粒互相填充的致密程度。由此衍生的孔隙率和空隙率的概念也存在差异。孔隙率是材料中孔隙体积占总体积的比例,材料的孔隙率大小直接反映了材料的致密程度,是针对单一的某种材料而言的。空隙率是指散粒材料在某堆积体积中,颗粒之间的空隙体积占总体积的比例。相比于孔隙率,空隙率不是针对某一单一材料,因为某堆积材料中可能包含多种材料,空隙可以是多种材料颗粒之间的空隙。

提到孔隙率,与之相似的有孔隙度这个概念。需要明确的是二者是不同的,之所以出现这两种术语,可能源于最初的翻译错误。从汉语的角度来看,"率"是两个相同物理量的比值,属于无因次量,比如常用的出生率、死亡率等;"度"是两个不同物理量的比值,属于有因次量,比如速度、密度等。相比于孔隙度,孔隙率的称呼更为科学,但目前这两种概念均被业内学者广泛使用。当然也有另一种解释,即孔隙度是指体积之比,数值小于1。孔隙度越大,通透性越强;孔隙度越小,通透性也就越差。孔隙率则是指百分比。从目前业内学者普遍接受的观点看,正确使用孔隙率和孔隙度的前提是对其进行解释说明。

1.2 煤储层孔隙成因

1.2.1 成煤作用

为了研究煤储层的孔隙结构及其对瓦斯吸附解吸的影响,首先需要明晰煤中孔隙的成因以及孔隙的分类情况。本小节首先从成煤作用出发,简要介绍煤的形成过程并为下节孔隙的成因和分类的分析奠定基础。

直观地说,煤是地壳运动的产物,是多种高分子化合物和矿物质组成的混合物。远古时期大量的植物埋藏在地层下,经由复杂的生物化学、物理化学和地质作用后形成煤,从植物死亡、堆积、埋藏到煤的形成经历了非常复杂的演变过程,此过程即为成煤过程,也称为成煤作用。

成煤作用一般被分为两个阶段:泥炭化阶段和煤化阶段(图1-1)。泥炭化阶段又称腐泥化阶段,该阶段主要发生生物化学作用,会伴随少量甲烷的产生。具体来看是植物在泥炭沼泽、湖泊或浅海中不断繁殖,其遗骸在微生物作用下不断分解、化合和聚积,在这个阶段中起主导作用的是生物地球化学作用。低等植物经过生物地球化学作用形成腐泥,高等植物形成泥炭,因此成煤第一阶段可称为腐泥化阶段或泥炭化阶段。

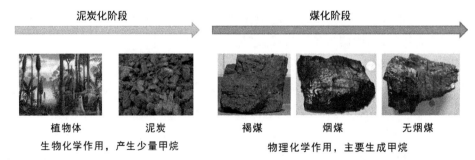

泥炭化阶段　　　　　　　　　　　煤化阶段

植物体　　　泥炭　　　　　　褐煤　　　烟煤　　　无烟煤
生物化学作用,产生少量甲烷　　　　物理化学作用,主要生成甲烷

注:在地表常温、常压下,泥炭沼泽、湖泊或浅海中的植物遗体在微生物的作用下不断分解、化合和聚积,低等植物形成腐泥,高等植物形成泥炭。在地热和压力的作用下,埋藏后的泥炭或腐泥经成岩作用而转变成褐煤,在温度和压力逐渐增高后,再经变质作用转变成烟煤、无烟煤。

图1-1　成煤作用

煤化阶段包含两个连续的过程:

第一个过程:在地热和压力的作用下,泥炭层发生压实、失水、肢体老化、硬结等各种变化而成为褐煤。褐煤的密度比泥炭大,在组成上也发生了显著的变化,碳含量相对增加,腐植酸含量减少,氧含量也减少。因为煤是一种有机岩,所以这个过程又叫做成岩作用。

第二个过程:褐煤转变为烟煤和无烟煤。在这个过程中煤的性质发生变化,所以这个过程又叫做变质作用。在这个过程中,地壳继续下沉,褐煤的覆盖层也随之加厚。在地热和静压力的作用下,褐煤继续经受着物理化学变化而被压实、失水。其内部组成、结构和性质都进一步发生变化。这个过程就是褐煤变成烟煤的变质作用。与褐煤相比,烟煤碳含量增高,氧含量减少,腐植酸在烟煤中已经不存在了。烟煤继续进行着变质作用,由低变质程度向高变质程度变化。而后出现了低变质程度的长焰煤、气煤,中等变质程度的肥煤、焦煤和高变质程度的瘦煤、贫煤,它们的碳含量也随着变质程度的加深而增大。

温度对于成煤过程中的化学反应有决定性的作用。随着地层加深,地温升高,煤的变质程度逐渐加深。高温作用的时间愈长,煤的变质程度愈高,反之亦然。在温度和时间的同时作用下,煤的变质过程本质上是化学变化过程。化学变化过程中所进行的化学反应是多种多样的,包括脱水、脱羧、脱甲烷、脱氧和缩聚反应等。

压力也是煤形成过程中的一个重要因素。随着煤化过程中气体的析出和压力的增高,反应速度会愈来愈慢,但却能促成煤化过程中煤质物理结构的变化,能够减少低变质程度煤的孔隙率、水分,并能增加密度。

整体来说,煤化阶段会发生物理化学作用,伴随着大量甲烷的生成。温度对成煤过程中的化学反应起到决定性作用,压力亦是煤形成过程中的重要因素,煤化阶段会有大量甲烷产生,且压力会升高,使煤的物理结构发生改变,低变质程度煤的孔隙率和水分减少,密度增加[1-2]。

1.2.2 孔隙成因

煤作为一种复杂的多孔介质,其内部发育有复杂的孔隙网络结构。学者们从不同的研究角度提出了不同的煤孔隙成因分类方案。郝琦[3]划分的成因类型为植物组织孔、气孔、粒间孔、晶间孔、铸模孔、溶蚀孔等。张慧[4]以煤岩显微组分和煤的变质与变形特征为基础,参照扫描电镜观察结果,按成因特征将煤的孔隙分为原生孔、变质孔、外生孔及矿物质孔等四大类十小类。此外,陈萍等[5]研究了煤孔隙的形态分类,桑树勋等[6]分别探讨了煤中固气作用类型分类,傅雪海等[7]对煤孔隙进行了分形及自然分类。孔隙的成因类型及发育特征是煤储层生气、储气和渗透性能的直接反映。煤孔隙成因类型多,孔隙形态复杂,大小不等,各类孔隙都是在微区发育或微区连通,它们借助于裂隙而参与煤层气的渗流系统。按照煤中孔隙的赋存位置,可将其分为有机质孔和无机矿物孔两大类型。

1.2.2.1 有机质孔

有机质孔为泥炭化阶段从原始有机质继承的孔隙或在泥炭形成过程中发育的原生孔

隙(如植物组织孔隙和有机质屑间孔隙)及成岩作用和生排烃作用下形成的次生孔隙(分子结构中部分侧链脱落生烃后的气体运移)。原生孔隙和次生孔隙的孔径差异较大,相比于原生孔隙,次生孔隙的发育程度更显著。

植物组织孔隙是成煤时期植物自身所具有的组织孔,其结构特征会受到显微组分的影响,孔隙结构大小与植物细胞大小相当,在几至几十微米之间,多呈网状规则排列。植物组织孔的空间连通性差,以纤维丝状质体为代表的组织孔仅向一个方向延伸发育,相互连通性少。

有机质屑间孔主要指煤中的各种碎屑状显微体(如碎屑镜质体、惰质体和壳质体等有机显微体)之间的孔隙。碎屑状显微体无固定形态,有不规则棱角状、半棱角状或似圆状等。陈佩元等对碎屑状显微体的大小进行了划分[8],碎屑镜质体粒径一般小于 $10~\mu m$,惰质体小于 $30~\mu m$,壳质体为 $2\sim3~\mu m$。因而,由碎屑状显微体构成的有机质粒间孔多为不规则状,且孔隙大小一般小于碎屑。

次生孔隙主要为气孔,是成岩作用和生排烃作用形成的孔隙,多数学者也称之为热成因孔[9]。常见气孔的大小为 $0.1\sim3~\mu m$,多在 $1~\mu m$ 左右。单气孔的形态以圆形为主,边缘圆滑,其次有椭圆形、梨形、圆管形等。气孔大多以孤立的形式存在,相互之间连通性较差。煤岩镜质组、惰质组、壳质组三大组分的气孔发育特征存在差异,其中壳质组气孔最为发育,多以群体形式出现;镜质组气孔较为发育,但很不均匀;惰质组中气孔很少见。

煤的变质过程是芳香稠环体系在温度、压力作用下不断增强缩合程度,促进脂肪侧链脱落,增加芳香度,提高基本结构单元的芳香簇尺寸和延展度的过程。因此,有机变质作用产生的孔隙还包括超大分子之间的分子孔,也有学者称之为链间孔,其尺度范围大体为 $0.01\sim0.1~\mu m$。

外生孔是煤固结成岩后,受各种外界因素作用而形成的孔隙,主要有角砾孔、碎粒孔和摩擦孔。角砾孔是煤受构造破坏而形成的角砾之间的孔,孔隙大小以 $2\sim10~\mu m$ 居多。原生结构煤和碎裂煤的镜质组中角砾孔发育较好,并常有喉道发育,其局部连通性比较好。碎粒孔是煤受较严重的构造破坏而形成的碎粒之间的孔,其孔隙大小为 $0.5\sim5~\mu m$。碎粒孔体积小且易堵塞。碎粒孔占优势的煤层,煤体破碎严重,会影响煤储层渗透性能。摩擦孔是煤中压性构造面上常有的孔隙,孔隙大小相差悬殊,小者 $1\sim2~\mu m$,大者几十至几百微米。摩擦孔仅局限于二维构造面上,其空间连通性差[4]。

1.2.2.2 无机矿物孔

由煤中矿物质产生的各种孔隙统称为矿物质孔。矿物质主要包括晶质矿物、非晶质无机成分、化合水等,具体来说涉及黏土类、碳酸盐类、硫化物类及氧化硅等。根据来源不同,可将煤中的矿物质划分为:原生矿物质、次生矿物质、外来矿物质。原生矿物质为成煤时期植物中所含有的无机元素,在煤中的含量很少。次生矿物质为煤形成过程中混入或与煤伴生的矿物质,含量一般也较少。外来矿物质是煤炭开采和加工处理过程中混入的矿物质。无机矿物孔的大小范围较为宽广,纳米级和微米级均有分布。需要说明的是矿物质在煤中含量有限,因而矿物质孔只有少数矿物质发育,因数量很少,对煤储层性能影响不大。

1.3 煤储层孔隙大小分类

目前,煤的孔隙分类方案很多,常见的主要分类方案如表 1-1 所示。苏联学者霍多特提出的孔隙分类方案是在工业吸附剂的基础上进行的,此后国内外学者多采用霍多特的分类方案或在此基础上基于不同的研究目的重新进行分类。霍多特孔隙分类方案具体形式:微孔(<10 nm)、小孔(10~100 nm)、中孔(>100~1 000 nm)、大孔(>1 000 nm)[10]。

表 1-1　国内外主要的煤介孔隙大小分类方案

研究学者	研究对象	研究方法	孔隙大小分类方案
霍多特[10]	煤	压汞法	微孔(<10 nm)、小孔(10~100 nm)、中孔(>100~1 000 nm)、大孔(>1 000 nm)
Gan,等[9]	煤	压汞法、低压氮气和低压二氧化碳吸附法	微孔(<1.2 nm)、中孔(1.2~30 nm)、大孔(>30 nm)
杜比宁(Dubinin)[11]	吸附剂	气体吸附法	微孔(<1.3 nm)、超微孔(1.3~3.0 nm)、中孔(>3~200 nm)、大孔(>200~400 nm)
朱之培[13]	煤	—	微孔(<12 nm)、小孔(12~30 nm)、大孔(>30 nm)
抚顺所[13]	煤	—	微孔(<8 nm)、小孔(8~100 nm)、大孔(>100 nm)
吴俊,等[14]	煤	压汞法	微孔(<5 nm)、过渡孔(5~50 nm)、中孔(>50~500 nm)、大孔(>500~7 500 nm)
俞启香,等[15]	煤	—	吸附空间(<10 nm)、扩散空间(10~100 nm)、缓慢层流渗透空间(>100~1 000 nm)、强烈的层流渗透空间(>1 000~10 000 nm)、层流和紊流混合的渗透空间(>0.1 mm)
秦勇,等[16]	煤	压汞法	微孔(<15 nm)、过渡孔(15~50 nm)、中孔(>50~400 nm)、大孔(>400 nm)
IUPAC[18]	吸附剂	气体吸附法	极微孔(<0.7 nm)、超微孔(0.7~2 nm)、介孔(>2~50 nm)和大孔(>50 nm)
程远平,等[19]	煤	气体吸附法	不可达孔(<0.38 nm)、填充孔(0.38~1.5 nm)、扩散孔(>1.5~100 nm)、渗流孔(>100 nm)

Gan 等[9]利用压汞法、低压氮气吸附法和低压二氧化碳吸附法对美国煤样进行孔隙结构的测试研究,发现 298 K 下的低压二氧化碳吸附计算的表面积始终高于由 77 K 下的低压氮气吸附计算的结果,表明了煤的分子筛特性,Gan 等将大小在 0.4~1.2 nm 间的孔隙视为微孔,1.2~30 nm 间的孔隙视为中孔,大于 30 nm 的孔隙视为大孔。

从 1955 年开始,杜比宁[11](Dubinin)针对孔隙结构开展了长达 20 多年的研究,最早是通过光学显微镜和压汞法对活性炭的孔隙结构进行量化表征。杜比宁[11]将光学显微镜无法直接观测的孔隙称为微孔,可通过"分子探针"方法(气体吸附法)对微孔进行测试,杜比宁将微孔和大孔之间存在的孔隙称为过渡孔,可通过测量该孔隙中苯蒸汽的毛细管冷凝等温线来确定有效半径。1965 年,杜比宁[12]对孔隙范围进行了量化表征,将 2~3 nm 以下孔隙视为微孔,3~400 nm 间的孔隙视为中孔,200~400 nm 以上孔隙视为大孔。1974 年,杜比宁[11]对微孔结构进一步细分,将小于 1.3 nm 孔隙视为微孔,1.3~3.0 nm 孔隙视为超微孔,该孔隙分类方法在当时得到了广泛的认可。

吴俊等[14]基于压汞法研究了煤中孔隙结构并对其进行了划分分为:微孔(<5 nm)、过渡孔(5~50 nm)、中孔(>50~500 nm)、大孔(>500~7 500 nm),他们认为在大孔和中孔内,气体呈容积型扩散,在过渡孔和微孔中呈分子型扩散。大孔多以管状孔隙、板状孔隙为主,易于液态烃、气态烃的储集和运移,排烃效果好;中孔以板状孔、管状孔隙为主,间有不平行板状孔隙,孔隙较大但孔稍差;过渡孔以不平行板状孔为主,有一部分墨水瓶孔隙,易于气态烃的储运,但是不利于重烃气体的运移;微孔中有较多的墨水瓶孔,能够储集瓦斯但不利于运移。

我国矿井瓦斯防治专家俞启香教授[15]从研究瓦斯在煤层中的赋存和流动的角度出发,将小于 10 nm 的孔隙视为瓦斯吸附空间;10~100 nm 间的孔隙视为瓦斯扩散空间;100~1 000 nm 间的孔隙视为瓦斯的缓慢层流渗透空间;1 000~10 000 nm 间的孔隙视为瓦斯强烈的层流渗透空间;0.1 mm 以上的可见孔和裂隙视为层流和紊流混合的渗透空间。该分类方法对当时矿井瓦斯防治起到了重要的作用,目前仍有学者使用该分类方法研究煤的孔隙结构。

秦勇等[16]采用压汞实验对我国 16 个高煤级煤典型矿区 50 件样品开展了孔隙参数测试,样品的地质时代包括石炭纪、二叠纪、晚三叠纪及早、中侏罗纪,其镜质体油浸最大反射率为 1.83%~17.9%,囊括了整个高煤级煤—石墨演化系列。他以孔径 400 nm、50 nm 和 15 nm 为分界点,提出了适合于高阶煤的孔隙分类方案:微孔(<15 nm)、过渡孔(15~50 nm)、中孔(>50~400 nm)及大孔(>400 nm)。在此基础上,讨论了高煤级煤演化的规律性及煤与石墨之间的划分界限,指出在高煤级煤的不同演化阶段中可能存在不同的演化机理和实质。

1985 年,国际纯粹与应用化学联合会(IUPAC)发布了一份关于"气体/固体系统物理吸附数据报告",特别是表面积和孔隙率的测定的手册。1985 年文件中的结论和建议已被科学界和工业界广泛接受。IUPAC 基于气体吸附法对吸附剂的孔隙进行了划分：微孔（<2 nm）、介孔（2～50 nm）和大孔（>50 nm）[17]。纳米多孔材料（例如，中孔分子筛、碳纳米管以及具有分级孔结构的材料）研究已取得重大进展，它们的表征要求开发用于吸附各种亚临界流体（例如，87 K 的氩气，273 K 的二氧化碳）以及有机蒸汽和超临界气体的孔隙。此外，基于密度泛函理论和分子模拟的新程序（例如，蒙特卡洛模拟）已被开发以允许从高分辨率物理吸附数据中获得更准确和全面的孔隙结构分析。在此基础上，IUPAC 更新和扩大了 1985 年给出的建议。2015 年，IUPAC 对孔隙分类进行了细分和补充：极微孔（<0.7 nm）、超微孔（0.7～2 nm）、介孔（>2～50 nm）和大孔（>50 nm）[18]。目前，该分类标准被国内外学者广泛接受。

程远平等[19]基于最新的煤中甲烷赋存和运移特性的研究成果，提出了一种新的针对煤和甲烷系统的孔隙分类方法。他们将煤中孔隙结构划分为不可达孔（<0.38 nm）、填充孔（0.38～1.5 nm，吸附相扩散）、扩散孔（>1.5～100 nm，游离相扩散）和渗流孔（>100 nm）4 类，且煤中不同孔隙（填充孔、扩散孔和渗流孔）形成顺序串联，相同孔隙形成相互并联为主的连接模式。新的煤孔隙分类方法总结了甲烷分子在不同尺寸孔隙结构中的赋存形式（微孔填充吸附态、单分子层吸附态和游离态）及运移特性，为从微观和宏观相结合角度进一步研究甲烷在煤中的赋存和运移规律提供了理论基础，这也是目前国内外最新的孔隙分类方法。

1.4 煤储层孔隙结构研究意义

煤层气开发的主要差异之一是煤储层特征，煤的孔隙具有割裂和微孔双重孔隙系统，但对吸附气储集和运移起关键作用的是纳米级孔隙。因此，纳米孔隙是煤储层中重要也是最主要的孔隙类型，它控制了煤层气赋存的主要储集空间，其定量表征十分重要。孔隙的成因类型及其发育特征是煤储层生气、储气和渗透性能的直接反映，颇具理论与实用研究意义。

国内外大量的研究工作集中在纳米孔隙的表征技术方法和定量评价上，从而使得纳米孔隙成为目前广泛关注的研究热点。此外，多孔介质纳米级孔隙结构的研究一直是煤矿、石油天然气、地质、化学、材料等领域中研究的重点。复杂的孔隙结构决定了煤的结构特性、力学性质和其中流体的流动特性等，深入揭示煤储层纳米级孔隙结构，对深入认识瓦斯赋存特性、瓦斯运移规律等起着至关重要的作用，对煤矿瓦斯涌出、煤层瓦斯抽采、煤与瓦斯突出灾害的防治同样功不可没。

参考文献

［1］白玉,古全德,王首同. 浅谈成煤过程,不同煤级的煤及其各自的用途[J]. 中国科技博览,2010,

36:1.

[2] 张双全,姜尧发,秦志宏.成煤过程多样性与煤质变化规律[M].徐州:中国矿业大学出版社,2013.

[3] 郝琦.煤的显微孔隙形态特征及其成因探讨[J].煤炭学报,1987,12(4):51-56.

[4] 张慧.煤孔隙的成因类型及其研究[J].煤炭学报,2001,26(1):40-44.

[5] 陈萍,唐修义.低温氮吸附法与煤中微孔隙特征的研究[J].煤炭学报,2001,26(5):552-556.

[6] 桑树勋,朱炎铭,张井,等.煤吸附气体的固气作用机理(Ⅱ):煤吸附气体的物理过程与理论模型[J].天然气工业,2005,25(1):16-18.

[7] 傅雪海,秦勇,张万红,等.基于煤层气运移的煤孔隙分形分类及自然分类研究[J].科学通报,2005,50(S1):51-55.

[8] 陈佩元,孙达山.中国煤岩图鉴[M].北京:煤炭工业出版社.1996.

[9] GAN H,NANDI S P,WALKER P L. Nature of the porosity in American coals[J]. Fuel,1972,51(4):272-277.

[10] B. B.霍多特.煤与瓦斯突出[M].宋士钊,王佑安,译.北京:中国工业出版社,1966.

[11] DUBININ M M. On physical feasibility of Brunauer's micropore analysis method[J]. Journal of Colloid and Interface Science,1974,46(3):351-356.

[12] DUBININ M M. Modern state of the theory of gas and vapour adsorption by microporous adsorbents[J]. Pure and Applied Chemistry,1965,10(4):309-322.

[13] 李相臣,康毅力.煤层气储层微观结构特征及研究方法进展[J].中国煤层气,2010,7(2):13-17.

[14] 吴俊,金奎励,童有德,等.煤孔隙理论及在瓦斯突出和抽放评价中的应用[J].煤炭学报,1991,16(3):86-95.

[15] 俞启香,程远平.矿井瓦斯防治[M].徐州:中国矿业大学出版社,2012.

[16] 秦勇,徐志伟,张井.高煤级煤孔径结构的自然分类及其应用[J].煤炭学报,1995,20(3):266-271.

[17] ROUQUEROL J,AVNIR D,FAIRBRIDGE C W,et al. Recommendations for the characterization of porous solids (Technical Report)[J]. Pure and Applied Chemistry,1994,66(8):1739-1758.

[18] THOMMES M,KANEKO K,NEIMARK A V,et al. Physisorption of gases,with special reference to the evaluation of surface area and pore size distribution (IUPAC Technical Report)[J]. Pure and Applied Chemistry,2015,87(9/10):1051-1069.

[19] 程远平,胡彪.基于煤中甲烷赋存和运移特性的新孔隙分类方法[J].煤炭学报,2023,48(1):212-225.

第 2 章　构造煤的形成分布及结构特征

　　煤与瓦斯突出的地点或突出附近区域多数都发育有构造煤,构造煤的存在已被认为是突出发生的必要条件,构造煤一直是煤矿工作者最为关心的对象之一,同时更是科研工作者重点关注的对象。构造煤的地质成因、形成机制以及地质构造作用对构造煤的控制效果是如何演化的? 相比于原生煤,构造煤的超前演化特性体现在哪些方面? 本章将对上述这些问题进行解答。

2.1　构造煤的地质成因

2.1.1　构造煤的地质形成过程

　　煤在长期复杂的应力-应变条件和构造作用的环境下,其物理结构和化学结构均会演变出新的特征[1-3],具体表现为其分子结构、光学性质、孔隙特征、强度特性、吸附特性、解吸和扩散能力及渗流特征等均异于原生煤,即形成了构造煤。由此可见,构造煤的形成是一个长期且极为复杂的过程,主要受控于地质构造作用,如图 2-1 所示,构造煤形成主要经历了以下过程:

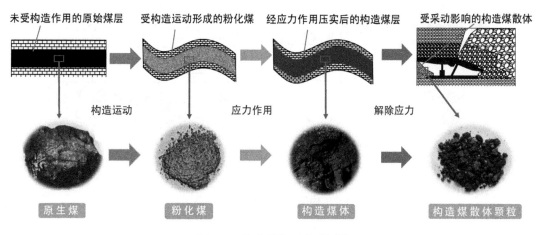

图 2-1　构造煤的形成过程[4]

　　(1) 未受强烈地质构造作用的原始煤层在经一期或多期构造作用过程后不断发生挤压变形、剪切、碎裂和揉皱等,其原始层理和条带状结构不断发生破坏,煤体的大尺度基质演变成小尺度状的基质体,该阶段主要以粉化煤体为代表特征。

(2) 后期受到不同方向强烈挤压构造应力的作用,粉化煤体会再次被压实,粉化煤颗粒间的孔裂隙不断被压缩和黏结,在长期的地层条件下,粉化煤体的物理和化学结构会再次发生改变,进而形成致密的具有低强度和弱黏结性的构造煤体。

(3) 当受到采动影响后,致密的构造煤体在解除地应力的条件下,会迅速形成极为松软的散体构造煤颗粒,此阶段的散体构造煤颗粒强度低,易破碎,光泽性差。

2.1.2 地质构造对构造煤的控制作用

在长期地质构造作用下构造煤逐渐形成,而受大地构造演化的影响,构造作用的类型会呈现出多样性,这对构造煤的形成和分布起着不同的控制作用[5]。根据煤矿现场的观察和统计,构造煤在煤层中的分布形式可以概述为"全区域软分层""软硬分层""硬软分层"和"硬软硬分层"[6]。受地质构造作用影响,在小范围区域内,构造煤主要分布在断层、褶曲、上局部变厚带和下局部变厚带等构造区域[7-9],其分布示意图见图 2-2。根据煤层情况、地质统计资料和断层成因理论可知,断层(正断层和逆断层)周围构造应力集中的区域内易发育有构造煤[10-11],无论是正断层还是逆断层,其上盘均为主动盘,在上盘的断层切面会形成顺煤层面的剪切应力,剪切应力随断层带向下盘的断层切面传递,在此过程中会发生应力损失。因此,构造煤主要在断层上盘一定区域范围内较为发育,而在断层下盘构造煤的发育较弱;同时,断层对煤的影响范围和程度随煤与断层切面距离的增大而逐渐降低,因断层而形成构造煤的示意图如图 2-2(a)所示。

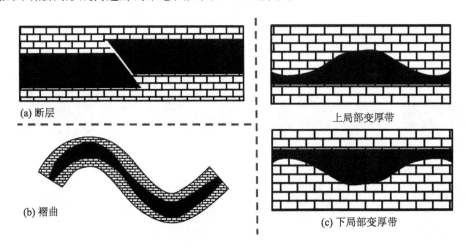

(a) 断层

上局部变厚带

(b) 褶曲

(c) 下局部变厚带

图 2-2 构造煤分布区域与地质构造

在地层中,煤层属于软岩层,通常具有许多分层,煤层在分层界面上的力学性能差异很大,因此在构造作用过程中,煤层通常首先发生变形。褶曲是水平的煤层受到水平的应力挤压作用后发生弯曲变形而形成的一种构造类型,也是煤矿开采过程中常见的一种构造[12],褶曲示意图如图 2-2(b)所示。褶曲构造作用的初始阶段,构造煤主要在褶曲两翼

综合柱状图			
岩性描述	厚度/m	柱　状	
灰白色细至中粒砂岩	>14		
砂质泥岩夹薄层细粒砂岩含己₁₆煤层和无名煤	11~18		
己₁₅煤层	1.5~2.6		
泥岩及砂质泥岩，由东向西逐渐增厚	0.3~7		
己₁₆煤层	1.2~1.5		
砂质泥岩	1.0~7.5		
己₁₇煤层	2.2~2.9		
砂质泥岩及灰岩	>20		

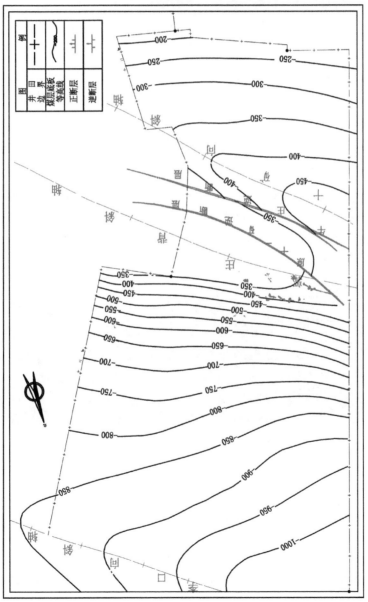

图 2-3　平煤十矿地质构造

发育,随着褶曲构造作用的进行,褶曲两翼的构造煤虽然会发育,但同时也伴随着煤厚变薄,轴部的构造煤反而会进一步发育,厚度也会增加。

含煤地层中较厚煤层发育有构造煤的可能性更高[13],由上述分析可知,断层和褶曲构造会引起煤厚度的增加;除此之外,上局部变厚带和下局部变厚带也属于煤厚异常的两种典型形式,如图 2-2(c)所示。其特征在于中间区域煤层变厚,向两翼逐渐变薄或尖灭。煤厚异常越严重,区域内应力集中的程度越高,突出的风险越大。上局部变厚带和下局部变厚带的形成,主要是因为煤层的原生厚度发生局部的突变,在突变范围内,煤层的受力状态异于正常煤层,导致应力集中,煤体发生破碎等[14]。小范围区域内的断层、褶曲、上局部变厚带和下局部变厚带等构造会导致构造煤的形成,会控制瓦斯生成的条件,同时也会对生成的瓦斯起到封存作用。

以河南省平煤十矿己$_{16}$煤层为例,该煤矿处于平顶山矿区东部,总体为一倾向 NNE(北北东)的单斜构造,在此基础上沿着倾向发育的郭庄背斜和十矿向斜组成了井田的基本构造形态。断层以十矿向斜轴与郭庄背斜轴之间的牛庄逆断层和原十一矿逆断层为主,共同构成了井田的主干构造,褶曲的轴向和断层的走向基本平行,呈北西向展布,规律性明显,构造特征可以概述为"一向一背两断层",如图 2-3 所示。受褶曲和断层的影响,平煤十矿己$_{16}$煤层发育有构造煤,且呈现出典型的"硬软硬分层"的结构特征,如图 2-4 所示,己$_{16}$煤层煤厚大致为 1.2~1.5 m。

图 2-4 平煤十矿己$_{16}$煤层分布

2.2 构造煤的分布与突出关系

随着煤炭资源开采深度的逐年增加,深部赋存煤层普遍表现出高地应力、高瓦斯含量、高瓦斯压力和低渗透性的特征[4,15],深部煤层赋存的条件会加剧煤矿瓦斯事故尤其是煤与瓦斯突出事故的发生。煤与瓦斯突出(以下简称"突出")是煤层中存储的应力能和瓦斯能的失稳释放,具体表现为在极短的时间内突然向采掘空间抛出大量的煤岩体和瓦斯[16-17]。抛出的煤岩从几吨到上万吨不等,会严重破坏通风设施与系统、摧毁采掘空间、损坏电气设备以及堵塞巷道,造成煤岩埋人事故;涌出的瓦斯从几百立方米到上百万立方米不等,会造成矿工窒息死亡、瓦斯燃烧以及爆炸事故。近年来,在国家矿山安全监察局、各级地方政府以及各煤矿的共同努力下,全国煤矿事故数和死亡人数逐年降低。2020 年全国煤矿发生事故 123 起、死亡 228 人,同比分别下降 27.6% 和 27.8%;2021 年,全国煤矿发生事故 91 起、死亡 178 人,比 2021 年减少 32 起、50 人,同比分别下降 26% 和21.9%;2022 年,全国煤矿发生事故 168 起、死亡 245 人,比 2021 年增加 77 起、67 人,但煤矿瓦斯事故起数、死亡人数均同比下降 44%。

　　煤与瓦斯突出严重影响着矿井工人的安全,严重制约着煤矿企业的安全发展。构造煤的存在被证实是突出发生的必要条件[5, 18, 19],前文从地质成因角度分析了构造煤的形成以及地质构造对构造煤的控制效果。表 2-1 汇总了我国 2010—2019 年发生的 18 起与构造作用相关的煤矿典型的突出事故,部分突出事故未查询到构造的详细信息。从统计的结果来看,这些突出事故均发生在具有一定规模的构造地带。断层构造带发生突出的案例高达 11 起,且多发生在正断层;其中,仅由断层构造带的构造煤引起的突出案例有 8 起,占总起数的 44.4%。煤层变厚带发生突出的案例有 9 起,仅由煤层变厚带的构造煤引起的突出案例有 6 起,占总起数的 33.3%。褶曲构造带附近通常会伴随着断层构造和煤层变厚带的出现,包括顺层滑动等;其中,与褶曲共同勘探到的煤厚异常带可能是由褶曲构造作用形成,这说明了地质构造的复杂性。

表 2-1　近十年来煤矿煤与瓦斯突出案例与构造作用的不完全统计

时间	突出矿井	突出 煤量/t	突出瓦 斯量/m³	构造类型
2010/10/16	河南禹州平禹四矿	2 547	15 000	煤层变厚带
2011/10/27	河南焦作九里山矿	3 246	291 000	断层
2012/06/19	山西阳泉新景煤矿	203	15 862	正断层
2012/11/24	贵州盘州响水煤矿	490	45 000	断层
2013/03/12	贵州六盘水马场煤矿	2 051	352 000	断层、褶曲
2013/09/01	云南曲靖白龙山煤矿	868	84 130	逆断层
2014/05/13	山西阳泉五矿	325	11 354	正断层 落差 2.5 m
2014/10/05	贵州毕节新田煤矿	2 500	22 000	小背斜正断层变厚带 落差 1.5 m 厚度由 3.5 m 增至 6.0 m

时间	突出矿井	突出煤量/t	突出瓦斯量/m³	构造类型
2016/03/03	河南郑州大平煤矿	1 100	52 000	正断层 煤层变厚带 落差 0～17.0 m 厚度由 5.0 m 增至 15.0 m
2017/01/04	河南登封兴峪煤矿	254	5 940	向斜轴部煤层变厚带 厚度由 2.6 m 增至 8.5 m
2017/05/15	河南商丘薛湖煤矿	116	4 865	正断层 落差 1.0 m
2018/05/14	河南焦作中马村煤矿	77	5 961	煤层变厚带 厚度由 4.9 m 增至 8.0 m
2018/05/22	河南洛阳新义煤矿	1 917	82 843	煤层变厚带 厚度由 5.0 m 增至 10.0 m
2018/08/11	贵州黔西南州政忠煤矿	254	5 940	煤层变厚带
2018/08/16	河南平顶山十三矿	301	10 123	煤层变厚带 厚度由 5.0 m 增至 8.0 m
2019/07/29	贵州贵阳龙窝煤矿	132	7 067	断层
2019/12/16	贵州黔西南广隆煤矿	414	42 300	煤层变厚带 厚度由 2.5 m 增至 5.6 m
2019/11/25	贵州毕节三甲煤矿	784	95 900	正断层 落差 1.3 m

注：表中的内容来源于事故调查报告和后续生产过程中的验证资料。

单独观察与煤层变厚带相关的突出事故结果发现，总体来说，煤厚变化越大，发生突出时的突出煤量和突出瓦斯量越大。与煤厚相关的突出位置，均是煤厚发生异常的区域，意味着煤层的厚度并不是控制突出的关键因素，煤厚的异常及异常区域才是控制突出的关键因素，尤其是小规模的构造区域附近，煤厚的异常对突出的控制作用更高。此外，在断层和煤厚异常区相互叠加作用下会出现地应力异常现象，受采动影响时更容易引发突出灾害。

（1）平煤十矿

以平煤十矿己$_{16}$煤层的煤样为例，简要对构造煤的分布与突出的关系进行概述。平煤十矿自 1964 年投产使用。十矿总体为一倾向北北东的单斜构造，在此基础上沿倾向发育的十矿向斜和郭庄背斜组成了井田的基本构造形态，断层以郭庄背斜轴与十矿向斜轴之间的原十一矿逆断层、牛庄逆断层为主，它们共同构成了井田的主干构造，褶皱轴向、断层走向基本平行，呈北西向展布，规律性明显，构造特征可概括为"一向一背两断层"。井田内主要可采煤层和局部可采煤层有 8 层，分别为：庚$_{21}$煤层、己$_{15}$煤层、己$_{15-17}$和己$_{16-17}$煤层、戊$_{11-13}$煤层、戊$_{9-10}$煤层、戊$_8$煤层、丁$_7$煤层、丁$_{5-6}$煤层。根据 2010—2014 年历年瓦斯鉴定结果(表 2-2),可以发现平煤十矿为煤与瓦斯突出矿井。

表 2-2　2010—2014 年历年矿井瓦斯鉴定结果表

鉴定日期	瓦斯		二氧化碳		等级鉴定
	相对涌出量 /(m³·t⁻¹)	绝对涌出量 /(m³·min⁻¹)	相对涌出量 /(m³·t⁻¹)	绝对涌出量 /(m³·min⁻¹)	
2014 年	21.96	100.86	7.14	32.80	煤与瓦斯突出矿井
2013 年	22.80	102.16	7.36	32.96	煤与瓦斯突出矿井
2012 年	19.50	108.36	4.97	27.62	煤与瓦斯突出矿井
2011 年	21.26	110.02	9.72	50.31	煤与瓦斯突出矿井
2010 年	21.57	112.09	11.14	57.90	煤与瓦斯突出矿井

平煤十矿 1988 年发生了第一次突出事故,截至 2020 年,共计发生突出事故 50 起,其中,突出、压出和倾出次数分别占 12%、86% 和 2%,己组煤层发生的突出事故多为中型突出和特大型突出。图 2-5 为笔者根据时间线统计的平煤十矿己组煤层发生的 8 起事故。其中,最典型的是 2007 年 11 月 12 日发生在己$_{15-16}$-24110 综采面的突出事故,此次事故的突出煤量为 2 243 t,突出瓦斯量为 47 509 m³,突出吨煤瓦斯涌出量为 21.18 m³/t,事故共计造成 12 人死亡,本次事故是平煤十矿突出事故中灾害最严重的一次。根据地质资料及调查发现,该工作面处于地质构造带及构造煤发育区,事故地点附近的煤层厚度发生了

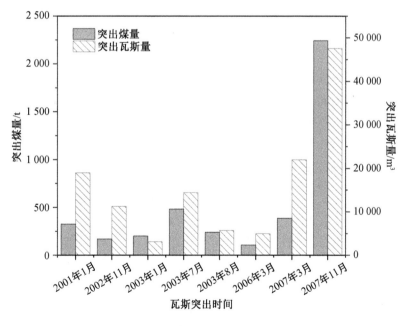

图 2-5　平煤十矿己组煤层突出煤量和突出瓦斯量

显著变化,由 1.8 m 增加至 3.8 m,同时煤层的倾角也发生了变化。由此可见,本次突出事故与断层和褶曲等构造作用形成的构造煤密切相关。

统计资料显示,已组煤层的突出多发生在煤层临近合并区域,而在临近合并区域附近构造煤发育程度较高。由图 2-3 可知,已$_{15}$ 煤层和已$_{16}$ 煤层中间为泥岩及砂质泥岩,厚度最小仅为 0.3 m,在这种变薄的区域两层煤会形成叠加,褶曲和断层构造等越强烈,构造煤的发育程度就越大,由此引起的突出事故发生的可能性也随之增加。

(2)祁南煤矿

祁南煤矿位于安徽省宿州市埇桥区祁县镇境内,矿区内可采煤层为 2$_3$、3$_2$、6$_1$、6$_2$、6$_3$、7$_1$、7$_2$、8、9、10 等 10 层,累计可采平均厚度 14.25 m,占平均总煤层厚度的 62%。祁南煤矿位属宿县矿区,处在华北古大陆板块东南缘,豫淮坳陷带东部、徐宿弧形推覆构造南端。东有固镇-长丰断裂,南有光武-固镇断裂,西接童亭背斜,北有宿北断裂。淮北煤田的区域基底格架受南、东两侧板缘活动带控制,总体表现为受郯庐断裂控制的近南北向(略偏北北东)褶皱断裂,叠加并切割早期东西向构造,形成了许多近似网格状断块式的隆坳构造系统。低序次的北西向和北东向构造分布于断块内,且以北东向构造为主。随着徐宿弧形推覆构造的形成和发展,一系列由南东东向北西西推掩的断片及伴生的一套平卧、斜歪、紧闭线形褶皱形成,并为后期裂陷作用、重力滑动作用及挤压作用所叠加而更加复杂化。推覆构造以废黄河断裂与宿北断裂为界,自北而南可分为北段北东向褶断带,中段弧形褶断带和南段北西向褶断带。

宿南向斜处在南段北西向褶断带上,宿南向斜位于支河到宿东向斜系南部之西端,为一轴向北 20°～25°东,东北部被一组北西向西寺坡逆断层切割(此组逆断层应属徐宿弧形推覆构造体系),向斜构造的完整性被破坏。西翼较为平缓,东翼较陡,南翼平缓,并发育有与地层走向大体一致的褶曲构造。该向斜受北北东向断裂所控制,主要控制煤层分布,含煤岩系的基底为奥陶系中下统地层,矿区位于宿南向斜的西南翼。

矿井煤层瓦斯赋存主要受地质条件影响,由于地层被巨厚地层覆盖,沉积岩性质多为泥岩、粉砂岩等,具有较好的煤层瓦斯生、储、盖条件。矿井主采煤层瓦斯含量高,7$_2$ 煤层为煤与瓦斯突出危险性煤层。矿井生产揭露情况:主采煤层 7 煤层瓦斯含量最高,其次为 32 煤层,10 煤层瓦斯含量最低。在－550 m 中央运输石门处测得 7$_2$ 煤层瓦斯压力为 3.5 MPa,瓦斯含量为 12.4 m^3/t;7 煤层上下邻近层较多,6 煤组煤总厚 3 m 以上,7 煤层回采过程中瓦斯相对涌出量较大。在 3$_2$ 煤层 34$_下$ 采区综采工作面的回采过程中瓦斯涌出水平明显增大,绝对瓦斯涌出量达 25 m^3/min。10 煤层回采工作面断层构造带瓦斯涌出明显增大。

祁南煤矿煤层赋存条件差、地质构造复杂、应力集中、软岩分布广,瓦斯灾害尤为严重。主采煤层 7$_2$ 煤具有松软低透气性特征,突出危险性强,曾发生 6 次煤与瓦斯突出、岩石与瓦斯突出事故,见表 2-3。

表 2-3　祁南煤矿煤与瓦斯突出情况一览表

突出煤层	突出地点	突出时间	突出深度/m	突出煤量/t	突出瓦斯量/m³	突出点构造特征及煤层厚度变化情况	突出特征及危害程度
7_2	中央运输石门	1997-3-21	570	—	8 560	小构造、倾角变缓	底鼓裂缝瓦斯响声
7_2	81 回风石门	1997-3-25	543	—	约 8 000	—	底鼓、裂隙煤炮声
7_2	中央运输石门	1997-7-3	570	96	11 500	背斜,倾角变缓	煤层整体位移
7_2	712 外段机巷	2002-9-9	498	20	2 500	王楼背斜,小褶曲	迎头压出三棚
7_2	711 回风联巷	2003-3-2	527	25（岩）	600	褶曲、跳采煤柱应力集中区	孔洞
7_2	711 里段机巷	2004-1-2	513	30	1 000	断层、煤厚增加	片帮、孔洞

（3）古汉山煤矿

古汉山井田位于焦作市东北,隶属修武县管辖,距焦作市 25 km;井田范围西部以 21 勘探线为界与九里山矿相邻,东部以赤庄断层为界,北以二 1 煤层底板－300 m 等高线为界与白庄、吴村煤矿相邻,南至油坊蒋村断层和二 1 煤层底板－1 000 m 等高线,走向长 11 km,倾斜宽 2.3 km,面积 25.63 km²。古汉山煤矿于 1991 年 12 月 26 日开工建设,2003 年 11 月 1 日通过验收正式投产。矿井设计能力为 1.20 Mt/a,核定能力为 1.18 Mt/a,截至 2016 年 9 月底,可采储量为 8 001.66 万 t。古汉山煤矿为煤与瓦斯突出矿井,主采二叠系山西组二 1 煤层,煤尘不自燃,无冲击地压现象,属水文地质条件极复杂矿井。矿井开拓方式为立井多水平开拓;通风方式为中央并列与对角混合抽出式。

井田范围内主要断裂为北西西向和北东东或北东向两组。其主要断层有:团相断层（F62）、油坊蒋断层（F61）、界碑村断层（F30）、赤庄断层（F68）、白庄断层（F32）、向阳村断层（F64）、小凤凹断层（F63）、官庄断层（F60）等。古汉山矿井田地层自老而新有奥陶系、石炭系、二叠系、新近系及第四系。基本构造轮廓为向南东缓倾的单斜构造。井田内主要含煤建造为石炭、二叠系含煤地层,共计含煤 13 层,其中只有二 1 煤和一 2 煤两层达到可采厚度。二 1 煤为主要开采对象,属中灰、低硫、优质无烟煤,厚度分布稳定,厚 1.88～7.57 m,平均厚度为 5.0 m。地层产状大致为走向北东或北东东,倾向南,倾角 10°～19°,平均 13°。煤层结构简单,一般含夹矸 1～2 层,夹矸平均厚度 0.1 m。地质储量 15 052.15 万 t,可采储量 8 001.66 万 t。

古汉山煤矿自建井至 2011 年共发生 12 次煤与瓦斯突出和 1 次瓦斯爆炸事故（2001 年 10 月 8 日,发生于 14121 运输巷）,煤与瓦斯突出统计如表 2-4 所示。其中,有 2 次大型突出事故,突出煤量在 500～999 t 范围内;8 次中型突出事故,突出煤量在 100～499 t

范围内;2 次中型突出事故,突出煤量在 100 t 以下。1990 年 5 月 24 日 6 时,发生第一次煤与瓦斯突出,突出煤量 7.6 t;2000 年 6 月 13 日 16 时,在 11031 进风巷发生煤与瓦斯突出,突出煤量达 702 t,为突出煤量最大的一次。12 次突出中,有 2 次发生在半煤岩巷,9 次发生在煤巷掘进工作面,1 次发生在采煤工作面施工排放钻孔期间。

表 2-4　古汉山煤矿煤与瓦斯突出一览表

编号	突出地点	突出时间	突出煤量/t	突出瓦斯量/m³	伤亡情况
1	14 皮带下山	1990.5.24	7.6	2 502	
2	14 皮带下山	1990.5.31	103	10 881	
3	14071 下风道	1994.3.21	79		
4	14081 下风道 80 m	1995.12.25	428	28 224	
5	11031 运输巷 372 m	1999.12.14	302	29 000	
6	11031 进风巷 612.5 m 处	2000.6.13	702	54 800	
7	11031 进风巷 676.9 m 处	2000.8.30	498	56 000	
8	14121 下风道	2002.1.2	188.4	13 300	
9	14151 下风道	2002.11.28	380	23 000	
10	14111 下风道	2006.4.6	220	23 450	
11	16021 上风道	2009.5.15	470	42 000	
12	14131 工作面	2011.1.24	600	11 053	2 人

2.3　煤的破坏及变形特征

2.3.1　煤样的破坏类型

煤的破坏类型是指煤体结构受构造应力作用后的煤体破坏程度,煤的破坏类型可依据表 2-5 来确定。在构造应力作用下,煤层发生碎裂和揉皱。中国采煤界为预测和预防煤与瓦斯突出,将煤破碎的程度分成五种类型。第Ⅰ类型:煤未遭受破坏,原生沉积结构、构造清晰。第Ⅱ类型:煤遭受轻微破坏,呈碎块状,但条带结构和层理仍然可以识别。第Ⅲ类型:煤遭受破坏,呈碎块状,原生结构、构造和裂隙系统已不保存。第Ⅳ类型:煤遭受强破坏,呈粒状。第Ⅴ类型:煤被破碎成粉状。第Ⅲ、Ⅳ、Ⅴ类型的煤具有煤与瓦斯突出的危险性。

表 2-5　煤的破坏类型分类表

破坏类型	光泽	构造与构造特征	节理性质	节理面性质	断口性质	强度
Ⅰ类(非破坏煤)	亮与半亮	层状构造,块状构造,条带清晰明显	一组或两三组节理,节理系统发达,有次序	有充填物(方解石),次生面少,节理、劈理面平整	参差阶状,贝状,波浪状	坚硬,用手难以掰开
Ⅱ类(破坏煤)	亮与半亮	1. 尚未失去层状,较有次序; 2. 条带明显,有时扭曲,有错动; 3. 不规则块状,多棱角; 4. 有挤压特征	次生节理面多,不规则,原生节理呈网状节理	节理面有擦纹、滑皮,节理平整,易掰开	参差多角	用手极易剥成小块,中等硬度
Ⅲ类(强烈破坏煤)	半亮与半暗	1. 弯曲呈透镜体构造; 2. 小片状构造; 3. 细小碎块,层理较紊无次序	节理不清,系统不发达,次生节理密度大	有大量擦痕	参差及粒状	用手捻之成粉末,硬度低
Ⅳ类(粉碎煤)	暗淡	粒或小颗粒胶结而成,形似天然煤团	节理失去意义,成黏块状		粒状	用手捻之成粉末,偶尔较硬
Ⅴ类(全粉煤)	暗淡	1. 土状构造,似土似煤; 2. 如断层泥状			土状	用手可捻成粉末,疏松

　　琚宜文等[1]最早以构造煤的手标本和钻井煤心为尺度,提出了既适合于煤层气开发又适合突出防治的构造煤结构-成因分类方案,该方案将构造煤划分为 3 个序列 10 个类型:脆性变形序列,包括碎裂煤、碎斑煤、碎粒煤、碎粉煤、片状煤和薄片煤;韧性变形序列,包括揉皱煤、糜棱煤和韧性结构煤;脆韧性过渡型变形序列,由鳞片煤构成。在构造演化过程中,鳞片煤的原生结构已经消失,受不同方向剪切作用影响整体呈现出鳞片状形态,光泽较为暗淡,构造裂隙很难辨认,但细微裂隙密集发育且方向性差。糜棱煤光泽暗淡,多以暗淡煤为主,原生结构几乎完全消失,因受到强烈的剪切作用或长时间地应力而形成,糜棱煤具有糜棱结构且呈现出团状构造,成揉皱构造发育;糜棱煤的煤样极其破碎,表面构造裂隙均很难辨认,显现出比较显著的韧性流变特征,细微裂隙同样密集发育且方向性差。由地质运动产生的滑动、褶曲和断层等构造作用会明显地改变煤的硬度、完整性、色泽度以及裂隙的发育程度。部分代表性构造煤样见图 2-6。构造煤的完整性很低,在现场取样时很难获得大块体的构造煤,构造煤多数情况下以碎粒状和碎粉状的形式存在。原生煤的层理具有明显的方向性,其内生裂隙保存较好,裂隙发育较为稀疏,偶见裂隙将煤体分割成部分碎块,但煤体整体性高,节理面较为平整。

（a）祁南煤矿（气肥煤）　　　　（b）平煤十矿（焦煤）　　　　（c）古汉山煤矿（无烟煤）

图 2-6　代表性构造煤样

2.3.2　宏观变形特征

1）坚固性系数及测定原理

煤的坚固性系数是反映煤体这种颗粒状固体力学性质的一种相对指标。其值越大，表示煤体越稳定，在外力的作用下越不容易破碎，在同样的瓦斯压力、地应力条件下越不容易发生突出。因此，在煤层的突出危险性预测中，它是一个很重要的测定指标。突出煤层鉴定的坚固性系数临界值为 0.5，坚固性系数的测定遵循国家标准《煤和岩石物理力学性质测定方法 第 12 部分：煤的坚固性系数测定方法》（《GB/T 23561.12—2010》[20]。

坚固性系数的测定方法是建立在脆性材料破碎遵循面积力能说的基础上的，其原理为破碎所消耗的功（A）与破碎物料所增加的表面积 ΔS 的 n 次方成正比，即：

$$A \propto (\Delta S)^n \tag{2-1}$$

实验表明，n 一般为 1。以单位质量物料所增加的表面积而论，则表面积与粒子的直径成反比：

$$S \propto \frac{D^2}{D^3} = \frac{1}{D} \tag{2-2}$$

式中：D ——粒子的直径。

设 D_q 与 D_h 分别表示物料破碎前后的平均尺寸，则面积可以用下式表示：

$$A = K\left(\frac{1}{D_h} - \frac{1}{D_q}\right) \tag{2-3}$$

式中：K ——比例常数，与煤的硬度（坚固性）有关。

式（2-3）可以写为：

$$K = \frac{AD_q}{i-1} \tag{2-4}$$

$$i = \frac{D_q}{D_h} \tag{2-5}$$

式中：i—— 破碎比，$i > 1$。

当破碎所消耗的功 A 与破碎前的煤平均直径为一定值时，与煤的硬度有关的常数 K 与破碎比有关，即破碎比 i 越大，K 值越小，反之亦然。

2) 坚固性系数测定步骤

（1）从煤样中选取块度为 20～30 mm 的小煤块分成 5 份，每份质量 50 g，分别放在测筒内进行落锤破碎实验。测筒由落锤（质量 2.4 kg）、圆筒及捣臼组成。

（2）将各份煤样依次倒入圆筒及捣臼内，落锤自距臼底 600 mm 高度自由下落，撞击煤样，每份煤样撞击 1～5 次，次数可由煤的坚固程度决定。

（3）5 份煤样全部捣碎后，倒入 0.5 mm 筛孔的筛子内，将小于 0.5 mm 的筛下物倒入直径 23 mm 的量筒内，测定粉末的高度。

（4）数据处理

试样的坚固性系数按式(2-6)求得：

$$f_{20-30} = 20n/h \tag{2-6}$$

式中：f_{20-30}——粒度 20～30 mm 煤样的坚固性系数测定值；

　　　n ——落锤撞击次数，次；

　　　h ——量筒测定粉末的高度，mm。

如果煤样较软，所取煤样粒度达不到 20～30 mm 时，可采取粒度 1～3 mm 煤样进行测定，并按式(2-7)进行换算：

$$\begin{cases} f_{20-30} = 1.57 f_{1-3} - 0.14, & f_{1-3} > 0.25 \\ f_{20-30} = f_{1-3}, & f_{1-3} \leqslant 0.25 \end{cases} \tag{2-7}$$

式中　f_{1-3}——煤样粒度 1～3 mm 的坚固系数测定值。

2.3.3　表面微观变形特征

构造作用对煤宏观方面的影响程度可以直观地通过肉眼辨别，然而对于微观表面的孔裂隙形态等的影响则需要通过光学显微镜观测。扫描电子显微镜（SEM）应用发展迅速，现已经作为一种重要的工具被广泛用于煤的微观表面结构的分析[21-23]。在分析之前需要将煤样置于真空干燥箱内脱水干燥并进行后续的喷金处理。为了连续性观察煤样同一位置在不同放大倍数下的形貌特征，实验过程中通常要保证每一次观察拍照都在上一次的结果上进行。具体的扫描次数、方法、倍数以仪器的具体参数为准。以中国矿业大学现代分析与计算中心的 FEI QuantaTM 250 环境扫描电子显微镜（以下简称扫描电镜）为例，其放大倍数为 6～100 万倍，加速电压为 0.2～30 kV，采用高真空模式对煤样微观表面的孔裂隙形态进行观察。

祁南煤矿构造煤和原生煤（气肥煤）扫描电镜结果如图 2-7 所示。对比祁南煤样的扫描电镜图像发现,构造煤表面粗糙不均匀,原生煤则相对更为平整。当放大 600 倍时(图 2-7,100 μm),构造煤表面清晰可见大量交错分布的微裂隙和充填的矿物质,裂隙组合形态复杂,方向性差,延伸长度和宽度不稳定,并能观察到孔洞的存在;原生煤表面仍较为平整,偶见微裂隙。当放大到 2 400 倍时(图 2-7,40 μm),能观察到构造煤表面存在大量的层状结构,裂隙进一步放大,有粗裂隙和细微裂隙两类,孔洞数量也明显增多;原生煤表面能够观察到几条细微裂隙和部分小孔洞,但裂隙组合形态简单。当放大 20 000 倍时(图 2-7,10 μm),在构造煤表面清晰可见一条贯穿表面的主裂隙和孔洞,原生煤表面可观察到弱裂隙,但孔裂隙不发育。

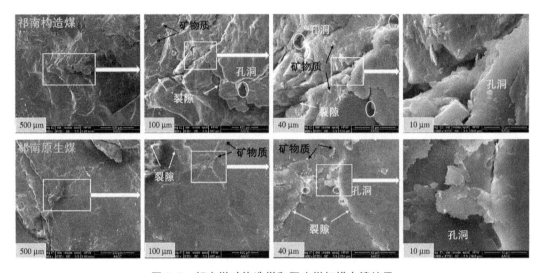

图 2-7　祁南煤矿构造煤和原生煤扫描电镜结果

构造煤和原生煤扫描电镜结果的差异性从微观角度可以反映出构造作用影响了煤的微观结构,增加了构造煤表面的粗糙度、细微裂隙的密度和弥散程度。同时,细微裂隙会将构造煤分割成尺度更小的基质体。扫描电镜只能提供煤表面的形态特征,无法对煤的孔隙结构进行定量分析。相较于扫描电子显微镜,物理吸附分析方法能够确定构造作用对煤微观物理结构的影响程度。

2.4　煤的基本物理性质

2.4.1　煤的工业分析

煤的工业分析主要包括水分(M_{ad})、灰分(A_d)、挥发分(V_{daf})和固定碳(FC_{ad})含量的测定与分析。煤的水分是一项重要的煤质指标,在煤的基础理论研究和加工利用中具有重要的作用[17]。水分随煤的变质程度提高呈规律性变化特征:从泥炭 → 褐煤 → 烟煤 → 低阶无烟煤,水分逐渐减少;而从低阶无烟煤 → 年老无烟煤,水分略有增加。可以由煤的水分含量来大致推断煤的变质程度。煤的工业分析中采用的煤均为空气干燥基煤样,对应的水分称为空气干燥基水分(M_{ad})。

灰分是煤中完全燃烧后剩余的残渣,是矿物质的衍生物,可以用来计算煤中矿物质含量。灰分不是煤的固有成分,而是由煤中的矿物质转化形成的,因此与矿物质有很大的区别。对于绝对干燥煤样来说,煤样内部的灰分不发生变化,在实际使用中采用干燥基灰分(A_d)表征煤的灰分含量。

煤的挥发分是煤在高温和隔绝空气条件下加热时煤中有机物和部分矿物质分解后的产物,与煤的变质程度有比较密切的关系。常用的指标有空气干燥基挥发分(V_{ad})、干燥无灰基挥发分(V_{daf})和干燥基挥发分等,常用来分析的指标是干燥无灰基挥发分(V_{daf})。随着变质程度的加深,煤的挥发分含量逐渐降低,因此根据煤的挥发分可以估计煤的种类。在我国及苏联、美国、英国、法国、波兰和国际煤炭分类方案中,都以挥发分作为分类指标。

煤的固定碳(FC_{ad})含量是指除去水分、灰分和挥发分的残留物的含量,它是确定煤炭用途的重要指标。一般褐煤的固定碳含量 $\leqslant 60\%$,烟煤为 $50\% \sim 90\%$,无烟煤 $>90\%$。

根据《煤的工业分析方法》(GB/T 212—2008),工业分析实验在中国矿业大学煤矿瓦斯治理国家工程研究中心进行,仪器为湖南开元仪器制造的5E-MAG6600 全自动工业分析仪(图2-8),测定步骤如下:

图 2-8　工业分析仪

(1) 输入待测定煤样信息后逆时针将坩埚放入,称量空坩埚的质量。

(2) 空坩埚质量称取完毕后,系统提示放入试样,放入试样后称取试样质量并开始加热,升温到 107℃ 左右在干燥氮气流中加热至质量恒定(按照国标方法,温度与恒温时间可自定义设置)后开始称量坩埚,当坩埚质量变化不超过系统设定值时水分分析结束。

(3) 系统报出水分测定结果,提示加坩埚盖,仪器自动称量加坩埚盖后坩埚的质量,然后系统控制高温炉继续升温,目标温度 900 ℃(系统自动打开氮气阀,向高温炉内通氮气,气体流量控制在 4~5 L/min),高温炉温度升到 900 ℃,恒温规定的时间后,系统会自动打开上盖开始降温,当高温炉温度降到设定值时,仪器自动称量各坩埚质量,系统报出挥发分测定结果。

(4) 系统再次升温至 845 ℃ 恒温(系统会打开氧气阀,向高温炉内通氧气,气体流量控制在 4~5 L/min),之后系统开始称量坩埚,当坩埚质量变化不超过系统设定值时灰分分析结束,系统报出灰分测定结果,并打印结果或报表。

不同变质程度煤的工业分析结果存在明显的差异(图 2-9),煤阶越高,其挥发分含量(V_{daf})越低;水分含量(M_{ad})随煤阶的升高整体呈现出降低的趋势,但在较大粒径时出现增加的现象,这可能是取样过程中原始样品局部沾染了水分,筛分过程不均匀导致的;灰分含量(A_d)与煤的成煤环境密切相关,不随煤阶的升高增加或降低,本书煤样中焦煤的灰分含量最低,气肥煤次之,无烟煤的灰分含量最高;固定碳含量等于总含量减去水分、灰分、挥发分含量,挥发分含量随煤阶的升高逐渐降低且占比很高,因此对应的固定碳含量呈现出增加趋势。

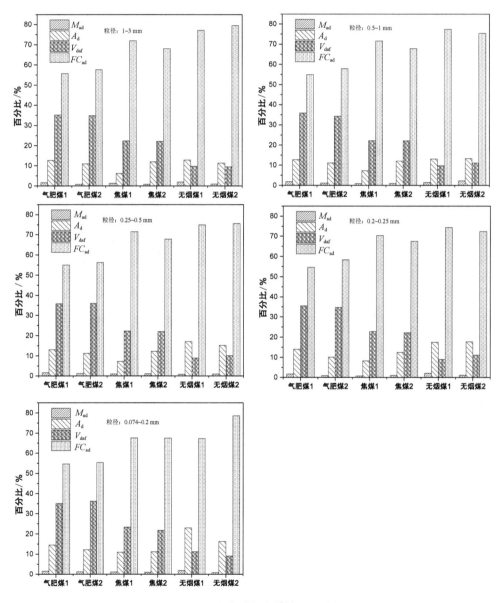

图 2-9 不同变质程度煤的工业分析

构造煤的水分、灰分和挥发分含量较原生煤出现了一定程度的增加,表明构造作用会影响原生煤的性质并改变工业分析测试的结果,且改造程度可能随构造作用强度的增加而增加。以粒径 0.074～0.2 mm 的构造煤为例,气肥煤 1(构造煤)和无烟煤 1(构造煤)的灰分含量分别是气肥煤 2(原生煤)和无烟煤 2(原生煤)的 1.2 倍和 1.4 倍;焦煤 1(构造煤)和焦煤 2(原生煤)的灰分含量没有明显变化,但在其他粒径下构造煤的灰分含量显著增加,表现出异于其他煤样的性质。此外,煤的灰分含量随粉化过程的进行而逐渐增加,粒径由 1～3 mm 降低至 0.074～0.2 mm 时,气肥煤 1、气肥煤 2、焦煤 1、焦煤 2、无烟煤 1和无烟煤 2 的灰分含量分别增加 1.15 倍、1.12 倍、1.79 倍、1.04 倍、1.77 倍和 1.57 倍,这可能与粉化过程中的煤中灰分的富集有关。粉化过程会使煤表面的矿物组分(高岭石、石英和方解石等)脱落,且粉化程度越大,脱落的矿物组分越多,就会导致小粒径煤中富集有更多的灰分,这一结论也得到了前人的证实[24-25]。

2.4.2　煤的元素分析

煤由有机物和无机物两部分组成,无机物主要是矿物质和水;有机物主要由碳、氢、氧、氮、硫等元素组成。其中,碳、氢、氧的总和占有机质的 95% 以上,碳元素占 60%～98%,氢元素占 0.8%～6.6%,氧占 1%～3%。氮含量变化范围不大,一般在 0.3%～3%之间,硫元素大约占 0.5%～3%。一般来说随着煤化程度的增加,碳元素含量增加,氢、氧元素含量减少,表 2-6 是我国各种类别煤的元素组成。

表 2-6　不同类别煤的元素组成

类别	C_{daf}/%	H_{daf}/%	N_{daf}/%	O_{daf}/%
褐煤	60～76.5	4.5～6.6	1～2.5	>15～20
长焰煤	77～81	4.5～6.0	0.7～2.2	10～15
气煤	79～85	5.4～6.8	1～2.2	8～12
肥煤	82～89	4.8～6.0	1～2.0	4～9
焦煤	86.5～91	4.5～5.5	1～2.0	3.5～6.3
瘦煤	88～92.5	4.3～5.0	0.9～2.0	3～5
贫煤	88～92.7	4.0～4.7	0.7～1.8	2～5
无烟煤	89～98	0.8～4.0	0.3～1.5	1～4

根据《煤中碳和氢的测定方法》(GB/T 476—2008)和《煤中氮的测定方法》(GB/T 19227—2008),本书的元素分析测试在中国矿业大学化工学院完成,实验仪器为德国 Elementar 公司生产的元素分析仪,煤样粒径为 0.074 mm,提前对煤样进行了烘干处理。煤样的元素分析结果如表 2-7 所示,碳元素含量随变质程度的增加而增加,相应的氢元素和氧元素含量逐渐降低。此外,从元素分析结果中发现碳元素含量变化结果与工业分析结果中固定碳含量的变化结果相一致,这也说明随变质程度的增加,有机质会进行去氢脱

氧富碳的芳核缩合反应。

表 2-7 煤样的元素分析结果

煤样	元素分析				
	C_{daf}/%	H_{daf}/%	O_{daf}/%	N_{daf}/%	$S_{t,daf}$/%
祁南构造煤	74.3	4.631	17.445	1.08	2.544
祁南原生煤	67.1	3.905	26.572	1.02	1.403
平煤十矿构造煤	80.95	3.516	9.754	4.04	1.74
平煤十矿原生煤	73.41	3.731	18.992	1.56	2.307
古汉山构造煤	86.15	3.68	8.11	1.45	0.609
古汉山原生煤	85.25	3.61	9.35	0.89	0.9

2.4.3 煤的瓦斯放散特性

煤的瓦斯放散特性可由煤的瓦斯放散初速度 Δp 表示,瓦斯放散初速度作为突出鉴定的一个重要指标,其意义重大。Δp 的大小与煤的瓦斯含量大小、孔隙结构和孔隙表面性质等有关。在煤与瓦斯突出的发展过程中,瓦斯的运动和破坏力,在很大程度上取决于含瓦斯煤体在破坏时瓦斯的解吸与放散能力。煤的瓦斯放散初速度的定义是:3.5 g 规定粒度(0.2~0.25 mm)的煤样在 0.1 MPa 压力下吸附瓦斯后向固定真空空间释放时,用压差 Δp(mmHg)表示的 10~60 s 时间内释放出的瓦斯量指标。煤样的瓦斯放散初速度测定结果越大,表明初始瓦斯放散能力越强,对应煤层突出危险可能性更大。其结果受到诸如孔隙、温度、水分和粒径等多因素的影响。

根据《煤的瓦斯放散初速度指标(Δp)测定方法》(AQ 1080—2009),煤的瓦斯放散初速度的测定可遵循下述步骤:

(1)将所采煤样进行粉碎,筛分出粒度为 0.2~0.25 mm 的煤样。每一煤样取 2 个试样,每个试样质量为 3.5 g;

(2)启动仪器和真空泵的电源,连通高浓度甲烷;

(3)称样,装入煤样瓶,在瓶内填一层较薄的脱脂棉;

(4)将脱脂棉放入仪器架,扶正、旋紧;

(5)点击工作站系统界面上所示煤样瓶与所装的煤样瓶对应序号;

(6)点击"放散速度"或"扩散速度";

(7)设置"煤样命名""保存路径";

(8)点击"下一步",仪器运作;

(9)结束:关闭仪器→关闭工作站→关闭真空泵。

选用 WT-1 型瓦斯扩散速度测定仪进行煤样的瓦斯放散初速度 Δp 测定,实验在中国矿业大学煤矿瓦斯治理国家工程研究中心进行,实验设备如图 2-10 所示。

图 2-10 WT-1 型瓦斯扩散速度测定仪

煤样的瓦斯放散初速度结果如图 2-11 所示,瓦斯放散初速度与变质程度整体呈现出线性增加关系;其中,祁南原生煤和平煤十矿原生煤的 Δp 值相似。相较于原生煤,构造

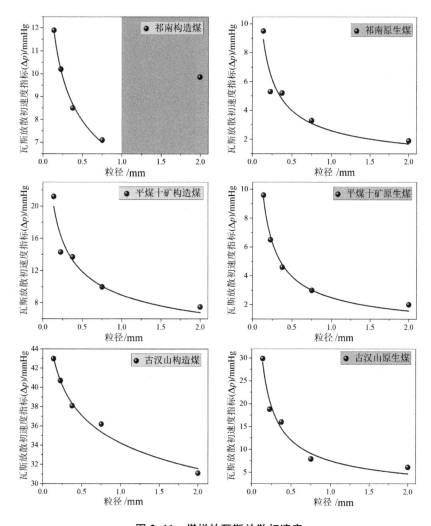

图 2-11 煤样的瓦斯放散初速度

煤的瓦斯放散初速度均出现大幅度增加。以粒径 $0.2\sim0.25$ mm 的煤样为例,从中等变质程度(气肥煤和焦煤)到高变质程度(无烟煤),构造煤的 Δp 值分别比原生煤增加 1.9 倍、2.2 倍和 2.2 倍,说明构造作用会改变煤的初始瓦斯放散能力,使初始瓦斯放散能力向着增大的方向发展。

通过对比分析还发现,除祁南构造煤的少部分粒径($1\sim3$ mm)下的结果以外,其他粒径下以及其他煤样的瓦斯放散初速度均随粒径的减小而增加,表明煤的初始瓦斯放散能力会随粉化程度的进行逐渐增加,其结果变化规律与 Jin 等人[26]和张浩[27]的研究结果相一致。此外,颗粒煤的粒径越大,构造煤相较于原生煤的 Δp 比值越高;粒径由 $1\sim3$ mm 降至 $0.074\sim0.2$ mm 时,祁南、平煤十矿和古汉山构造煤与原生煤的 Δp 比值分别由 5.1 倍、3.8 倍、5.1 倍降至 1.3 倍、2.2 倍和 1.4 倍。由此可见,粉化程度越大,构造煤和原生煤之间的初始瓦斯放散能力的差异性会越小,但构造煤的 Δp 结果仍显著高于原生煤,这也说明相同煤层构造煤的突出危险性要大于原生煤。

2.5 煤的生烃潜力

煤是由高分子聚合物组成的有机岩石,其结构包含物理空间结构和化学结构(大分子结构)[28, 29]。构造煤宏观物理性质变化的本质是煤的化学结构产生了变化,以强度为例,构造煤低强度性质的本质因素是其分子结构的排列和堆砌方式发生了改变,分子间的作用力降低引起立体强度降低,进而导致煤体呈松软特性。构造煤是在长期复杂的应力-应变条件和构造作用的环境下形成的,过程中会伴随温度和压力的变化,作为一种典型的有机岩石,煤对热效应和应力非常敏感[30]。构造作用产生的能量以机械能为主,过程中会伴随温度的增加,而温度则会加速煤化学结构的变化;同时,构造作用也会直接作用于煤的分子结构。煤田地质的研究表明,小范围区域内的构造作用对煤的影响作用有限,一个几十米到百余米的压扭性断裂,对周边煤的化学结构影响仅有几十米左右[28]。但近些年来,突出事故恰恰多发生在局部的小构造范围内,比如 2018 年发生的河南洛阳新义煤矿突出事故和平顶山十三矿突出事故均发生在小构造中的煤厚异常区域内。

煤岩热解生烃潜力能够直观地从生烃量的角度反映出构造作用对煤化学结构的影响,是煤的成烃历史和成熟度的标志[31]。假如测定煤样的生烃潜力的热解生烃量结果小,表明该煤样在形成过程中已经产生过大量的烃类物质,化学结构的改变效果大,煤化作用得到了有效增加。张玉贵[19]和曹代勇[31]等开展了构造煤和原生煤完全热解后生烃量的实验研究,结果如表 2-8 所示,从表中可以发现同一煤矿构造煤的热解生烃量普遍低于原生煤,这预示构造煤的生烃能力弱。此现象存在的原因可以概述为两个方面:

(1)煤岩组成中惰质组含量高,一般认为惰质组的生烃潜力最小;

(2)煤化程度的提高,由低阶煤到高阶煤的过程,煤生成的总烃含量是固定的,但其对应的生烃潜力逐渐降低[19]。研究对象的构造煤和原生煤处于同一煤矿或同一煤层中，其惰质组含量的差异性较小，由此可以推断在构造运动过程中构造煤已经产生了大量的烃类物质，煤化程度相对更高，因而生烃潜力降低。

　　热解生烃量的差异是构造作用对煤化学结构改变的直观反映，从分子尺度上看，构造作用对煤化学结构的改变效果，主要体现在微晶结构特征、芳香结构的大小和排列、官能团分布、芳香度和芳环的缩合度等化学参数的变化上[18, 32]。化学结构的变化会引起煤宏观物理结构性质的改变，此外，微孔分布、吸附和解吸扩散能力也会受控于大分子结构特征。

表 2-8　不同矿区内构造煤和原生煤生烃能力对比[19, 31]

煤样编号	煤的类型	$R_{\text{O, max}}$/%	热解生烃量/$(\text{mg} \cdot \text{g}^{-1})$
PDS1	构造煤	1.03	73.64
PDS2	原生煤	0.96	100.84
P10 戊-4	碎粒-碎粉煤	0.975	162.18
P8 戊-2	片状煤	1.009	135.18
P8 戊-1	原生煤	1.028	147.74
P8 戊-3	碎斑煤	1.030	125.87
P8 己-3	片状煤	1.108	103.58
P10 己-2	原生煤	1.112	93.94
P10 戊-1	原生煤	1.132	145.62
P8 己-6	原生煤	1.187	144.00
P10 戊-2	片状煤	1.228	124.43
P10 已-1	碎裂煤	1.248	87.88
DYGC-Y	原生煤	0.657	208.47
DYG-G1	鳞片煤	0.917	102.6

参考文献

［1］琚宜文,姜波,侯泉林,等.构造煤结构-成因新分类及其地质意义[J].煤炭学报,2004,29(5):513-517.

［2］姜波,秦勇,琚宜文,等.构造煤化学结构演化与瓦斯特性耦合机理[J].地学前缘,2009,16(2):262-271.

［3］郭晓洁.构造煤的变形变质特征及其对瓦斯吸附的影响[D].北京:中国矿业大学(北京),2020.

［4］CHENG Y P, PAN Z J. Reservoir properties of Chinese tectonic coal: a review[J]. Fuel, 2020, 260(15): 1-22.

［5］ 邓绪彪,胡青峰,魏思民.构造煤的成因—属性分类[J].工程地质学报,2014,22(5):1008-1014.

［6］ 张荣.复合煤层水力冲孔卸压增透机制及高效瓦斯抽采方法研究[D].徐州:中国矿业大学,2019.

［7］ 谯永刚.断层影响区煤厚变异带对煤岩动力灾害的影响分析[J].煤矿安全,2019,50(4):200-204.

［8］ 乐琪浪,陈萍,周建设,等.构造煤分布发育特征及其与层滑构造的关系研究[J].煤炭科学技术,2010,38(11):112-115.

［9］ 郭德勇,韩德馨.地质构造控制煤和瓦斯突出作用类型研究[J].煤炭学报,1998,23(4):337-341.

［10］ 王恩营,邵强,韩松林.正断层形成的力学分析及其对构造煤的控制[J].煤炭科学技术,2009,37(9):104-106.

［11］ 魏国营,姚念岗.断层带煤体瓦斯地质特征与瓦斯突出的关联[J].辽宁工程技术大学学报(自然科学版),2012,31(5):604-608.

［12］ 郭德勇,韩德馨,张建国.平顶山矿区构造煤分布规律及成因研究[J].煤炭学报,2002,27(3):249-253.

［13］ 王恩营,殷秋朝,李丰良.构造煤的研究现状与发展趋势[J].河南理工大学学报(自然科学版),2008,27(3):278-281.

［14］ 焦小勇.煤厚变化与褶曲构造对冲击地压诱导的影响研究[J].内蒙古煤炭经济,2019(11):38-39.

［15］ TU Q Y, CHENG Y P, GUO P K, et al. Experimental study of coal and gas outbursts related to gas-enriched areas[J]. Rock Mechanics and Rock Engineering, 2016, 49(9): 3769-3781.

［16］ 程远平.煤矿瓦斯防治理论与工程应用[M].徐州:中国矿业大学出版社,2011.

［17］ 俞启香,程远平.矿井瓦斯防治[M].徐州:中国矿业大学出版社,2012.

［18］ 张玉贵.构造煤演化与力化学作用[D].太原:太原理工大学,2006.

［19］ 张玉贵,张子敏,曹运兴.构造煤结构与瓦斯突出[J].煤炭学报,2007,32(3):281-284.

［20］ 中华人民共和国国家质量监督检验检疫总局,中国国家标准化管理委员会.煤和岩石物理力学性质测定方法 第12部分:煤的坚固性系数测定方法:GB/T 23561.12—2010[S].北京:中国标准出版社,2011.

［21］ WANG Z Y, CHENG Y P, WANG L, et al. Characterization of pore structure and the gas diffusion properties of tectonic and intact coal: Implications for lost gas calculation[J]. Process Safety and Environmental Protection, 2020, 135: 12-21.

［22］ XIA W C, YANG G, LIANG C. Investigation of changes in surface properties of bituminous coal during natural weathering processes by XPS and SEM[J]. Applied Surface Science, 2014, 293: 293-298.

［23］ LIU B, MASTALERZ M, SCHIEBER J. SEM petrography of dispersed organic matter in black shales: A review[J]. Earth-Science Reviews, 2022, 224: 103874.

［24］ 金侃.煤与瓦斯突出过程中高压粉煤—瓦斯两相流形成机制及致灾特征研究[D].徐州:中国矿业大学,2017.

［25］ WANG Z, CHENG Y, QI Y, et al. Experimental study of pore structure and fractal characteristics of pulverized intact coal and tectonic coal by low temperature nitrogen adsorption[J]. Powder Technology, 2019, 350: 15-25.

［26］ JIN K，CHENG Y P，LIU Q Q，et al. Experimental investigation of pore structure damage in pulverized coal：Implications for methane adsorption and diffusion characteristics［J］. Energy & Fuels，2016，30(12)：10383-10395.

［27］ 张浩. 构造煤层掘进工作面区域性顺层水力造穴强化瓦斯抽采机制与工程应用［D］. 徐州：中国矿业大学，2020.

［28］ 张双全. 煤化学［M］. 2 版. 徐州：中国矿业大学出版社，2009.

［29］ YU J L，TAHMASEBI A，HAN Y N，et al. A review on water in low rank coals：The existence，interaction with coal structure and effects on coal utilization［J］. Fuel Processing Technology，2013，106：9-20.

［30］ HOWER J C. Observations on the role of the Bernice coal field (Sullivan County，Pennsylvania) anthracites in the development of coalification theories in the Appalachians［J］. International Journal of Coal Geology，1997，33(2)：95-102.

［31］ 曹代勇，李小明，魏迎春，等. 构造煤与原生结构煤的热解成烃特征研究［J］. 煤田地质与勘探，2005，33(4)：39-41.

［32］ 张开仲. 构造煤微观结构精细定量表征及瓦斯分形输运特性研究［D］. 徐州：中国矿业大学，2020.

第3章 煤分子结构特征

对煤的物理和化学结构的深入研究可以让我们充分认识到煤对甲烷的吸附性能,这个研究的意义重大。煤交联的有机大分子网状结构是甲烷吸附的主体,大分子结构中芳香结构的吸附能力要显著大于脂肪结构,且官能团之间吸附能力存在差异性。煤的芳香和脂肪结构的差异性是其吸附能力产生差异性的主要原因。构造煤的官能团分布、脂肪结构、芳香结构、芳香度及微晶结构特征是如何演化的? 大分子结构模型和原生煤的差异性体现在哪些方面? 分子结构的演化对成烃的影响效果如何? 本章将重点对上述这些问题进行解答。

3.1 基于 FT-IR 的煤化学结构

近年来,傅里叶变换红外光谱分析仪因具有扫描速度快,操作简单便捷,分辨率和灵敏度高的优势被广泛用于煤化学结构的研究。本节开展了构造煤和原生煤的傅里叶红外光谱实验,以更好地探究构造作用前后官能团分布、脂肪结构、芳香结构和芳香度的演化特征。FT-IR 测试在中国矿业大学现代分析与计算中心完成,实验仪器为布鲁克公司的 VERTEX 80v 红外光谱仪(图 3-1),该仪器记录的光谱范围为 4 000～400 cm^{-1},分辨率为 0.06 cm^{-1}。煤样为粒径<0.074 mm 的煤粉,实验前要进行烘干处理,并应用 KBr 压片法进行测试。

依据分类标准,煤样的 FT-IR 光谱可以分为 4 个吸收带(图 3-2),其中波数为 3 600～3 000 cm^{-1} 波段称为羟基吸收带;3 000～2 800 cm^{-1} 波段称为脂肪烃吸收带;1 800～1 000 cm^{-1} 波段是含氧官能团和部分脂肪烃吸收带;900～700 cm^{-1} 波段称为芳香烃吸收带[1]。在获得各煤样谱图的基础上,我们运用 PeakFit 分峰软件对各吸收带的红外光谱进行分峰处理并展开详细分析。

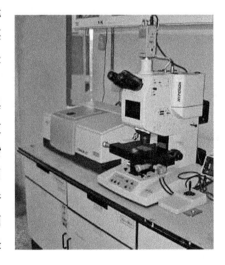

图 3-1 傅里叶变换红外光谱分析仪

3.1.1 羟基吸收带

羟基是煤中形成氢键的重要原因,而氢键则是煤大分子结构中一种非常重要的次级

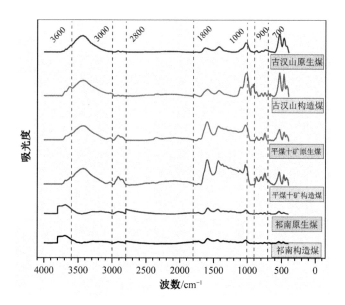

图 3-2　煤样的傅里叶变换红外光谱图

键,对大分子结构网络的缔合和破坏具有极其重要的作用。通过对羟基吸收带中氢键的分析可以更深入地了解地质构造作用对煤化学结构的影响。煤样 3 600~3 000 cm^{-1} 波段红外光谱分峰拟合结果如图 3-3 所示,该波段内可以分为 5~7 个峰。相同煤层构造煤和原生煤的峰形和峰位相近,但峰值强度存在一定的区别。平煤十矿和古汉山煤样的峰形、峰位和峰值强度都较为接近,祁南煤样则表现出完全异于其他煤样的性质。

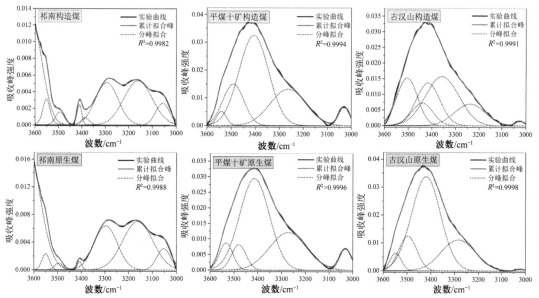

图 3-3　煤样羟基吸收波段(3 600~3 000 cm^{-1})氢键分峰拟合

彩图链接

在分峰拟合结果基础上,以平煤十矿构造煤和原生煤为例,本文计算并分析了平煤十矿煤样 3 600～3 000 cm^{-1} 波段红外吸收峰的分峰参数,结果如表 3-1 所示。不同峰位置的归属情况表明羟基结构主要包含羟基-N 氢键、环状氢键、羟基-醚氢键、羟基-羟基氢键和羟基-π 氢键五种类型的羟基。在各氢键中,又主要以羟基-醚氢键、羟基-羟基氢键和羟基-π 氢键为主。无论是原生煤还是构造煤,氢键的总吸收峰面积随变质程度的升高均呈先增加后稳定的趋势。祁南、平煤十矿和古汉山构造煤和原生煤氢键的总吸收峰面积分别为 1.93、2.28、9.78、8.62、8.19 和 8.71。其中,祁南和古汉山构造煤的氢键含量较原生煤低,平煤十矿构造煤氢键含量较原生煤高。

表 3-1　3 600～3 000 cm^{-1} 波段红外吸收峰分峰参数表

样品	峰编号	峰类型	峰位/cm^{-1}	吸收峰强度	百分比/%	归属
平煤十矿构造煤	1	Gaussian	3 033.89	0.388 8	3.98	羟基-N 氢键
	2	Gaussian	3 263.37	2.467 4	25.26	环状氢键
	3	Gaussian	3 406.31	5.010 0	51.29	羟基-羟基氢键
	4	Gaussian	3 490.30	1.636 5	16.75	羟基-羟基氢键
	5	Gaussian	3 540.40	0.265 4	2.72	羟基-π 氢键
平煤十矿原生煤	1	Gaussian	3 035.97	0.427 7	4.96	羟基-N 氢键
	2	Gaussian	3 272.78	2.363 0	27.39	环状氢键
	3	Gaussian	3 414.21	4.591 9	53.23	羟基-羟基氢键
	4	Gaussian	3 479.95	0.623 4	7.23	羟基-羟基氢键
	5	Gaussian	3 532.46	0.620 7	7.19	羟基-π 氢键

注:祁南、古汉山煤样的分析数据不再具体罗列。

结合表 3-1 中吸收峰分峰参数,汇总平煤十矿、祁南、古汉山煤样各氢键含量及分布,如图 3-4 所示。祁南构造煤和原生煤氢键主要由环状氢键(0.8 和 1.1)和羟基-醚氢键(0.66 和 0.79)组成,其次是羟基-N 氢键(0.19 和 0.22),最后是羟基-π 氢键(0.14 和 0.09)和羟基-羟基氢键(0.14 和 0.07)。平煤十矿构造煤和原生煤氢键主要由羟基-羟基氢键(6.65 和 5.22)组成,其次是环状氢键(2.47 和 2.36),最后是羟基-N 氢键(0.39 和 0.43)和羟基-π 氢键(0.27 和 0.62)。古汉山构造煤和原生煤氢键主要由羟基-羟基氢键(2.56 和 6.34)和羟基-醚氢键(2.79 和 1.98)组成,其次是羟基-π 氢键(1.65 和 0.37),最后是羟基-N 氢键(0.07 和 0.03)。

经构造作用后,祁南构造煤羟基-醚氢键含量较原生煤有所降低,表明部分含氧官能团出现了裂解,其余类型的氢键含量有增有减,并未呈现出明显的规律。平煤十矿构造煤中未观察到羟基-醚氢键的存在,羟基-N 氢键和羟基-π 氢键含量呈降低趋势,环状氢键和羟基-羟基氢键含量有所增加。与祁南和平煤十矿构造煤不同的是,古汉山构造煤羟基-醚氢键的含量有所增加,推测这与不稳定的羧基和甲氧基脱落形成更加稳定的醚键有关;除羟基-羟基氢键含量降低外,羟基-N 氢键和羟基-π 氢键均出现不同程度的增加。

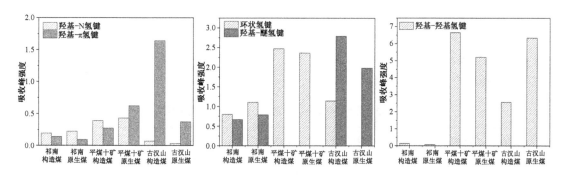

图 3-4 煤样各氢键含量及分布情况

3.1.2 脂肪侧链结构

煤样 $3\,000\sim2\,800\ cm^{-1}$ 波段红外光谱分峰拟合结果如图 3-5 所示,结果表明,该波段红外光谱包含 3 个主要的吸收峰,峰位大致在 $2\,854\ cm^{-1}$、$2\,920\ cm^{-1}$ 和 $2\,950\ cm^{-1}$ 处。峰位 $2\,854\ cm^{-1}$ 归属于对称的 CH_2 的伸缩振动,峰位 $2\,920\ cm^{-1}$ 归属于反对称的 CH_2 的伸缩振动,峰位 $2\,950\ cm^{-1}$ 归属于反对称的 CH_3 的伸缩振动。此外,在 $2\,890\ cm^{-1}$ 处存在一个肩峰,对应于对称的 CH_3 的伸缩振动。从分峰结果可知相同煤层的构造煤和原生煤有相似的峰形和峰位,峰值强度存在微小的区别。

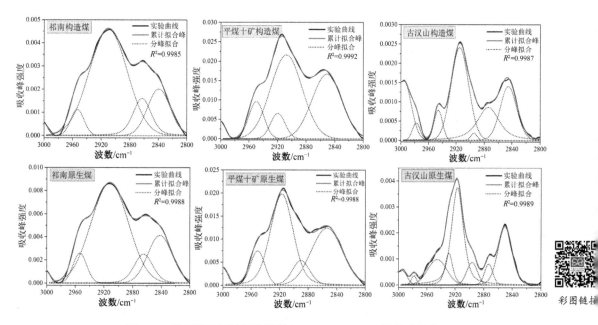

图 3-5 煤样脂肪侧链吸收波段($3\,000\sim2\,800\ cm^{-1}$)分峰拟合

在分峰拟合的基础上,以平煤十矿构造煤与原生煤为例,计算并分析平煤十矿煤样 $3\,000\sim2\,800\ cm^{-1}$ 波段红外吸收峰分峰参数,结果如表 3-2 所示。祁南、平煤十矿和古

汉山构造煤和原生煤脂肪侧链吸收峰面积分别为 0.47、0.90、2.54、1.93、0.23 和 0.25。随变质程度的增加,煤样的脂肪侧链含量先增加后降低,在中等变质程度煤中达到最大值,高变质程度煤中含量最低。经构造作用后,除平煤十矿构造煤外,祁南和古汉山构造煤的脂肪侧链含量均呈下降特性。

表 3-2 脂肪侧链吸收波段红外光谱各峰位参数

样品	编号	峰类型	峰位/cm^{-1}	吸收峰强度	百分比/%	归属
平煤十矿构造煤	1	Gaussian	2 837.77	0.297 9	11.74	对称 CH_2 伸缩振动
	2	Gaussian	2 863.32	0.723 2	28.49	对称 CH_3 伸缩振动
	3	Gaussian	2 890.84	0.173 5	6.83	CH 伸缩振动
	4	Gaussian	2 915.52	0.975 5	38.42	反对称 CH_2 伸缩振动
	5	Gaussian	2 949.53	0.300 7	11.84	反对称 CH_3 伸缩振动
	6	Gaussian	2 994.08	0.067 9	2.67	反对称 CH_3 伸缩振动
平煤十矿原生煤	1	Gaussian	2 853.10	0.662 4	34.26	对称 CH_2 伸缩振动
	2	Gaussian	2 878.06	0.092 1	4.77	对称 CH_3 伸缩振动
	3	Gaussian	2 892.40	0.071 4	3.69	CH 伸缩振动
	4	Gaussian	2 915.61	0.812 4	42.03	反对称 CH_2 伸缩振动
	5	Gaussian	2 950.37	0.227 6	11.77	反对称 CH_3 伸缩振动
	6	Gaussian	2 993.44	0.067 3	3.48	反对称 CH_3 伸缩振动

注:祁南、古汉山煤样的分析数据不再具体罗列。

结合表 3-2 中吸收峰分峰参数,汇总平煤十矿、祁南、古汉山煤样各脂肪侧链含量及分布,结果如图 3-6 所示。祁南构造煤的脂肪侧链主要以 CH 伸缩振动(0.15)和对称 CH_3 伸缩振动(0.12)为主,原生煤主要以反对称 CH_2 伸缩振动(0.4)和对称 CH_2 伸缩振动(0.21)为主。平煤十矿构造煤的脂肪侧链主要以反对称 CH_2 伸缩振动(0.98)和对称 CH_3 伸缩振动(0.72)为主,原生煤主要以反对称 CH_2 伸缩振动(0.81)和对称 CH_2 伸缩振动(0.66)为主。古汉山构造煤的脂肪侧链主要以反对称 CH_2 伸缩振动(0.08)和反对称 CH_3 伸缩振动(0.06)为主,对称 CH_2 伸缩振动(0.04)和对称 CH_3 伸缩振动(0.04)次之,CH 伸缩振动最低;原生煤主要以反对称 CH_2 伸缩振动(0.12)和对称 CH_2 伸缩振动(0.06)为主。

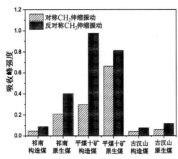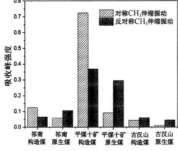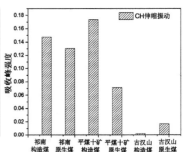

图 3-6 煤样各脂肪侧链含量及分布情况

对脂肪侧链含量及分布进一步分析发现,构造煤的亚甲基含量呈降低趋势,甲基含量呈增加趋势,表明构造作用会促使脂肪侧链变短,使其脱落,这与姜家钰、宋昱[2-3]的研究成果相一致,后文会对具体的结构参数进行定量化分析。亚甲基含量的降低反映出构造作用会通过影响亚甲基含量进而影响脂肪侧链的长度,不同煤的大分子结构受构造作用影响程度及影响方式存在一定差异,但构造作用整体会加速大分子结构朝着有序化方向发展。

3.1.3 含氧官能团结构

1 800～1 000 cm⁻¹ 波段红外光谱是含氧官能团和部分脂肪烃吸收带,煤中氧的存在可分为两类:一类为含氧官能团,主要包括甲氧基、酚羟基、羧基和羰基;另一类为醚键和呋喃,主要存在于煤化程度较高的煤中。甲氧基在构造煤早期阶段就已经消失,羧基主要存在于褐煤中,羟基和羰基只是含量会逐渐减少,在无烟煤中也普遍存在。煤样 1 800～1 000 cm⁻¹ 波段红外光谱分峰拟合结果如图 3-7 所示。相同煤层的构造煤和原生煤具有相似的峰形,但峰值强度存在微小的差异性。

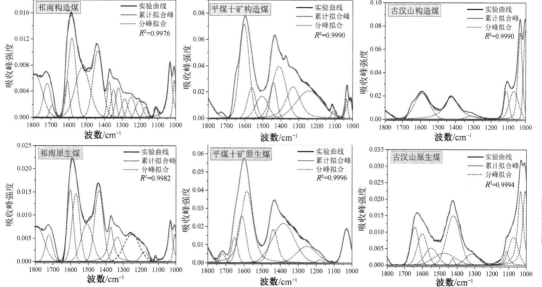

彩图链接

图 3-7 煤样含氧官能团吸收波段(1 800～1 000 cm⁻¹)分峰拟合

在分峰拟合的基础上,以平煤十矿构造煤与原生煤为例,本文计算并分析了煤样 1 800～1 000 cm⁻¹ 波段红外吸收峰分峰参数,结果如表 3-3 所示。祁南、平煤十矿和古汉山构造煤和原生煤含氧官能团吸收峰强度分别为 2.47、3.21、8.44、6.49、7.45 和 4.96。与脂肪侧链结构相似,煤样的含氧官能团含量随变质程度的升高先增加后降低,经构造作用后,含氧官能团含量既有增加同时也有降低,未表现出一致性。

结合表 3-3 中吸收峰分峰参数，汇总平煤十矿、祁南、古汉山煤样各含氧官能团的含量及分布，结果如图 3-8 所示。祁南构造煤和原生煤的含氧官能团主要以芳基醚的 C—O 振动和不饱和羧酸 C＝O 伸缩振动为主。平煤十矿构造煤的含氧官能团主要以醚的 C—O 振动为主，芳基醚的 C—O 振动次之；原生煤的含氧官能团主要以芳基醚的 C—O 振动为主，C—O—C 伸缩振动次之。古汉山构造煤和原生煤的含氧官能团主要以 C—O—C 伸缩振动为主，醚的 C—O 振动和芳基醚的 C—O 振动次之。随变质程度的升高，不饱和羧酸 C＝O 伸缩振动含量逐渐降低，到无烟煤阶段，已经检测不到其含量；羟基在气肥煤阶段含量最高，随后也逐渐降低；羰基占比很小，但在各变质程度中均存在。

表 3-3　含氧官能团吸收波段红外光谱各峰位参数

样品	编号	峰类型	峰位/cm^{-1}	吸收峰强度	百分比/%	归属
平煤十矿构造煤	1	Gaussian	1 022.43	0.629 0	2.98	C—O—C 伸缩振动
	2	Gaussian	1 033.94	0.267 1	1.27	C—O—C 伸缩振动
	3	Gaussian	1 110.40	0.137 9	0.65	醚的 C—O 振动
	4	Gaussian	1 243.18	3.686 6	17.47	醚的 C—O 振动
	5	Gaussian	1 335.09	2.959 6	14.03	芳基醚的 C—O 振动
	6	Gaussian	1 371.13	0.091 5	0.43	芳基醚的 C—O 振动
	7	Gaussian	1 410.74	3.847 1	18.23	CH$_3$—，CH$_2$—的反对称变形振动
	8	Gaussian	1 440.94	1.202 3	5.69	CH$_3$—，CH$_2$—的反对称变形振动
	9	Gaussian	1 504.55	1.435 9	6.80	芳香烃的 C＝C 双键振动
	10	Gaussian	1 561.32	1.348 7	6.39	芳香烃的 C＝C 双键振动
	11	Gaussian	1 602.78	4.822 8	22.86	芳香烃的 C＝C 双键振动
	12	Gaussian	1 651.69	0.572 3	2.71	共轭 C＝O 伸缩振动
	13	Gaussian	1 724.11	0.100 4	0.48	不饱和羧酸 C＝O 伸缩振动
平煤十矿原生煤	1	Gaussian	1 033.52	1.013 5	7.57	C—O—C 伸缩振动
	2	Gaussian	1 178.16	0.072 5	0.54	羟基苯
	3	Gaussian	1 252.08	1.278 4	9.54	芳基醚的 C—O 振动
	4	Gaussian	1 382.22	3.370 2	25.16	芳基醚的 C—O 振动
	5	Gaussian	1 436.88	1.295 7	9.67	CH$_3$—，CH$_2$—的反对称变形振动
	6	Gaussian	1 577.43	4.071 9	30.4	芳香烃的 C＝C 双键振动
	7	Gaussian	1 612.91	1.532 1	11.44	芳香烃的 C＝C 双键振动
	8	Gaussian	1 652.45	0.573 5	4.28	共轭 C＝O 伸缩振动
	9	Gaussian	1 718.91	0.188 1	1.40	不饱和羧酸 C＝O 伸缩振动

通过对构造前后煤的含氧官能团含量分析发现，构造作用降低了祁南构造煤各含氧

官能团含量。对于平煤十矿构造煤,构造作用主要降低了芳基醚的 C—O 振动含量和不饱和羧酸 C＝O 伸缩振动含量,羰基含量变化不明显。对于古汉山构造煤,构造作用仅降低了芳基醚的 C—O 振动含量,其他含氧官能团含量均略有提高。综合分析可知,构造作用对不同的含氧官能团类型影响效果存在差异性。

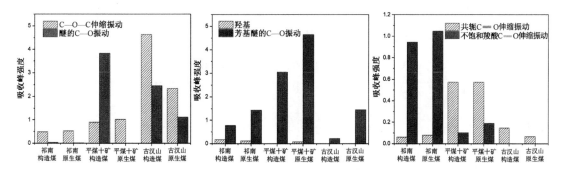

图 3-8　煤样各含氧官能团含量及分布情况

3.1.4　芳香结构

煤的芳香结构是吸附瓦斯的主体,对构造煤和原生煤芳香结构的研究可以用于探讨煤吸附瓦斯能力的差异性,同时也可为分子模型的构建及吸附模拟提供理论基础。煤样 $900\sim700\ cm^{-1}$ 波段红外光谱分峰拟合结果如图 3-9 所示。分峰结果表明煤中芳香结构的主要吸收峰位在 $750\ cm^{-1}$、$800\ cm^{-1}$ 和 $870\ cm^{-1}$ 附近,这和前人研究结果相似[3-4]。构造作用后,煤样的峰形、峰位和峰值强度均出现了明显的变化,总体看构造煤的峰值强度高于原生煤。

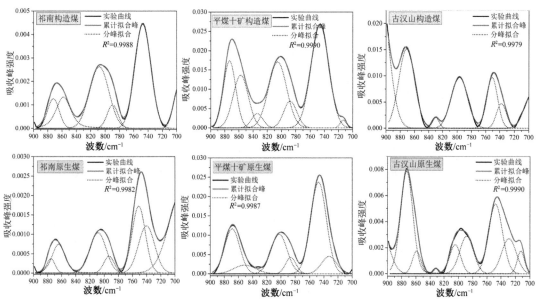

彩图链接

图 3-9　煤样芳香结构吸收波段 $(900\sim700\ cm^{-1})$ 分峰拟合

在分峰拟合的基础上,以平煤十矿构造煤与原生煤为例,计算并分析煤样 900～700 cm^{-1} 波段红外吸收峰分峰参数,结果如表 3-4 所示。煤样的苯环氢原子包括 5 种取代方式,其中主要以苯环二取代、苯环三取代和苯环五取代为主。祁南、平煤十矿和古汉山构造煤和原生煤芳香结构吸收峰面积分别为 0.30、0.14、2.39、1.55、1.00 和 0.54。煤样的芳香结构吸收峰面积随变质程度的增加而增加,且在气肥煤阶段出现最小值,在焦煤阶段出现最大值。经构造作用后,构造煤的芳香结构含量均明显增加。

表 3-4 芳香结构吸收波段红外光谱各峰位参数

样品	编号	峰类型	峰位/cm^{-1}	波收峰强度	百分比/%	归属
平煤十矿构造煤	1	Gaussian	713.27	0.022 3	0.93	苯环二取代(4H)
	2	Gaussian	746.44	0.840 1	35.10	苯环二取代(4H)
	3	Gaussian	787.69	0.158 8	6.64	苯环三取代(3H)
	4	Gaussian	805.51	0.548 0	22.90	苯环三取代(3H)
	5	Gaussian	834.14	0.074 8	3.13	苯环三取代(3H)
	6	Gaussian	857.50	0.365 5	15.27	苯环五取代(1H)
	7	Gaussian	873.13	0.383 8	16.03	苯环五取代(1H)
平煤十矿原生煤	1	Gaussian	732.68	0.121 4	7.84	苯环二取代(4H)
	2	Gaussian	747.60	0.657 4	42.47	苯环二取代(4H)
	3	Gaussian	786.15	0.078 2	5.05	苯环三取代(3H)
	4	Gaussian	802.65	0.292 8	18.91	苯环三取代(3H)
	5	Gaussian	850.90	0.086 7	5.60	苯环五取代(1H)
	6	Gaussian	868.76	0.311 6	20.13	苯环五取代(1H)

注:祁南、古汉山煤样的分析数据不再具体罗列。

结合表 3-4 中吸收峰分峰参数,汇总平煤十矿、祁南、古汉山煤样各芳香结构含量及分布,结果如图 3-10 所示。经构造作用后,祁南构造煤的总芳香结构中除苯环一取代含

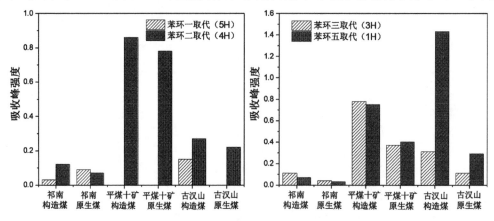

图 3-10 煤样各芳香结构含量及分布情况

量略有降低外,其余取代含量均有明显的增加。平煤十矿和古汉山矿构造煤的各芳香结构含量均明显大于原生煤。综合分析发现构造作用会促使芳香结构含量增加,芳香结构含量与煤的瓦斯吸附性能密切相关,构造煤芳香结构含量的增加说明其吸附能力高于原生煤。

3.1.5 结构参数演化

经构造作用后构造煤分子结构中的各类官能团、脂肪结构和芳香结构均会发生一定的变化。为了更直观地分析各类官能团、脂肪结构和芳香结构随变质程度及构造作用的变化规律,采用峰面积数据对各种结构参数进行量化分析[5]。采用的半定量指标有芳香度(I)、芳环缩合度(DOC)、芳构化指数(H_{ar}/H_{al})和红外芳碳率(f_{a-a})等,各指标的计算方法如表 3-5 所示。

表 3-5 各定量指标的计算方法

半定量指标	计算方法
CH_2/CH_3	$A_{2\,900\sim2\,940}/A_{2\,940\sim3\,000}$
I	$A_{900\sim700}/A_{3\,000\sim2\,800}$
DOC	$A_{900\sim700}/A_{1\,600}$
H_{ar}/H_{al}	$A_{1\,650\sim1\,520}/A_{3\,000\sim2\,800}$
H_{al}/H	$A_{3\,000\sim2\,800}/A_{3\,000\sim2\,800}+A_{900\sim700}$

注:CH_2/CH_3 为脂肪侧链的长度和支链化的程度;H_{al}/H 为脂肪氢含量占总氢含量的比值。

1) 脂肪链长度

肪链侧链的长度和支链化的程度可由 CH_2/CH_3 的比值表示,数值越大,表明脂肪链越长,对应的支链化程度越低。表 3-6 中的结果表明,构造煤和原生煤的 CH_2/CH_3 值分别介于 1.30~2.65 和 2.58~3.84 之间。原生煤的 CH_2/CH_3 值随变质程度的增加逐渐降低,这可能是因为亚甲基链逐渐形成芳香族环以及脂肪长链不断脱落引起的。对于构造煤,由气肥煤变为焦煤的过程中,CH_2/CH_3 增加的原因可能是长链烷烃和环烷烃的增加以及短链分子的蒸发。经构造作用后,祁南、平煤十矿和古汉山构造煤的 CH_2/CH_3 值比原生煤分别降低 64.1%、4.0% 和 49.6%。由此可见,构造作用会降低煤的脂肪侧链长度,增加相应的支链化程度。

2) 芳香度

芳香度 I 由 900~700 cm^{-1} 波段处代表的芳环 CH 面外变形振动与 3 000~2 800 cm^{-1} 波段处脂肪烃的振动强度之比表示,可用于表征芳香族对脂肪族的相对丰富度。煤样的芳香度 I 值介于 0.16~4.35 之间,且随变质程度的增加而增加,说明变质作用的过程是脂肪链不断脱落的过程。此外,祁南、平煤十矿和古汉山构造煤的芳香度分别是原生煤的 4 倍、1.2 倍和 2 倍,进一步证实构造作用会促进脂肪链的脱落,增大芳香结构含量。

3）芳环的缩合度

芳环的缩合度 DOC 由 $900 \sim 700 \, \text{cm}^{-1}$ 波段处代表的芳环 CH 面外变形振动与 $1\,600 \, \text{cm}^{-1}$ 处芳香 C═C 骨架振动强度之比表示。如表 3-6 所示,煤样芳环的缩合度 DOC 随变质程度的增加逐渐增加,其值介于 $0.07 \sim 0.43$ 之间,表明芳环面外变形振动在逐渐增强,煤样的缩聚程度逐渐增加。祁南、平煤十矿和古汉山构造煤芳环的缩合度分别是原生煤的 2.58 倍、1.11 倍和 1.05 倍,预示着构造作用会增加煤的缩聚程度,且随变质程度的增加构造作用影响越小。

4）芳构化指数

芳构化指数 H_{ar}/H_{al} 由 $1\,650 \sim 1\,520 \, \text{cm}^{-1}$ 波段处代表的芳香烃的 C═C 双键振动与 $3\,000 \sim 2\,800 \, \text{cm}^{-1}$ 波段处脂肪烃的振动强度之比表示,用以表征非芳香化合物经脱氢生成芳香化合物的能力。煤样的芳构化指数 H_{ar}/H_{al} 随变质程度的增加而增加,其值介于 $2.40 \sim 10.18$ 之间,说明非芳香化合物脱氢生成芳香化合物的能力在逐渐增加。同时,构造作用也使煤的芳构化指数出现了显著增加,并促进非芳香化合物向芳香化合物的转化。

5）红外芳碳率

将煤中碳原子视为由脂肪碳和芳香碳组成,煤的红外芳碳率 f_{a-a} 可根据下式计算:

$$f_{a-a} = 1 - \frac{C_{al}}{C} \tag{3-1}$$

$$\frac{C_{al}}{C} = \left(\frac{H_{al}}{H} \times \frac{H}{C} \right) / \frac{H_{al}}{C_{al}} \tag{3-2}$$

$$\frac{H_{al}}{H} = \frac{H_{al}}{H_{al} + H_{ar}} = \frac{A_{3\,000 \sim 2\,800}}{A_{3\,000 \sim 2\,800} + A_{900 \sim 700}} \tag{3-3}$$

式中:C_{al}/C——脂肪碳含量占总碳含量的比值;

H_{al}/H——脂肪氢含量占总氢含量的比值;

H_{al}/C_{al}——脂肪族中氢原子和碳原子的比值,大约为 1.8;

$A_{3\,000 \sim 2\,800}$——脂肪侧链结构的吸收峰强度;

$A_{900 \sim 700}$——芳香结构的吸收峰强度。

采用此方法计算煤的芳碳率时,对 H_{al}/C_{al} 取经验值,虽然会在一定程度上影响芳碳率计算的真实性,但其结果同样可以较为准确地描述芳碳率含量。从表 3-6 可知,煤样的芳碳率值与变质程度和构造作用均呈现出线性增加关系,说明变质作用和构造作用均会促使官能团和脂肪链脱落,导致芳香碳的相对含量逐渐增加,使芳香性不断增强。

表 3-6　煤样的 FT-IR 结构参数结果

煤样编号	CH_2/CH_3	I	DOC	H_{ar}/H_{al}	H_{al}/H	C_{al}/C	f_{a-a}
祁南构造煤	1.38	0.64	0.18	3.52	0.61	0.24	0.76

（续表）

煤样编号	CH_2/CH_3	I	DOC	H_{ar}/H_{al}	H_{al}/H	C_{al}/C	f_{a-a}
祁南原生煤	3.84	0.16	0.07	2.40	0.87	0.36	0.64
平煤十矿构造煤	2.65	0.94	0.31	3.00	0.52	0.15	0.85
平煤十矿原生煤	2.76	0.80	0.28	2.90	0.55	0.19	0.81
古汉山构造煤	1.30	4.35	0.43	10.18	0.19	0.05	0.95
古汉山原生煤	2.58	2.16	0.41	5.24	0.32	0.09	0.91

3.2　煤的微晶结构特征

X射线衍射（XRD）是研究材料微晶结构特征的一种有效手段，近几十年来被广泛用于非晶态物质的结构特征研究[6]。煤是一种典型的多元非晶态物质，因此，XRD也被广泛应用于煤的微晶结构特征的分析。在微晶结构特征方面，主要分析芳香层片面网间距、芳香层片堆砌度、芳香层片延展度和芳香层片堆砌层数等结构参数，进而计算煤中芳香层片的排列规律和相应的结构信息。本节主要应用XRD研究分析构造作用前后煤的上述微晶结构参数的演化特征。本文的XRD实验在中国矿业大学现代分析与计算中心完成，实验仪器为德国布鲁克D8 ADVANCE X射线衍射仪（图3-11），衍射角（2θ）范围在$4°\sim70°$，煤样为过325目筛（粒径$<45\ \mu m$）的煤粉。

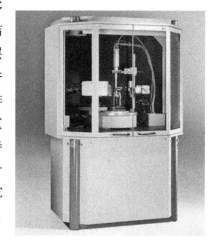

图 3-11　X 射线衍射仪

3.2.1　XRD 谱图和物相分析

通过MDI Jade 6.0软件将原始数据文件转换成txt格式，进而获得各煤样的XRD谱图，如图3-12所示，观察图中曲线大致可以看出谱图受无机矿物的影响均比较小。煤样的XRD谱图在衍射角$2\theta=20°\sim30°$和$2\theta=40°\sim50°$范围内存在两个宽峰，均属于有机质XRD谱峰，其特征在于谱峰较宽。其中，$2\theta=20°\sim30°$处对应的是微晶结构的002面，称之为002峰，该峰是由γ带和002带共同叠加形成，γ带受到脂肪侧链、环烷烃的影响，002带与芳香层片的堆垛程度有关，$2\theta=40°\sim50°$处对应的则是微晶结构的100峰；从谱图可以看出，002峰较100峰的峰形更加尖锐，衍射强度更大[7]。

MDI Jade 6.0软件搭配预先导入的PDF卡片库可以实现煤样的物相检索分析。煤样的主要矿物种类有方解石、高岭石、石英和黄铁矿（图3-12）。其中，方解石属于碳酸盐矿物，高岭石和石英属于硅酸盐矿物，黄铁矿属于硫化矿物。需要说明的是，XRD用于物相定量分析的前提是要对物质结晶度、择优取向程度、物质含量和样品中其他物质组成与结晶状况进行定量,衍射定量存在一定的困难性且误差一般比较大。因此,本节只定性分析矿物种类,不对其含量进行定量分析。从图 3-12 可以看出,祁南煤样的矿物种类主要以高岭石为主,其他矿物质均有分布;平煤十矿煤样的矿物种类主要以石英和高岭石为主;古汉山煤样的矿物中高岭石和方解石的含量较高。依据本节煤样的物相结果,我们发现构造作用会对矿物种类的含量产生一定的影响,进而可能会影响孔隙发育和瓦斯的吸附及流动等。

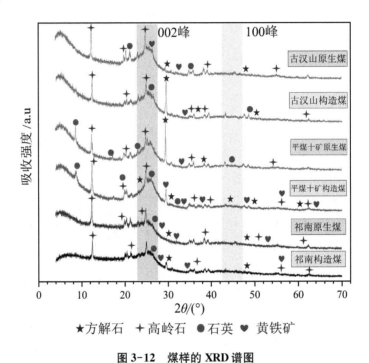

图 3-12　煤样的 XRD 谱图

3.2.2　XRD 微晶结构参数特征分析

XRD 谱图的波动较大,无法直接进行分峰拟合处理。因此,在原始谱图的基础上,可运用 PeakFit 分峰软件首先对原始数据做扣除背底处理,然后对数据进行平滑处理,最后方可得到各煤样衍射角下的分峰拟合谱图,如图 3-13 所示。

从分峰拟合结果可以明显地看出,$2\theta = 20° \sim 30°$ 处的 002 峰实际是 002 拟合峰和 γ 峰叠加形成的。随着变质程度的增加,煤样的 002 峰强度逐渐增大,这与众多学者的研究成果一致[8]。XRD 谱图满足 Bragg 和 Scherrer 公式,依据公式可以计算出芳香层片面网间距 d_{002}、芳香层片延展度 L_a、芳香层片堆砌度 L_c 和芳香层片堆砌层数 N_{ave}[9-10],表达式如下所示:

$$d_{002} = \frac{\lambda}{2\sin\theta_{002}} \tag{3-4}$$

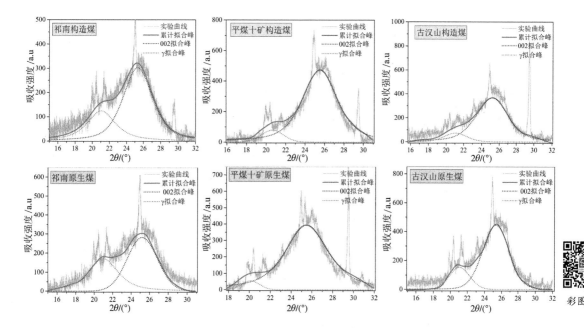

图 3-13　煤样的 X 射线衍射 002 峰分峰拟合

$$L_a = \frac{K_1 \lambda}{\beta_{100} \cos \theta_{100}} \tag{3-5}$$

$$L_c = \frac{K_2 \lambda}{\beta_{002} \cos \theta_{002}} \tag{3-6}$$

$$N_{ave} = \frac{L_c}{d_{002}} \tag{3-7}$$

式中：λ——X 射线的波长，0.154 05 nm；

　　　θ_{002}，θ_{100}——002 峰和 100 峰的中心位置；

　　　β_{002}，β_{100}——002 峰和 100 峰的半峰宽（FWHM）/57.3；

　　　K_1，K_2——晶核形状因子，$K_1 = 1.84$，$K_2 = 0.94$。

煤样微晶结构参数的计算结果如表 3-7 所示，芳香层片面网间距 d_{002} 表征煤结构内部两个芳香层片间的距离，该距离随变质程度的增加呈降低趋势，且各煤样的 d_{002} 值的变化很小，变化最大的 d_{002} 最大值仅为最小值的 1.01 倍，这与前人的研究成果存在一定的差异性，但随变质程度的增加 d_{002} 值的变化规律与前人研究成果较为吻合[8]。芳香层片延展度 L_a 作为表征煤微晶结构的一个重要参数，随变质程度的增加而增加，在 1.371 8～2.454 9 nm 范围内波动。芳香层片堆砌度 L_c 可以反映煤结构有序化程度，本章中 L_c 值随变质程度的增加先降低后升高，在 1.991 7～2.327 4 nm 范围内波动，并在焦煤煤样中出现最低值。有学者指出在 1.2%<$R_{o,max}$<1.9% 范围内，L_c 值随变质程度的增加会出现小幅度波动[4]，这与本章的研究结果相符合。芳香层片堆砌层数 N_{ave} 随变质程度的变

化规律表现出和 L_c 相似的性质。L_c 和 N_{ave} 是微晶结构单元堆叠程度的反映,随变质程度的增加,L_c 和 N_{ave} 分别增加12%和10.6%,L_a 增加73.7%,说明变质作用会增加微晶结构单元体积,促进芳构化和缩合程度。

表 3-7　煤样的微晶结构参数

煤样	$\theta_{002}/(°)$	d_{002}/nm	L_c/nm	$\theta_{100}/(°)$	L_a/nm	N_{ave}
祁南构造煤	12.599 5	0.353 1	2.077 3	22.14	1.372 0	4.79
祁南原生煤	12.579 5	0.353 7	2.204 9	22.645	1.371 8	5.04
平煤十矿构造煤	12.688 5	0.350 7	1.996 6	22.406	2.029 6	4.65
平煤十矿原生煤	12.673 5	0.351 1	2.023 6	22.265	1.913 9	4.70
古汉山构造煤	12.741 5	0.349 2	1.991 7	22.688	2.454 9	4.65
古汉山原生煤	12.647 5	0.351 8	2.327 4	22.597	2.383 8	5.30

经构造作用后,祁南、平煤十矿和古汉山构造煤的 d_{002} 值分别降低0.2%、0.1%和0.7%,变化范围很小,L_c 和 N_{ave} 的结果也反映了类似的变化规律;L_a 则呈现出相反的规律,即经构造作用后其值出现了升高,分别增加0.015%、6.0%和3.0%,变化范围同样很小。

张玉贵等[11]采用溶剂萃取法对构造煤和原生煤进行分级索氏萃取,发现构造煤的氯仿萃取率是原生煤的2倍多,构造煤分子间更小的作用力和结构的不均匀性降低了煤的强度,并增加了相应的比表面积和瓦斯吸附能力。张玉贵[12]还借助于X射线衍射(XRD)实验研究了构造煤的微晶结构参数,指出其基本结构单元、芳香层片延展度 L_a 和芳香层片堆砌度 L_c 较原生煤有所增加,芳香层片面网间距 d_{002} 减小,演化路径与原生煤相同,但相应的演化速率增大,表现出超前演化特性。张开仲[8]基于X射线衍射(XRD)、拉曼光谱(Raman)和高分辨透射电子显微镜(HRTEM)对构造煤和原生煤的微晶结构形态特征进行了分析,认为构造作用会促进大分子尺度内晶格条纹长度增加,导致微晶结构芳香环尺寸增大,同时也提高了微晶结构单元芳香族的密集化、堆叠化、缩合化和芳构化程度。

XRD微晶结构参数结果佐证构造作用和变质作用均对煤的化学结构演化起到了关键性的作用。变质作用促使煤的微晶结构朝有序化方向发展,促进了大分子结构的芳构化和缩合化,虽然地质构造作用对微晶结构参数的影响较小,但整体仍能促其进一步演化,红外光谱研究结构证实构造作用显著增加了芳构化指数,促进了非芳香化合物向芳香化合物的转化。

3.3　煤 ^{13}C NMR 谱图解析和定量分析

本文中煤样的 ^{13}C 核磁共振(NMR)实验在中国科学院山西煤炭化学研究所完成,实验仪器为瑞士布鲁克公司的 AVANCE IIITM 600 MHz超导核磁共振波谱仪(图3-14)。^{13}C NMR 可以定量和定性分析有机材料的结构组成,其谱图通常为简单的单峰,峰的位置决定了对应的化学位移,不同的化学位移可以提供碳、氢和氧等官能团的结构信息。煤的大分子结构是由包含碳原子在内的芳香结构和脂肪结构组成。因此,国内外学者广泛使用 ^{13}C NMR 分析煤的碳原子分布和芳香度等[13-14]。

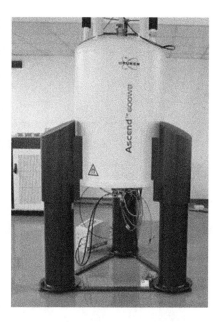

图 3-14　超导核磁共振波谱仪

3.3.1　^{13}C NMR 谱图和分峰

煤样的 ^{13}C NMR 谱图特征曲线如图3-15所示,^{13}C NMR 谱图范围为 0~250 ppm,主要包括 0~50 ppm的甲基碳、亚甲基碳和次甲基碳,50~90 ppm 的氧接脂碳,90~165 ppm 的芳香碳和 165~240 ppm 的羧基羰基碳。煤样在化学位移 90~165 ppm的芳香碳谱峰曲线上存在相似峰,但吸收强度存在差异性,这是导致吸附能力存在差异的主要原因。同时,90~165 ppm 的芳香碳谱峰的吸收强度显著大于 0~90 ppm 的脂肪碳吸收峰强度,表明芳香碳占据主导地位,脂肪碳则起到连接芳香环的作用。

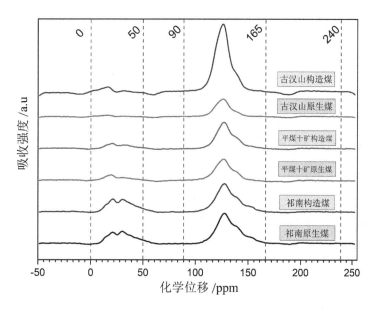

图 3-15　煤样的[13]C NMR 曲线

由于煤具有复杂的结构,不同化学位移的峰位会表现出相互叠加特征。参照表3-8中碳原子化学位移的结构归属,同样使用 PeakFit 分峰拟合软件得到各实验煤样的谱图分峰信息,结果如图 3-16 所示。通过观察分析发现,构造作用前后,煤样的峰形和峰位置未发生明显变化,但峰值强度变化明显,尤其是古汉山构造煤的最大峰值强度较原生煤增加了数倍。

表 3-8　碳原子化学位移的结构归属[15]

化学位移值/ppm	结构符号	官能团名称	化学位移值/ppm	结构符号	官能团名称
0～22	甲基碳	f_{al}^{*}	148～165	氧取代芳碳	f_{a}^{P}
22～50	亚甲基、次甲基碳	f_{al}^{H}	129～165	非质子化芳碳	f_{a}^{N}
50～90	与氧连接脂肪碳	f_{al}^{O}	165～240	羧基羰基碳	f_{a}^{C}
90～129	质子化芳碳	f_{a}^{H}	0～90	脂肪碳	f_{al}
129～137	桥接芳碳	f_{a}^{B}	90～220	总芳碳	f_{a}
137～148	烷基取代芳碳	f_{a}^{S}	90～165	芳碳率	f_{a}'

祁南构造煤和原生煤、平煤十矿构造煤和原生煤及古汉山构造煤和原生煤的总吸收峰强度分别为 18 911.77、17 940.57、12 621.78、12 409.1、30 542.87 和 8 676.37,构造煤吸收峰面积比原生煤分别增加 1.05 倍、1.02 倍和 3.52 倍,古汉山构造煤的吸收峰强度增加最大。

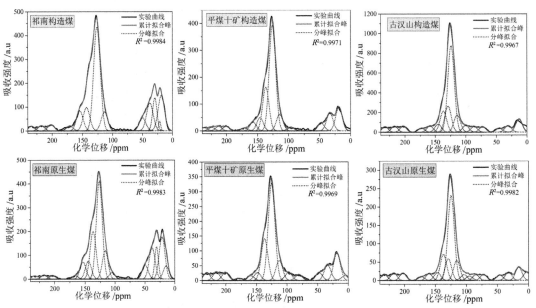

彩图链扫

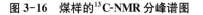
图 3-16　煤样的 ^{13}C-NMR 分峰谱图

3.3.2　^{13}C NMR 结构参数

3.3.2.1　芳碳率

根据表 3-8 中不同化学位移对应的碳原子归属和分峰谱图中吸收峰面积分析计算煤样的 12 个化学结构参数,结果如表 3-9 所示。

表 3-9　煤样的 ^{13}C NMR 结构参数

样品编号	f_{al}^{*}	f_{al}^{H}	f_{al}^{O}	f_{a}^{H}	f_{a}^{B}	f_{a}^{S}
祁南构造煤	0.118	0.150	0.039	0.373	0.140	0.071
祁南原生煤	0.158	0.148	0.04	0.384	0.137	0.051
平煤十矿构造煤	0.093	0.102	0.00	0.499	0.172	0.053
平煤十矿原生煤	0.123	0.09	0.023	0.482	0.161	0.03
古汉山构造煤	0.059	0.047	0.05	0.497	0.212	0.036
古汉山原生煤	0.085	0.054	0.046	0.463	0.191	0.032
样品编号	f_{a}^{P}	f_{a}^{N}	f_{a}^{C}	f_{al}	f_{a}	f_{a}'
祁南构造煤	0.061	0.272	0.049	0.307	0.693	0.644
祁南原生煤	0.049	0.238	0.032	0.346	0.654	0.622
平煤十矿构造煤	0.035	0.259	0.047	0.195	0.805	0.758
平煤十矿原生煤	0.019	0.209	0.074	0.235	0.765	0.691
古汉山构造煤	0.028	0.275	0.072	0.156	0.845	0.773
古汉山原生煤	0.027	0.25	0.101	0.185	0.814	0.713

煤的芳碳率与其性质和演化有直接关系,是反应煤有机结构的重要参数之一,其大小为 90~165 ppm 对应的吸收峰面积与 90~240 ppm 对应的吸收峰面积之比,即芳香碳含量与总有机质碳含量面积之比。煤的芳碳率和变质程度呈现出如下关系:碳含量在 80% 以下的煤,f_a' 在 0.5~0.7 之间;碳含量在 80%~90% 之间的煤,f_a' 在 0.71~0.85 左右;碳含量在 90% 以上的煤,f_a' 会急速增加,当碳含量达到 95% 时,f_a' 接近 1 或等于 1。祁南构造煤和原生煤(气肥煤)的 f_a' 分别为 0.644 和 0.622,说明其芳香结构含量较低;平煤十矿构造煤和原生煤(焦煤)的 f_a' 分别为 0.758 和 0.691,芳香结构含量随变质程度逐渐增加;古汉山构造煤和原生煤(无烟煤)的 f_a' 分别为 0.773 和 0.713,芳香结构含量随变质程度进一步增加。煤样的芳碳率随变质程度的增加逐渐增加,这与理论关系相一致,同时也佐证了红外芳碳率结果的合理性。

经构造作用后,祁南、平煤十矿和古汉山构造煤的芳碳率分别增加了 3.5%、9.7% 和 8.4%,这与本章以及 Cao 等人[16]用 XRD 技术得到的研究结果是一致的,即构造作用能够提高煤岩基本结构单元的芳香簇尺寸和延展度。此外,芳碳率的增加也预示着煤具有更高的瓦斯吸附能力。

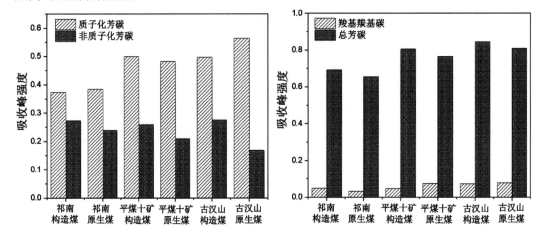

图 3-17 煤样的芳香碳结构参数

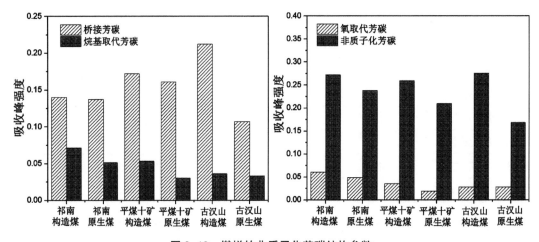

图 3-18 煤样的非质子化芳碳结构参数

芳环部分(质子化芳碳和非质子化芳碳)对芳香碳的贡献显著高于羧基羰基碳(图3-17、图3-18)。其中,质子化芳碳的贡献率最高,表明芳香碳主要由芳环部分组成,羧基羰基碳占比很小。祁南构造煤和原生煤、平煤十矿构造煤和原生煤及古汉山构造煤和原生煤的羧基羰基碳含量分别为 0.049、0.032、0.047、0.074、0.072 和 0.101,羧基羰基碳含量随变质程度的增加而增加。此外,经构造作用后,祁南构造煤的羧基羰基碳含量较原生煤有所提高,这可能是由构造作用过程中不稳定的含氧官能团裂解脱落转换成羰基导致。平煤十矿构造煤和古汉山构造煤的羧基羰基碳含量均发生了显著的降低,说明构造作用使中等变质程度和高变质程度煤样的羰基发生了脱落。不同变质程度煤经构造作用后羧基羰基碳含量的变化情况不同,这可能与它们经历不同的构造演化过程有关。宋昱[3]对不同构造类型煤样的分析结果表明,羧基羰基的含量在脆性变形阶段基本保持不变,在韧性变形阶段逐渐降低,且韧性变形及动力变质作用可以使羰基发生脱落。

3.3.2.2 脂肪碳

脂肪结构由甲基碳、亚甲基碳和次甲基碳及氧接脂碳构成。煤样的脂肪碳结构如图 3-19 所示,随煤样变质程度的提高,脂肪碳含量逐渐降低,最高由 0.346 降低至 0.156,减少了 54.9%,变化结果与逐渐增加的芳香碳含量相对应,芳香碳含量的增加势必会造成脂肪碳含量的降低。甲基碳、亚甲基碳和次甲基碳是脂肪碳的主要成分,随变质程度的增加它们的含量也逐渐降低,这与逐渐降低的脂肪碳含量的变化相一致。经构造作用后,各煤样的脂肪碳含量均呈降低趋势,这进一步佐证了构造作用会促进脂肪侧链的脱落,增加芳香结构含量。从具体分析可以看出,在原生煤中,甲基碳含量高于亚甲基碳和次甲基碳及氧接脂碳;在构造煤中,甲基碳含量基本略低于亚甲基碳和次甲基碳及氧接脂碳,反映出脂肪侧链变短、支链化程度的降低。经构造作用后,祁南、平煤十矿和古汉山构造煤的脂肪碳含量分别降低了 11.3%、17.0% 和 15.7%,降低幅度较大;其中,甲基碳最不稳定,最先发生脱落。

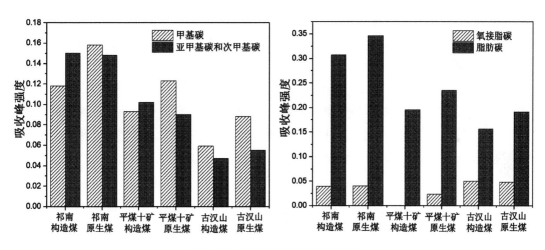

图 3-19　煤样的脂肪碳结构参数

3.3.2.3 桥周碳比

^{13}C NMR 结构参数中芳香桥碳与周碳的比值(简称桥周碳比)是用来计算芳香簇尺寸的重要参数[13],其公式如下:

$$X_{BP} = f_a^B / (f_a^H + f_a^P + f_a^S) \tag{3-8}$$

式中:X_{BP} ——芳香桥碳与周碳之比。

桥周碳比用于表征煤大分子结构中芳香结构的缩聚程度[4],结果如表 3-10 所示。桥周碳比随变质程度的增加而增加,表明煤化过程是芳香结构缩聚程度提高的过程。经构造作用后,除祁南构造煤的桥周碳比略有降低外,平煤十矿和古汉山构造煤的桥周碳比均高于原生煤,预示着构造作用会促进芳香结构的缩聚。

表 3-10　煤样的芳香桥碳与周碳之比

样品编号	祁南构造煤	祁南原生煤	平煤十矿构造煤	平煤十矿原生煤	古汉山构造煤	古汉山原生煤
X_{BP}	0.277	0.283	0.303	0.293	0.377	0.366

　　煤样的芳碳率随变质程度的增加而增加,预示着其有更高的瓦斯吸附能力。芳香碳是煤大分子结构中的主要构成部分,质子化芳碳又是芳香碳的主要部分,它们均随变质程度线性增加。经构造作用后,构造煤的芳碳率、芳香碳含量及质子化芳碳含量均高于原生煤;构造煤的脂肪碳含量低于原生煤,表明构造作用会促进脂肪侧链的脱落并降低脂肪碳含量,促进芳香结构的缩聚及大分子结构的超前演化,进而增加煤的瓦斯吸附能力。

3.4　煤大分子结构及最优几何构型

　　煤大分子结构模型的首次公开提出最早可追溯到 20 世纪 40 年代,在 1980 年后,煤化学结构的研究才受到国内外学者的广泛关注,迎来了蓬勃发展阶段,先后有学者提出了经典的化学结构模型,包括 Fuchs 模型[17] 和 Shinn 结构模型[18-20]。近年来,随着计算机技术的不断进步,多种先进的分析测试仪器(傅里叶变换红外光谱测试仪、X 射线衍射仪、激光拉曼光谱仪和固体核磁共振仪等)被用于煤分子结构特征的分析,人们可通过各种先进的分析测试手段对不同煤阶镜质组煤的物理和化学性质进行阐释,并结合建模软件构建不同煤阶镜质组大分子结构模型,分析大分子结构内孔隙的演化和与甲烷的吸附机理。

　　煤三维大分子结构模型的构建是从分子层面研究甲烷吸附和扩散的基础及微观层面对宏观层面的特征反映[4]。在元素分析、FT-IR、XRD、和 ^{13}C NMR 实验的研究基础上,本文以平煤十矿构造煤和原生煤为代表,可构建煤的三维大分子结构模型并进行最小能量构型和最优几何构型的分析。

3.4.1　大分子模型的构建

3.4.1.1　大分子模型的构建方法

　　目前,国内外存在两种综合建立煤三维大分子结构模型的方法:第一种方法是应用元素分析、FT-IR、XRD 和 ^{13}C NMR 的实验结果构建煤三维大分子结构模型[21];第二种方法是基于元素分析、^{13}C NMR、FT-IR 和 HRTEM 的测试结果,进行煤三维大分子结构建模。第二种方法主要是应用 HRTEM 的测试结果,将芳香片层作为建模基础,将其划分成堆叠、线性奇异分子和弯曲晶格条纹等,然后将获得的条纹置于一定尺度的立方体内,进而获得煤三维大分子结构模型[3]。曾凡桂团队通过 XRD、Raman、HRTEM、傅里叶变换红外光谱(FT-IR)和固体核磁共振测试(^{13}C NMR)等实验系统研究了不同煤阶煤的分子结构,并提出了大分子结构模型的建立方法[22-23]。贾建波[13] 在此基础上通过开展 FT-

IR 和 ^{13}C NMR 实验建立了神东镜质组的大分子二维化学平面结构模型,并使用 Materials Studio 4.0 软件进行分子模拟,获得了稳定构型的三维大分子结构模型。Liu 等人[14]首先构建了低煤阶和高煤阶的大分子二维化学平面结构模型,然后经密度矫正、几何优化和孔隙矫正等步骤建立了周期性边界条件下煤的三维大分子结构模型,并以此为基础,分析了模型内微孔隙的演化、甲烷吸附机理及扩散特性。

第一种构建方法能够适用的前提是要确定大分子二维化学平面结构模型的确定,应用太原理工大学曾凡桂教授课题建立的二维化学平面结构模型方法[22],即主要依据样品的 ^{13}C NMR 的实验数据建立二维化学平面结构模型。二维化学平面结构模型的构建流程如图 3-20 所示。当二维化学平面结构模型构建完成后,即可采用 Materials Studio 软件将二维结构转化为三维结构,进而得到煤的三维大分子结构模型。

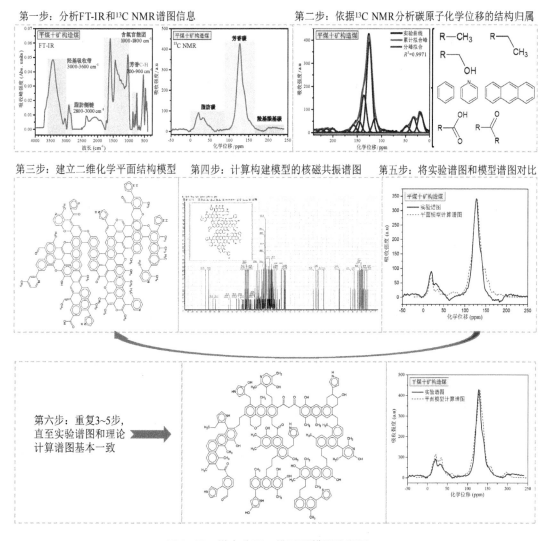

图 3-20　煤大分子二维平面模型流程图

根据流程,煤大分子二维化学平面结构模型详细的构建方法可以概述为以下几点:

(1) 进行元素分析、FT-IR 和 ^{13}C NMR 实验并获得煤样对应的谱图信息;

(2) 针对 FT-IR 和 ^{13}C NMR 谱图进行分峰拟合处理,以获得不同波长和化学位移下吸收峰强度,然后计算对应的官能团含量;

(3) 进行芳香结构单元组合、脂肪碳结构和杂原子结构的确定,使用 ACD/ChemSketch 软件初步建立煤的大分子二维化学平面结构模型;

(4) 采用 ACD/ChemSketch 软件计算平面结构模型的化学位移;

(5) 将 ^{13}C NMR 化学位移导入 gNMR 软件计算建立平面模型的核磁共振谱图;

(6) 将煤样的核磁共振谱图与构建的平面模型的核磁共振谱图进行对比;

(7) 若实验谱图与构建模型谱图基本一致,则认为大分子二维化学平面结构模型为最终的结构模型;否则,重复步骤(3)~(5),直至获得最终的结构模型。

3.4.1.2 芳香结构单元

在构建煤的大分子平面模型分子式时,首先要确定芳香碳的个数,然后再据此计算脂肪碳等参数。煤中碳含量在 83%~90% 时,缩合芳香环中苯环的平均量在 2~5 个,碳含量为 80% 的煤中缩合芳环中苯环的平均量为 2 个。由桥碳和周碳的定义可知,苯环的桥周碳比为 0;吡啶、吡咯和噻吩硫的桥周碳比为 0;缩合程度为 2 的萘环的桥周碳比为 0.25;缩合程度为 3 的蒽及其同分异构体菲的桥周碳比为 0.4;缩合程度为 4 的芘及其同分异构体的桥周碳比为 0.5。平煤十矿构造煤和原生煤的桥周碳比分别为 0.303 和 0.293,其值介于 0.25 和 0.4 之间,据此可知其芳香骨架主要以蒽环和菲环为主,萘环和苯环为辅。

元素分析结果表明平煤十矿构造煤样和原生煤样的氮元素含量较低,主要以吡啶和吡咯的形式存在于煤中,结合煤样的元素分析结果可以计算出各元素的原子个数比,由此得到平煤十矿构造煤和原生煤的氮原子的个数分别为 8 和 3,吡咯型氮和吡啶型氮含量比值约为 2:1。因此,在构造煤模型中添加 5 个吡咯和 3 个吡啶;在原生煤模型中添加 2 个吡咯和 1 个吡啶。平煤十矿构造煤和原生煤的硫原子的个数分别为 1 和 2,硫元素主要是以噻吩形式存在。本节以此为依据研究氮元素和硫元素的存在形式,并通过 Matlab 编程计算,获得了结构模型中苯环、萘环、菲环和蒽环等最佳组合,使煤样模型中的桥周碳比接近 0.303 和 0.293,最终确定了结构模型中芳香骨架组合,如表 3-11 所示。

二维化学平面模型的构建需要用到 ACD/Lals C-NMR Predictor 软件,但该软件仅能计算小于 255 个碳原子的分子。在软件计算的基础上,依据芳香结构的类型和数量可以计算出平煤十矿构造煤的芳香碳原子个数为 157,其芳碳率值为 0.758,进而可以计算出平煤十矿构造煤模型中的碳原子总数为 206。同理,可以计算出平煤十矿原生煤模型中芳香碳原子个数为 135,碳原子总数为 195。

表 3-11 芳香结构类型和数量

芳香环类型	平煤十矿构造煤	平煤十矿原生煤	芳香环类型	平煤十矿构造煤	平煤十矿原生煤
N环(吡啶)	3	1	萘	1	1
NH环(吡咯)	5	2	蒽	4	5
S环(噻吩)	1	2	菲	2	2
苯环	1	1	苯并菲	1	0

3.4.1.3 脂肪碳结构

基于模型中碳原子总数和芳香碳原子数,可以得到构造煤和原生煤的脂肪碳原子数分别为 40 和 46。烷基侧链、环烷烃和氢化芳环等是煤中脂肪结构的主要存在形式。芳香结构吸收波段红外光谱分峰结果显示平煤十矿构造煤和原生煤的芳香环以苯环二取代为主,三取代和五取代次之,说明煤中芳香结构中连接有更多的亚甲基和甲基。脂肪侧链吸收波段红外光谱分峰结果显示构造煤中脂肪碳主要为甲基,其次是亚甲基,最后为次甲基;原生煤中脂肪碳主要为亚甲基,其次是甲基,最后为次甲基。同时,脂肪碳结构形式的确定还需要结合 ^{13}C NMR 实验中不同化学位移对应的碳原子归属结果,表 3-9 的结果表明构造煤的亚甲基和次甲基含量与甲基含量相近,原生煤的甲基含量高于亚甲基和次甲基含量。

3.4.2 构造煤大分子结构模型

3.4.2.1 平面结构模型构建

本节依据图 3-20 中煤大分子二维化学平面结构模型的构建方法,并结合确定的脂肪碳结构、芳香结构单元组合和杂原子结构建立了平煤十矿构造煤和原生煤的大分子二维结构模型,如图 3-21 所示。平煤十矿构造煤的分子式为 $C_{206}H_{182}N_8O_{18}S$,原生煤的分子式为 $C_{195}H_{169}N_3O_{27}S_2$。

将样品大分子模型计算的 ^{13}C NMR 谱图与 ^{13}C NMR 实验测试谱图结果进行对比,结果如图 3-22 所示。谱图对比结果表明,本章所建立的两种煤样大分子二维化学平面结构模型 ^{13}C NMR 谱图与 ^{13}C NMR 实验测试谱图一致性较好,由此可以推断该模型能够反映出所研究煤样的大分子结构。

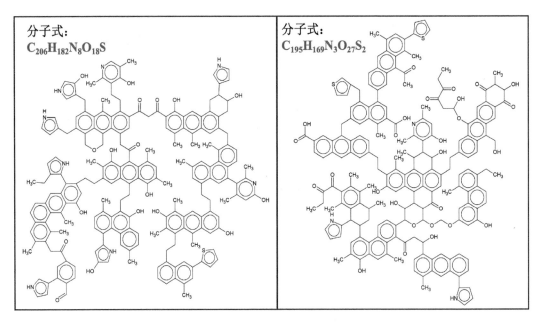

图 3-21　煤样的大分子平面结构模型

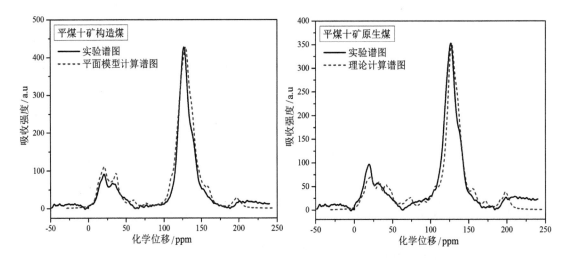

图 3-22　^{13}C NMR 实验谱图和平面模型计算谱图结果对比

获得较为准确的大分子二维化学平面结构模型后,需要对各模型的元素含量进行反向计算,计算结果如表 3-12 所示。构建的平煤十矿构造煤模型的分子式为 $C_{206}H_{182}N_8O_{18}S$,其中,氢元素含量为 5.89%,略高于元素分析结果,表 2-7 中有提及对应值为 3.516%,这可能是因为氢元素具有比较活跃的性质,很容易受外界的影响,平煤十矿原生煤模型中氢元素含量也明显高于元素分析结果。基于此原因,可忽略模型中较高的氢原子数量的影响。

表 3-12　平煤十矿构造煤和原生煤元素含量和结构信息

煤样	分子式	元素含量/%					分子量
		C	H	N	O	S	
构造煤	$C_{206}H_{182}N_8O_{18}S$	80.10	5.90	3.63	9.33	1.04	3 086
原生煤	$C_{195}H_{169}N_3O_{27}S_2$	76.80	5.54	1.38	14.18	2.10	3 047

3.4.2.2　立体结构模型的构建

将 ACD/ChemSketch 软件构建的煤样的大分子二维化学平面结构模型导入到 Materials Studio 8.0 中,进行加氢饱和处理,并使用 Clean 插件对模型进行初步结构优化,获得煤样的初始立体结构模型。调用 Modules 工具 Forcite 模块中的 Geometry Optimization 任务进行分子力学模拟(几何优化)。理论上,经分子力学模拟后的模型会受到温度的影响导致其中仍有剩余能量的作用,因此,继续调用 Forcite 模块中的 Anneal 任务对经分子力学模拟后的模型开展分子动力学模拟,进而获得能量最小构型,即煤的大分子结构模型。煤样的大分子二维化学平面结构模型经分子力学和分子动力学模拟后得到立体结构模型,见图 3-23。平煤十矿构造煤和原生煤模型的化学键均有明显的弯曲、扭转,芳香层片的立体感更强,原生煤的大分子结构的立体感明显优于构造煤,预示着原生煤能抵抗的外力强度高于构造煤。

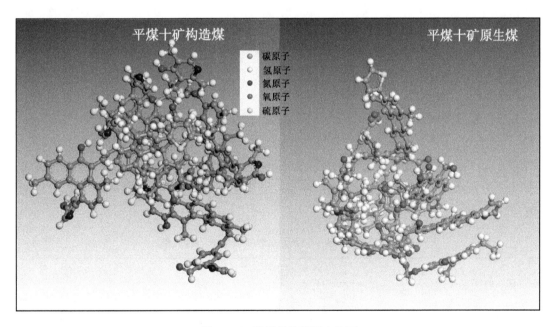

图 3-23　煤样的能量最小构型

对模型进行几何优化和分子动力学模拟时,采用的是 Dreiding 力场,该力场的总势能 E_{total} 包括价电子能 E_V 和非成键能 E_N。价电子能由键伸缩能 E_B、扭转能 E_T、键角能 E_A

和反转能 E_I 组成；非成键能则是由范德华能 E_{van}、氢键能 E_H 和库仑能 E_E 组成。表 3-13 和表 3-14 分别给出了平煤十矿构造煤和原生煤分子模拟前后的能量。

平煤十矿构造煤大分子模型初始条件时（经 Clean 插件初步优化）的总势能为 13 684.75 kcal·mol^{-1}（1 kcal·mol^{-1}＝4.186 kJ·mol^{-1}），经几何优化和分子动力学模拟后总势能分别为 964.11 kcal·mol^{-1} 和 885.56 kcal·mol^{-1}，总势能下降了 93.53%，由此可见初始构型极其不稳定。总势能中以非成键能中的范德华能和价电子能中的键伸缩能为主，大分子模型中的范德华能由 10 163.21 kcal·mol^{-1} 下降到 410.30 kcal·mol^{-1}，键伸缩能由 3 271.87 kcal·mol^{-1} 下降到 109.90 kcal·mol^{-1}，键角能、扭转能分别由 142.11 kcal·mol^{-1} 和 123.98 kcal·mol^{-1} 增加至 166.26 kcal·mol^{-1} 和 228.92 kcal·mol^{-1}，表明大分子结构内部的基本结构单元、桥键和脂肪侧链出现了变形，分子间的作用力降低，结构变得更加稳定[24]。

表 3-13　平煤十矿构造煤分子模拟前后的能量

优化条件	E_{total} /(kcal·mol^{-1})	E_V/(kcal·mol^{-1})				E_N/(kcal·mol^{-1})		
		E_B	E_A	E_T	E_I	E_{van}	E_H	E_E
初始条件	13 684.75	3 271.87	142.11	123.98	7.61	10 163.21	−1.38	−22.65
分子力学优化	964.11	112.43	172.01	241.48	5.42	460.78	−0.01	−28.034
分子动力学优化	885.56	109.90	166.26	228.92	6.63	410.30	−9.35	−27.09

平煤十矿原生煤大分子模型初始条件时的总势能为 8 952.48 kcal·mol^{-1}，经几何优化和分子动力学模拟后总势能分别为 830.00 kcal·mol^{-1} 和 742.70 kcal·mol^{-1}，总势能下降了 91.70%，这同样表明其初始构型的不稳定性。经分子动力学优化后，大分子模型中的范德华能由 5 642.69 kcal·mol^{-1} 下降到 383.47 kcal·mol^{-1}，键伸缩能由 3 162.87 kcal·mol^{-1} 下降到 111.5 kcal·mol^{-1}，键角能由 87.24 kcal·mol^{-1} 增加到 140.70 kcal·mol^{-1}，扭转能由 110.66 kcal·mol^{-1} 增加到 171.20 kcal·mol^{-1}，这同样表明大分子结构内部的基本结构单元、桥键和脂肪侧链出现了变形，分子间的作用力降低，结构更加稳定。

表 3-14　平煤十矿原生煤分子模拟前后的能量

优化条件	E_{total} /(kcal·mol^{-1})	E_V/(kcal·mol^{-1})				E_N/(kcal·mol^{-1})		
		E_B	E_A	E_T	E_I	E_{van}	E_H	E_E
初始条件	8 952.48	3 162.87	87.24	110.66	4.32	5 642.69	−1.20	−54.10
分子力学优化	830.00	115.04	146.48	169.10	3.95	465.21	−6.09	−63.69
分子动力学优化	742.70	111.50	140.70	171.20	3.47	383.47	−6.46	−61.17

煤的强度特性主要取决于煤化程度，但受强烈地质构造作用的影响后，即便是高变质

程度的无烟煤,其强度也可能会小于低变质程度和中等变质程度的煤。文章的研究中相同煤层的构造煤的强度均显著小于原生煤,原因在于构造煤的分子结构发生了变化。物质的强度受控于晶格的结构,若分子间的作用力强则强度会相对较高[25]。结合元素分析中的结果发现,祁南、平煤十矿和古汉山构造煤的氧元素含量较原生煤分别降低 34.3%、48.6% 和 13.3%,反映在大分子模型中则是氧原子数量和氧桥(—O—)的减小,这会导致构造煤分子之间的结合力降低;同时,FT-IR 和 ^{13}C NMR 实验证实构造煤的脂肪侧链会缩短,使分子间的交联力降低,构造煤分子间作用力降的宏观反映则是强度的降低。在大分子结构模型中,构造煤有更大的总势能,且其扭转能和反转能也显著大于原生煤,这也佐证了构造煤的大分子模型相比于原生煤更不稳定,构造煤抵抗外界破坏的能力更差。

3.5　构造作用对煤大分子结构演化及成烃影响

变质作用和构造作用均会改变煤的大分子结构特征,刘宇[4]将煤化过程中镜质组大分子结构演化分成 5 个阶段,并分析了各阶段含氧官能团和脂肪结构的演化特征及芳构化和缩聚作用。宋昱[3]通过对低中阶构造煤的大分子结构的研究发现构造应力直接决定了煤大分子结构的演化模式,脆性变形对有机大分子的改造效果较弱,韧性变形对有机大分子的改造效果强于脆性变形。从本章的前述内容可以看出,变质作用和构造作用会对煤的官能团、芳香和脂肪结构及微晶结构演化产生影响,构造应力也会促进煤大分子结构的超前演化。

随变质程度的提高,煤的大分子结构先后经历了脂肪侧链和杂原子基团的脱落,以及部分脂肪侧链的芳构化作用、与芳香环相连的脂肪结构的芳构化作用及芳环的缩聚作用。变质作用增加了芳碳率、微晶结构参数中芳香层片的延展度和芳香层片的堆砌度,降低了脂碳率和芳香层片面网间距,阶段性提高了煤的基本结构单元的芳香簇尺寸。不同变质程度下构造作用对煤大分子结构的影响存在差异性,图 3-24 展示了构造作用对大分子结构演化可能产生的影响。

在中等变质程度阶段,主要演化特征为脂肪结构的脱落,同时伴随一定的脂肪侧链芳构化作用及小尺寸芳环的形成。变化特征体现为 FT-IR 中脂肪侧链结构和 ^{13}C NMR 核磁共振谱图中脂碳率的持续降低及芳构化指数的增加。在高变质程度阶段,脂肪结构含量较低,主要演化特征为芳香结构的变化,即芳构化作用及缩聚程度加强。变化特征体现为 FT-IR 中芳环的缩合度和芳构化指数及 ^{13}C NMR 谱图中桥周碳比大幅度增加,^{13}C NMR 谱图中增加的芳碳率也验证了构造作用会提高煤的基本结构单元的芳香簇尺寸和延展度。同样的规律也可以在基于 XRD 微晶结构参数的分析中得到验证,构造作用会促进大分子结构的芳构化和缩聚化。通过构建的大分子结构模型可以分析出,构造煤模型芳香层片的立体感更强,且弯曲扭转现象高于原生煤;能量参数结果表明构造煤有更大的总势能,且扭转能和反转能显著大于原生煤,这预示着构造作用过程中,煤的大分子结构会发生更为明显的缩聚作用。

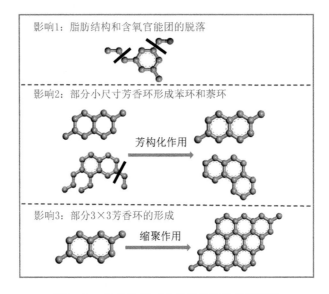

图 3-24　构造作用对大分子结构演化的影响

　　脂肪侧链脱落的过程亦是烃类物质形成的过程,成烃演化是构造煤大分子结构演化的重要组成部分,需要指出的是,成烃演化过程会伴随着脂肪侧链、含氧官能团及杂原子基团的不断脱落,同时芳构化作用和芳香缩聚作用也会在此过程中逐渐增强。基于 FT-IR 实验结果,可计算煤样的生烃潜力'A',生烃潜力'A'由 $A_{3\,000\sim2\,800}/[A_{3\,000\sim2\,800}+A_{1\,600}]$ 的比值表征[26],计算结果如表 3-15 所示。

表 3-15　基于 FT-IR 煤样的生烃潜力

样品	祁南构造煤	祁南原生煤	平煤十矿构造煤	平煤十矿原生煤	古汉山构造煤	古汉山原生煤
'A'	0.221	0.295	0.25	0.256	0.089	0.16

　　随变质程度的增加,煤的生烃潜力由最高 0.295 降低至 0.089,降低了 69.8%,这与煤化过程中生烃潜力的变化结果相吻合。观察构造煤和原生煤的生烃潜力发现,前者的生烃潜力均小于后者,祁南、平煤十矿和古汉山构造煤的生烃潜力分别比相应的原生煤降低 24.9%、2.3% 和 44.2%,这预示着构造煤已经生成了更多的烃类物质,因此,生烃潜力会降低,这也佐证了构造作用会提高煤的煤化程度。

参考文献

[1] SAIKIA B K, BORUAH R K, GOGOI P K. FT-IR and XRD analysis of coal from Makum

coalfield of Assam[J]. Journal of Earth System Science，2007，116(6)：575-579.

［2］姜家钰. 构造煤结构演化及其对瓦斯特性的控制[D]. 焦作：河南理工大学，2014.

［3］宋昱. 低中阶构造煤纳米孔及大分子结构演化机理[D]. 徐州：中国矿业大学，2019.

［4］刘宇. 煤镜质组结构演化对甲烷吸附的分子级作用机理[D]. 徐州：中国矿业大学，2019.

［5］LIEVENS C，CI D H，BAI Y，et al. A study of slow pyrolysis of one low rank coal via pyrolysis-GC/MS[J]. Fuel Processing Technology，2013，116：85-93.

［6］MA X M，DONG X S，FAN Y P. Prediction and characterization of the microcrystal structures of coal with molecular simulation[J]. Energy & Fuels，2018，32(3)：3097-3107.

［7］李霞，曾凡桂，王威，等. 低中煤级煤结构演化的 XRD 表征[J]. 燃料化学学报，2016，44(7)：777-783.

［8］张开仲. 构造煤微观结构精细定量表征及瓦斯分形输运特性研究[D]. 徐州：中国矿业大学，2020.

［9］苏现波，司青，王乾. 煤变质演化过程中的 XRD 响应[J]. 河南理工大学学报(自然科学版)，2016，35(4)：487-492.

［10］曲星武，王金城. 煤的 X 射线分析[J]. 煤田地质与勘探，1980，8(2)：33-40.

［11］张玉贵，张子敏，曹运兴. 构造煤结构与瓦斯突出[J]. 煤炭学报，2007，32(3)：281-284.

［12］张玉贵. 构造煤演化与力化学作用[D]. 太原：太原理工大学，2006.

［13］贾建波. 神东煤镜质组结构模型的构建及其热解甲烷生成机理的分子模拟[D]. 太原：太原理工大学，2010.

［14］LIU Y，ZHU Y，LI W，et al. Ultra micropores in macromolecular structure of subbituminous coal vitrinite[J]. Fuel，2017，210：298-306.

［15］李伍. 镜质组大分子生烃结构演化及其对能垒控制机理[D]. 徐州：中国矿业大学，2015.

［16］CAO Y X，MITCHELL G D，DAVIS A，et al. Deformation metamorphism of bituminous and anthracite coals from China[J]. International Journal of Coal Geology，2000，43(1/2/3/4)：227-242.

［17］FUCHS W，SANDHOFF A G. Theory of coal pyrolysis[J]. Industrial & Engineering Chemistry，1942，34(5)：567-571.

［18］SHINN J H. From coal to single-stage and two-stage products：A reactive model of coal structure[J]. Fuel，1984，63(9)：1187-1196.

［19］GIVEN P H. Structure of bituminous coals：Evidence from distribution of hydrogen[J]. Nature，1959，184(4691)：980-981.

［20］WISER W H. Conversion of bituminous coal to liquids and gases：Chemistry and representative processes[M]//Petrakis L，Fraissard JP. Magnetic Resonance. Dordrecht：Springer，1984：325-350.

［21］相建华，曾凡桂，梁虎珍，等. 兖州煤大分子结构模型构建及其分子模拟[J]. 燃料化学学报，2011，39(7)：481-488.

［22］曾凡桂，谢克昌. 煤结构化学的理论体系与方法论[J]. 煤炭学报，2004，29(4)：443-447.

［23］李霞，曾凡桂，司加康，等. 不同变质程度煤的高分辨率透射电镜分析[J]. 燃料化学学报，2016，44

(3):279-286.

[24] 姜永泼.屯兰2号镜煤大分子聚集态结构模型的构建及分子模拟[D].太原:太原理工大学,2018.

[25] 张双全.煤化学[M].2版.徐州:中国矿业大学出版社,2009.

[26] IGLESIAS M J, JIMENEZ A, LAGGOUN-DEFARGE F, et al. FTIR study of pure vitrains and associated coals[J]. Energy & Fuels, 1995, 9(3): 458-466.

第 4 章 　煤的孔隙结构

煤中复杂且发育的孔隙结构直接决定了瓦斯的吸附、解吸、扩散和渗流特性。孔隙结构不仅是煤中瓦斯吸附的主要空间,同时也是瓦斯解吸和扩散运移的主要通道。煤的孔隙结构分析能给孔隙结构复杂度、瓦斯吸附解吸特性,以及突出发生时的初始瓦斯快速解吸能力的研究提供有力的支撑。构造作用会对煤体的孔隙结构产生明显的改造效果,进而影响煤中瓦斯的吸附和运移特性。煤的孔隙结构测试和分析方法有哪些? 低压氮气吸附法归属于哪种吸附等温类型和迟滞类型? 孔隙结构随构造作用及粉化作用的发展如何演化? 本章将着重对这些问题进行分析。

4.1　孔隙结构测试方法

近几十年来,越来越多先进的方法被应用于煤的孔隙结构测试,综合起来可以概括为两类方法:流体侵入法和照射法[1-3]。其中,流体侵入法包括压汞法(MIP)、低压氮气(77 K)吸附法(LP-N$_2$GA)、低压氩气(87 K)吸附法(LP-ArGA)、低压二氧化碳(273 K)吸附法(LP-CO$_2$GA)、氦比重瓶法和热孔法。照射法包括采用扫描电子显微镜(SEM)、透射电子显微镜(TEM)、核磁共振(NMR)、显微 CT、小角 X 射线散射(SAXS)和小角中子散射(SANS)测试的方法。各种方法测定的孔隙范围如图 4-1 所示,因不同设备厂商出厂的仪器型号及标准不同,所以孔径测定的上下限没有明确的固定值。

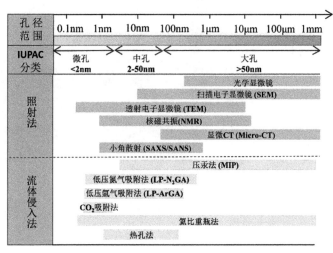

图 4-1　煤岩孔隙结构分析及孔径分布表征方法

煤中的瓦斯主要以吸附态的形式储存于微孔（<2 nm）中，其吸附和解吸扩散性能与几纳米、几十纳米到几百纳米的孔隙结构密切相关[4-6]。笔者基于美国 Quantachrome 仪器公司（现已被 Anton Paar 公司收购）生产的 Pore Master-33 型号自动压汞仪和 Autosorb iQ2 全自动气体吸附分析仪对煤的孔隙结构进行了测试分析，发现 MIP 可测孔径范围在 5～10 000 nm；物理吸附法可测孔径范围在 0.35～400 nm 之间，其中 LP-CO_2GA 可测孔径范围在 0.35～1.5 nm，LP-N_2GA 可测孔径范围在 0.9～400 nm，LP-ArGA 可测孔径范围在 0.5～300 nm，孔径越大，精确度越低。

（1）压汞法

压汞法是常用的测定煤样孔径分布的方法，可得到煤样的孔容、比表面积、孔隙率、曲折度等孔隙结构参数。其基本原理是：汞对一般固体不润湿，在无外界压力条件下，汞不能进入煤的孔隙中，当施加外界压力时，汞可克服因表面张力产生的阻力进入孔隙中，外压越大，汞能进入的孔半径越小，注入压力与孔半径符合 Washurn 方程[7]，即：

$$r = -\frac{2\sigma\cos\alpha}{p} \tag{4-1}$$

式中：σ——汞的表面张力，10^{-3} N/m；

α——汞与煤表面的接触角，°；

p——汞压力，Pa；

r——孔隙半径，m。

国家标准《压汞法和气体吸附法测定固体材料孔径分布和孔隙度　第 1 部分：压汞法》（GB/T 21650.1—2008）给出了压汞法的详细流程。目前压汞法的流程已非常成熟，全自动压汞仪的生产厂家也很多，其中美国 Anton Paar 公司生产的 Pore Master-33 型号自动压汞仪应用较多，如图 4-2 所示。Pore Master-33 型号自动压汞仪主要用于介孔和大孔的孔径分布测定，最大注汞压力为 33 000 psi（1 psi＝6.895 kPa），从真空到 33 000 psi 可实现连续或步进加压。大量研究证实，压汞实验更倾向于测试硬度高且呈块状的样品，该实验可以提供更加精确的孔隙数据。对于硬度较低或粉化状态的煤，其在高压状态下可能会对孔基质进行压缩，从而使实

图 4-2　Pore Master-33 型号自动压汞仪

验结果出现偏差。此外，Pore Master-66 型号自动压汞仪最高工作压力可达 60 000 psi，可测量孔径为 1 000 μm 至 3.6 nm。

（2）低压氮气吸附法

用于测试煤孔隙结构的典型吸附质有氮气、氩气、氦气和二氧化碳等，不同气体的测试环境温度存在差异，相应的可测孔径范围也存在区别。氮气为惰性气体，不与煤（吸附剂）发生化学作用，且空气中氮气约占 78%，便于提取，冷却剂容易获得，价格相对较低，因此被广泛用于孔隙结构的测试。对于孔径超过 400 nm 以上的大孔，压汞法可以提供更加精确的孔隙数据。对于孔径为 400 nm 以下的孔隙，利用氮气测试的优势更为明显。低压氮气吸附法已被广泛应用于煤储层孔隙结构的表征，国内许多外学者将其应用于煤的孔容、比表面积、孔径分布和分形维数等参数的研究中，并基于此分析其与瓦斯吸附解吸的关系。国家标准《压汞法和气体吸附法测定固体材料孔径分布和孔隙度第 2 部分：气体吸附法分析介孔和大孔》（GB/T 21650.2—2008）同样给出了气体吸附法分析介孔和大孔的要求与流程。Autosorb iQ2 全自动气体吸附分析仪如图 4-3 所示。

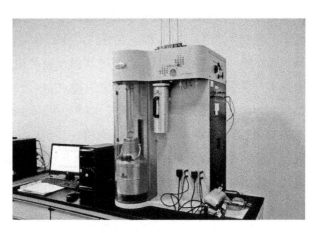

图 4-3　Autosorb iQ2 全自动气体吸附仪

氮气分子是棒状极性分子，动力学直径为 0.364 nm，其本身具有的四极矩作用会与煤表面的官能团和暴露的离子发生特定的相互作用，引起被吸附氮分子的取向效应，同时也会使分子横截面积小于公认的 0.162 nm²，进而使得测试结果不准确。此外，氮分子为椭球形，分子在不同方向的占有面积不同，当煤表面存在极性官能团时，氮气分子会优先进行吸附，分子有效的占有面积会比计算值偏大。

（3）低压氩气吸附法

氩原子是球形的，动力学直径为 0.34 nm，不存在占位差，可以更精确地测定孔径分布特征。同时氩原子是非极性原子，无四极矩作用，因而测试过程中也不会受到表面的极性官能团等影响，测试结果会更加准确。在液氩温度（87 K）下，氩气分析的速度要明显高于 77 K 下氮气的分析速度，在较高的相对压力下会更有利于孔的填充。相关的针对页岩、沸石和 MOFs 材料的研究已经证实[8-9]：氩气吸附测试速度要高于氮气；相同的测试速度与测试精度下，氩气吸附对仪器的要求更低。低压氩气吸附法和低压氮气吸附法参照的标准和所用仪器设备相同，两种方法的区别在于吸附质气体和吸附温度存在差异。

（4）低压二氧化碳吸附法

低压氮气吸附法和低压氩气吸附法均可以对煤的全孔段微孔进行分析，但是受限于仪器精度、测试时间及样品的性质，这两种方法无法准确测定 1 nm 以下的微孔参数。多种方法综合使用和参数结果对比成为近年来孔隙结构测试发展的新趋势。CO_2 分子动力学直径仅为 0.33 nm，273 K 条件下的饱和蒸汽压非常高，该温度下气体能够快速扩散到 0.4 nm 以下的孔隙中使分析时间大大缩短，从而能分析探测较小的微孔结构，作为低压氩气吸附法和低压氮气吸附法的一个补充，低压二氧化碳吸附法更适用于分析煤样的微孔结构特征。

（5）低场核磁共振方法

自 1946 年核磁共振现象被发现以来，核磁共振技术已被广泛用于工程、物理、化学及医学等领域[8, 10-13]。其中，核磁共振技术在医学领域的应用极为广泛，在核磁共振频谱学和计算机断层技术的基础上，对核磁共振现象的研究已发展成为一项崭新的医学影像诊断技术。根据核磁共振的原理和应用特点，核磁共振技术大致可分为磁共振成像技术（MRI）、^{13}C 固相高分辨率谱分析技术（^{13}C-NMR）、核磁共振冻融法（NMRC）和含氢流体低场核磁共振谱分析技术（^{1}H-NMR）等[14-15]。MRI 利用核磁共振原理，依据能量在物质内部不同结构环境中不同的衰减，通过外加梯度磁场检测所发射出的电磁波，即可得知构成这一物体原子核的位置和种类，据此可以绘制出物体内部的结构图像，该技术主要用于医学领域[16-17]。^{13}C-NMR 可以定量和定性分析有机材料的结构组成，其谱图通常为简单的单峰，峰的位置决定了对应的化学位移，不同的化学位移可以提供碳、氢和氧等官能团的结构信息。因此，国内外学者广泛使用 ^{13}C-NMR 分析煤的碳原子分布和芳香度等[18-19]。多孔介质内部孔隙冰的熔点会随孔径的减小而降低；同时，冰的横向弛豫时间（10 μs）远小于水的横向弛豫时间。因此，利用核磁共振可以捕捉孔隙水冻结到融化过程中的未冻结水含量变化。NMRC 法利用核磁共振技术测试液体在多孔介质孔隙中的相变过程，并通过 Gibbs-Thomson 方程表征多孔材料的孔径分布[14, 20]。^{1}H-NMR 技术是通过对多孔介质孔隙中含氢流体（^{1}H 核）的检测，进而定量化计算孔隙度、渗透率、饱和度、吸附性等与储层流体有关的信息[21]。出于不同的研究目的，MRI 和 ^{13}C-NMR 方法的磁场强度高，NMRC 和 ^{1}H-NMR 方法的磁场强度低。

在工程领域，核磁共振最早被应用于石油测井，NMR 能在基本不受岩石骨架成分影响的情况下获得关于岩层孔隙度及孔隙流体的多种信息[22]。低场核磁共振以煤中的含氢流体为探针，能够得到孔隙及孔隙流体信息，精准分析煤中孔隙、水和甲烷介质的相对变化，其技术特点在于无损、快速、精准，该方法逐渐被推广用于煤的物性表征的研究。

4.2　孔隙结构分析方法

压汞法、低压氮气吸附法、低压氩气吸附法和低压二氧化碳吸附法为孔隙结构的测定提供了技术手段，相应的分析方法是获得最终孔隙参数的关键。目前，代表性的孔隙结构分析方法有基于吸附势理论的 Horvath-Kawazoe（HK）方法（适用于狭缝孔）、Saito-Foley

(SF)方法(适用于圆柱孔),Dubinin-Radushkevich(DR)理论,Dubinin-Astakhov(DA)理论,Barrett-Joyner-Halenda(BJH)方法(适用于圆柱孔),NLDFT(非定域密度泛函理论)方法,QSDFT(骤冷固体密度泛函理论)方法等。各方法假设孔型不同,分析的孔径范围也存在差异。简而言之,各方法有各自的适用条件。常用的分析煤岩比表面积、孔径分布的方法如表4-1所示。

表 4-1　常用气体吸附法模型

分析方法	适用范围	分析对象	孔形假设	吸附/脱附分支	P/P_0 区间	备注
HK	微孔	孔径分布、最可几孔径、微孔孔容	狭缝形孔			适用于含有狭缝状微孔的样品(活性炭、柱撑层状黏土等)
SF	微孔	孔径分布、最可几孔径、微孔孔容	圆柱形孔			适用于孔截面呈椭圆状的微孔材料(如沸石分子筛等)
DR	微孔	平均孔径、吸附能、微孔孔容和比表面积		吸附	0.000 1~0.1	适用于大部分微孔材料,但对孔隙非均匀程度较大的材料无法取得较好的拟合结果
DA	微孔	微孔孔容、孔径分布、最可几孔径		吸附	0.000 1~0.1	适用于微孔呈非均匀分布或多峰分布的材料
BJH	介孔	孔径分布、比表面、孔容、最可几孔径	圆柱孔	吸附/脱附	≥0.35 ≥0.20	煤和 H2 型滞后环样品选择吸附分支计算孔径分布 P/P_0>0.35 对应最小孔径约 3 nm P/P_0≥0.20 对应最小孔径为 2 nm
NLDFT	微孔、介孔	孔径分布、孔容、比表面积、最可几孔径				适用于绝大部分微-介孔材料
QSDFT	微孔、介孔	孔径分布、孔容、比表面积、最可几孔径				适用于绝大部分微-介孔材料
BET	微孔、介孔	比表面积		吸附	0.05~0.3 0.3	单点 BET 一般不用;多点 BET 推荐使用 Micropore BET Assistant 选择用于计算的数据点

(1) HK 方法

HK 方法是基于 Everett 和 Powl 的势能方程,通过热力学计算发现平均势能与吸附的自由能变有关,进而得出填充压力与有效孔径之间的关系式[23]。HK 方法是将吸附质液体(液氮)限制在狭缝孔内(这些孔常见于某些碳分子筛和活性炭内),并由微孔样品的低压氮气吸附等温线计算有效孔径分布的半经验分析方法。HK方法假设吸附剂材料充满给定大小的微孔需要一定的压力。如果吸附压力小于该压力则微孔是完全空的;反之,则微孔被完全填满;吸附相表现为二维理想气体,考虑了吸附剂-吸附质之间的作用和吸附质-吸附质-吸附剂相互作用。该方法忽略了吸附分子间的相互作用,所以孔径分析结果并不十分可靠。

(2) SF方法

SF方法是HK方法的扩展,Saito和Foley假定孔隙为圆柱形孔,根据氩气(87 K)在沸石分子筛上的吸附等温线计算有效孔径分布,该方法是半经验方法。SF方法同HK方法一样,忽略了吸附分子间的相互作用,所得孔径结果不可靠。

(3) DR理论

微孔内的吸附发生在低压部分,Dubinin和Radushkevich提出了根据低压区吸附等温线求微孔容积的方法,即DR理论[24]。该方法的基础是Polanyi吸附势理论,该方法用苯作为标准吸附质。假定孔径分布符合Gauss函数,可得:

$$\theta = \exp\left[-k(\varepsilon/\beta)^2\right] \tag{4-2}$$

式中:θ —— 微孔填充程度参数;

k —— 与孔隙结构有关的常数;

ε —— 吸附质的吸附势;

β —— 亲和系数。

结合Polanyi吸附势理论,可得:

$$W/W_0 = \exp\left\{-k(RT/\beta)^2\left[2.303\lg(P_0/P)\right]^2\right\} \tag{4-3}$$

式中:W —— 相对压力 P/P_0 时填充的微孔体积,cm^3/g;

W_0 —— 微孔总体积,cm^3/g;

R —— 摩尔气体常数,8.314 J/(mol·K);

T —— 温度,K。

设 $D = 2.303k(RT/\beta)^2$,式(4-3)变为DR公式:

$$\lg W = \lg W_0 - D\lg^2(P_0/P) \tag{4-4}$$

在相对压力 $10^{-5} \sim 10^{-1}$ 范围内,DR图为直线,超出此压力范围会发生毛细管凝聚现象,继续往上则DR图会偏离直线。但即便相对压力很低时,DR图也可能偏离直线,比如活性炭吸附一氧化氮直线朝下弯曲,吸附二氧化硫直线朝上弯曲。在饱和蒸汽压附近,由于中孔和大孔内会发生多分子层吸附和毛细管凝聚,DR图上升。因此,在实际应用时,如果DR图非直线时,很难确定采用哪一根线计算微体积。

(4) DA理论

Dubinin和Astakhov提出了一种适用范围比DR理论更宽泛的理论:

$$\theta = \exp\left[-(\varepsilon/E)^m\right] \tag{4-5}$$

式中：m—— 常数，通常取 $2 \sim 6$；

E—— 特征吸附能，与 $\theta = 0.368$ 的 ε 值相等。

因此，式(4-5)可变为：

$$\theta = \exp\left[-(RT/E)^m \ln^m(P_0/P)\right] \tag{4-6}$$

或者，

$$\lg W = \ln W_0 - D' \lg^m(P_0/P) \tag{4-7}$$

$$D' = 2.303^{m-1}(RT/E)^m \tag{4-8}$$

当 $m = 2$ 时，式(4-7)与 DR 方程相同。

（5）BJH 方法

Barrett，Joyner 和 Halenda 在 Kelvin 毛细管凝聚理论以及假设孔形为圆柱孔的基础上，提出了 BJH 理论。该理论不需要假定分布曲线，直接由氮脱附等温线计算孔径分布[25-26]。BJH 方法是在吸附质为液态状态下，并使用凯尔文方程计算：

$$r_c = \frac{-0.416}{\log(P/P_0)} \tag{4-9}$$

式中：r_c——凯尔文半径，nm。

通常情况下，r_c 小于实际孔径，因为吸附是从孔表面和吸附质间的相互作用开始的，紧随后才是吸附层的形成。所以，实际孔半径是吸附层的厚度加开尔文半径：

$$r_p = r_c + t \tag{4-10}$$

式中：r_p——实际孔半径，nm；

t——吸附层的厚度，nm。

BJH 方法被广泛用于分析介孔和大孔的参数特征，但该方法不适用于微孔及较窄介孔的分析[25-26]。学者们发现 BJH 方法在计算 <5 nm 的孔隙时会存在 20% 的误差，计算 <10 nm 的孔隙时会低估部分孔径。因此，前人多采用 BJH 方法对较大孔的孔径分布开展研究。同时，采用 BJH 方法分析多孔材料的孔径分布时脱附曲线出现假峰是一个非常致命的问题，因为这种情况会导致严重误判[27]。前人研究表明，假如分析对象的吸附等温线不是Ⅳ类 H1 型滞后环，那么采用 BJH 方法对脱附曲线的孔径分布进行分析时会表现出明显的假峰，且氮气（77 K）吸附的假峰位置大概位于 4 nm[9, 28]处。BJH 方法分析孔径分布产生假峰的原因被证实与材料内部孔道的连通性、孔形的多样性及孔径的非均匀性有关。

（6）NLDFT 方法

DFT 是密度泛函理论（Density Function Theory）的缩写，DFT 方法和蒙特卡洛分子模拟方法(MC方法)是反映多孔材料的孔中流体热力学性质的分子动力学方法。该方法不仅提供了吸附的微观模型,而且比传统的热力学方法更能够准确地反映孔径分布。从20世纪80年代末期起,学者们开始采用不同的DFT研究方法,包括定域DFT(LDFT)和非定域DFT(NLDFT)方法。

NLDFT方法(Non-Local Density Function Theory)假设碳材料具有平滑、无定形的石墨状孔壁,该方法是DFT理论精确分析孔分布的重要进步。该方法从分子水平上描述了多孔材料所限制的非均匀流体的吸附和相行为,将吸附质气体的分子性质与它们在不同尺寸孔内的吸附性能关联起来,进而计算出孔径分布。NLDFT方法适用于微孔和介孔全范围分析。

(7) QSDFT方法

骤冷固体密度泛函理论(QSDFT)进一步考虑了碳材料表面的粗糙情况以及各向异性的影响,所以相比于NLDFT方法,QSDFT方法进一步提高了孔径分布分析的准确性[29]。美国康塔仪器公司首席科学家,国际纯粹及应用化学会(IUPAC)物理吸附新项目部的主席Dr. Matthias Thommes在多孔材料分会场做了题为《用高分辨吸附和迟滞扫描实验结合最新QSDFT方法表征有序球形介孔碳材料》的报告。报告指出,基于球形孔碳材料的氮吸附和氩吸附分析的QSDFT新方法可用于吸附曲线的吸附分支分析,因为该方法正确考虑了孔凝聚是因亚稳态吸附膜的存在和液桥成核受阻而延迟的。QSDFT方法的应用解决了由球形孔组成的有序碳孔径分析的问题,并且强调了孔网结构分析中孔凝聚迟滞环扫描的重要性。正是这一创新性的研究结果,为IUPAC(1985)迟滞环分类进行二次修正奠定了理论基础。

4.3 吸附等温线和脱附迟滞类型

4.3.1 吸附等温线

在温度恒定和达到平衡的条件下,给定物系中吸附质与压力的关系称为吸附等温式,由此绘制的曲线称之为吸附等温线。煤样对氮气、氩气和二氧化碳等气体的吸附过程属于物理吸附,与化学吸附相比,物理吸附具有吸附速度快的特性。1940年,Brunauer S、Deming L S、Deming W E和Teller E在前人研究的基础上,将吸附等温线划分成5类,称为BDDT分类,又称Brunauer吸附等温线[30]。1985年,国际纯粹与应用化学联合会(IUPAC)将多孔材料的吸附等温线划分成6类[31]。随后,在2015年的最新IUPAC规范中[26],又将吸附等温线的类型增加了2种亚分支,即最新规范中有8种吸附等温线,对微孔和介孔的类型进行了完善,其类型如图4-4所示。

不同特征形状的吸附等温线代表不同的吸附特征及脱附迟滞的类型:

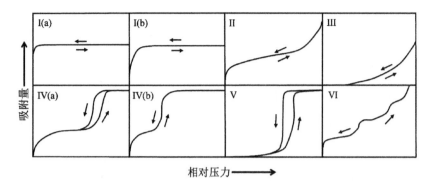

图 4-4 IUPAC 吸附等温线类型

① Ⅰ类：典型的微孔材料吸附等温线，吸附和脱附过程可逆。气体在微孔中受到很强的作用力，所以吸附很快达到饱和。代表性的微孔材料有一些活性炭、分子筛沸石和某些多孔氧化物。Ⅰ型等温线凹向 P/P_0 轴，吸附量接近极限值。这种极限吸收是由可进入的微孔体积决定的，而非由内表面积决定。在非常低的 P/P_0 下的急剧吸收产生的原因是在狭窄的微孔中吸附剂吸附的相互作用增强了。

Ⅰ(a)：具有狭窄微孔的材料的吸附等温线，微孔孔径一般小于 1 nm。

Ⅰ(b)：微孔的孔径分布范围比较宽材料的吸附等温线可能为具有较窄介孔的材料的吸附等温线，一般孔径小于 2.5 nm。

② Ⅱ类：多为无孔或大孔材料的吸附等温线。这种等温线形状是不受限制的单层-多层吸附的结果，存在拐点"B 点"，一般象征着单层吸附的结束；单层吸附结束后发生多层吸附，吸附量在接近 $P/P_0=1$ 时没有平台，吸附没有达到饱和，也就是说吸附多层膜的厚度通常看起来在无限制地增加。

③ Ⅲ类：多为无孔或大孔材料的吸附等温线。材料与气体作用力很弱，不存在象征单层吸附结束的拐点"B 点"，吸附量在接近 $P/P_0=1$ 时没有平台，吸附没有达到饱和。

④ Ⅳ类：介孔材料的吸附等温线，具有代表性的有氧化物凝胶、工业吸附剂和介孔分子筛。材料首先发生如Ⅱ类曲线的单层吸附和多层吸附行为，然后发生"毛细管凝聚"。吸附量在接近 $P/P_0=1$ 时形成平台，吸附达到饱和。

Ⅳ(a)：毛细管凝聚并伴随滞后现象材料的吸附等温线。当孔隙宽度超过特定的临界宽度时，就会发生这种情况，这取决于吸附系统和温度。

Ⅳ(b)：没有脱附迟滞的介孔吸附等温线，一般发生在介孔孔径较窄的圆柱形和锥形孔材料中。

⑤ Ⅴ类：发生在具有疏水表面的微孔/介孔材料的水吸附行为中的等温线。相对压力较低时由于材料-气体的弱作用力，曲线与Ⅲ类吸附等温线类似。在较高的相对压力下，发生孔隙填充和脱附迟滞现象。

⑥ Ⅵ类：高度均一的无孔材料表面的吸附等温线，例如氩气、氪气低温下在一些石墨、炭黑表面的吸附过程的等温线。材料一层吸附结束后，会发生下一层的吸附。

4.3.2 脱附迟滞类型

吸附等温线还可以进一步分析相应的脱附迟滞类型，是反应材料孔形的重要参照。根据 IUPAC 的标准，脱附迟滞类型可以分成 5 个大类，其中 H2 类又可以细分成 H2(a)和 H2(b)2 个小类，共计 6 种类型，如图 4-5 所示。

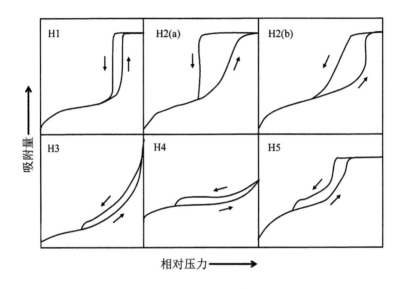

图 4-5 脱附迟滞类型

① H1 型迟滞存在于具有窄范围均匀介孔的材料中，例如模板二氧化硅（如 MCM-41，MCM-48，SBA-15）和有序介孔碳。通常，网络效应最小，陡峭狭窄的环是吸附分支延迟凝结的明显迹象。然而，H1 型迟滞现象也出现在墨水瓶孔隙网络中，其中瓶颈尺寸分布的宽度与孔/腔尺寸分布的宽度相似。

② H2 型迟滞对应更复杂的孔结构。

H2(a)：常发生于孔"颈"相对较窄的墨水瓶形介孔材料，可归因于狭窄孔径范围内的孔隙阻塞/渗流。

H2(b)：同样与孔隙阻塞有关，但常见于孔"颈"相对较宽的墨水瓶形介孔材料。

③ H3 型迟滞有两个显著特征：吸附分支类似于Ⅱ类等温线；解吸分支的下限通常位于空化诱导的 P/P_0 位置。这种类型的滞后环是由片状颗粒的非刚性聚集物（例如某些黏土）形成，但如果孔隙网络由未完全充满孔隙凝结物的大孔隙组成，也会形成这种类型的滞后环。

④ H4 型迟滞吸附分支现在是Ⅰ类和Ⅱ类的复合，在低 P/P_0 时更明显的吸收与微孔的填充有关，多发现于同时具有微孔和介孔的材料。

⑤ H5 类型很少见,发生于部分孔道被堵塞的介孔材料。

如前所述,H3、H4 和 H5 型迟滞的共同特征是解吸分支的急剧下降。一般来说,对于特定的吸附质和温度,急剧下降点位于 P/P_0 狭窄范围内(例如,对于 77 K 温度下的氮气吸附,P/P_0 在 0.4 ~ 0.5 范围内)。

4.4　构造煤孔隙结构特征

4.4.1　基于压汞法的构造煤孔隙结构特征

以河南省古汉山煤矿的构造煤和原生煤样(高变质程度无烟煤)为例,分析煤样压汞曲线和孔隙参数特征,如图 4-6 所示。构造煤和原生煤的累计进汞量分别为 0.046 2 mL/g 和 0.020 3 mL/g。构造煤的进汞量明显高于原生煤,意味着构造煤具有更发育的孔隙结构。

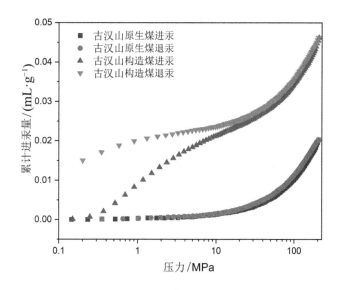

图 4-6　无烟煤样的压汞曲线

对于高压注汞实验,当注汞完成后,随着压力的降低累计退汞量曲线并不完全按照原轨迹返回,即进汞曲线和退汞曲线不重合。构造煤和原生煤在不同压力下的压汞曲线,均显示出不同程度的迟滞现象,其中原生煤进退汞曲线闭合程度高,迟滞程度极小,说明原生煤退汞效率高,其孔隙以开放孔为主,有利于汞从孔隙中退出;构造煤进退汞曲线迟滞程度相对较大,说明构造煤退汞效率相对较低,连通性较差,证明了墨水瓶孔的存在不利于汞从孔隙中退出。对压汞滞后的另一种解释是注汞前后汞与细孔的接触角不同,注汞时汞不受孔隙壁面作用的支配,但退汞过程则会受到孔隙壁面作用的影响,需要更大的压力才能使汞退出[32-33]。此外,也有学者认为在高压作用下对煤造成了破坏进而影响了其孔隙结构,使其产生了不可逆的变化,形成了滞后环[32]。因此,压汞实验不适用于较小粒径以及硬度较低煤样的分析。

4.4.1.1 孔容

古汉山煤矿构造煤和原生煤样的孔径分布曲线如图 4-7(a)所示，其典型的特征在于全孔径范围内构造煤的阶段孔容始终高于原生煤。孔径小于 100 nm 时，构造煤的阶段孔容相对于原生煤的增幅并不显著；当孔径大于 100 nm 时，构造煤的阶段孔容出现了大幅度增加。以 IUPAC 为依据分析煤样的孔容，结果如表 4-2 所示，构造煤的介孔和大孔孔容分别为 0.020 6 mL/g 和 0.025 6 mL/g，原生煤的介孔和大孔孔容分别为 0.017 1 mL/g 和 0.003 2 mL/g。孔容是孔径分布的最终体现，孔容表现出与孔径分布相同的特征，即构造煤在各阶段的孔容始终大于原生煤。整体看来，构造煤和原生煤各类孔隙中介孔最为发育，其中构造煤和原生煤介孔孔容占总孔容的比例分别为 44.6% 和 84.2%。构造作用对煤介孔和大孔有明显的影响，而且可能会促使新的孔隙产生，从而对瓦斯的吸附解吸造成显著影响。

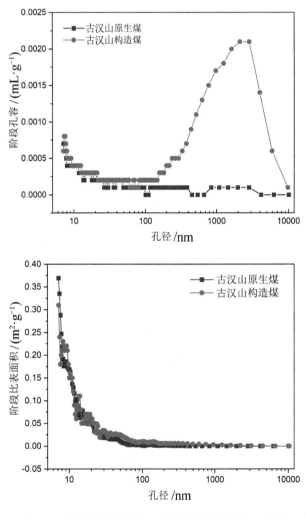

图 4-7　无烟煤样阶段孔容和阶段比表面积分布曲线

4.4.1.2　比表面积

比表面积是孔隙结构中另一个重要的参数,古汉山构造煤和原生煤的阶段比表面积分布曲线未表现出明显的差异,在孔径范围内分布特征存在相似性,这与孔容分布结果存在极大的差异性。基于阶段分布曲线的比表面积结果表明,构造煤和原生煤的比表面积分别为 $5.8568\ m^2/g$ 和 $5.511\ m^2/g$。其中介孔比表面积与占总比表面积的比例分别为 93.1% 和 97.9%,相比于孔容占比极高。由于压汞法可测最低孔径为 7 nm,属于介孔范畴。根据压汞法的结果能够初步推断介孔孔隙结构更为发育,对瓦斯吸附和流动的影响更大。

表 4-2　孔容和比表面积分布结果

煤样	孔容/$(mL \cdot g^{-1})$			比表面积/$(m^2 \cdot g^{-1})$		
	介孔	大孔	总孔	介孔	大孔	总孔
构造煤	0.020 6	0.025 6	0.046 2	5.450 0	0.406 8	5.856 8
原生煤	0.017 1	0.003 2	0.020 3	5.393 6	0.117 4	5.511

4.4.2　基于低压氮气吸附法的孔隙结构参数

4.4.2.1　低压氮气吸附等温线

1）低压氮气吸附等温线

正如前文所述,依据吸附等温线不仅可以判断多孔介质对气体吸附量的多少,同时也可以判断吸附等温线所属类型和脱附迟滞类型,进而获得孔型等参数信息。本节运用低压氮气吸附法对河南省平顶山矿区平煤十矿(中等变质程度焦煤)和古汉山煤矿(高变质程度无烟煤)的构造煤和原生煤进行分析,吸附等温线如图 4-8 所示。构造煤和原生煤的吸附量均显著高于原生煤,具体来说,平顶山和古汉山构造煤的吸附量分别是原生煤的 4.26 倍和 5.15 倍。吸附量的大小是孔容和比表面积的直接反应,根据吸附量的结果,初步推断构造煤比原生煤有更大的孔容和比表面积。值得注意的是高变质程度的古汉山原生煤的吸附量低于平顶山煤矿煤样,预示着其孔容、比表面积和吸附能力更小,这与业内普遍认为高变质程度煤具有更高的孔容和比表面积相悖,后文将对孔隙参数进行详细分析。

观察煤样的吸附等温线并参照 IUPAC 分类标准发现,煤的吸附等温线可以看作是 Ⅳ(a)类[25]。Ⅳ(a)类曲线的典型特征是在极低压力($P/P_0 < 0.01$)下微孔被顺序填充;在 $P/P_0 \approx 0.01 \sim 0.15$ 范围内煤样发生单层吸附,单分子层饱和吸附量也在此范围内计算;单层吸附结束后随即发生多层吸附,此后吸附等温线呈线性递增趋势;最后,在相对压力较高时发生"毛细管凝聚"行为,吸附等温线在接近 $P/P_0 = 1$ 时形成平台,即吸附达到饱和,且脱附时存在明显的迟滞行为。此外,Ⅳ(a)类曲线有时会以等温线的向上延伸结

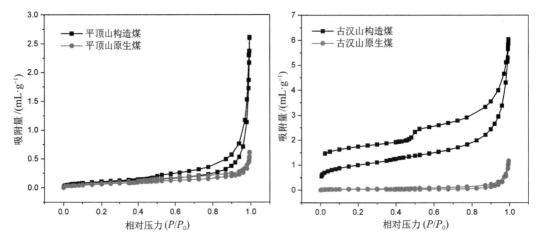

图 4-8　煤样低压氮气吸附等温线

束(不闭合)。本章煤样的吸附过程先后经历了微孔填充、单层吸附、多层吸附和"毛细管凝聚"阶段,且脱附曲线有迟滞行为。吸附量在接近 $P/P_0=1$ 时没有达到饱和,表明煤中有更大孔的存在,这符合Ⅳ(a)类曲线的特殊情况,这也进一步验证了煤是一种复杂的包含微孔、介孔和大孔的多孔介质。需要特别指出的是,虽然煤样的吸附等温线可以看作是Ⅳ(a)类,但现有的包括 IUPAC 在内的吸附等温线类型均没有直观地解释煤的吸附等温线。

2) 孔形

根据吸附等温线可以进一步分析相应的脱附迟滞类型,吸附等温线是煤孔形的重要参照。观察煤样的吸附等温线发现,在 $0.45 < P/P_0 < 0.995$ 时吸附等温线均呈现出滞后环,表明孔内蒸发和孔内冷凝存在明显的不同,同时也证实了在介孔条件下发生了毛细凝聚[5,34]。在 $P/P_0 < 0.45$ 时,可以观察到古汉山构造煤样吸附曲线呈现出的滞后现象,即脱附曲线和吸附曲线不重合,被业界称为低压滞后现象(LPH)[34]。相关研究表明,低压滞后和吸附膨胀(结构变形和化学变形)[35]与微孔内不可逆的吸附以及微孔中的缓慢扩散导致的吸附不完全平衡有关[36]。在本章中,煤样的 LPH 现象可能与煤中非常小的或受限制孔隙中的有限通道导致的不完全吸附平衡有关。煤样的滞后类型不仅可以反映孔形信息,同时也可以反映出孔是开放性孔还是半开放性孔。根据 IUPAC 分类标准[26],本章煤样的滞后环类型符合 H3 类,说明煤中含有大量的狭缝型孔。煤样在 $P/P_0 > 0.45$ 时均存在明显的滞后环,表明煤中存在大量的开放性孔隙。此外,也可以观察到 $P/P_0 \approx 0.5$ 时脱附等温线出现明显的骤降现象,对此有学者认为这是毛细管凝聚导致的,证明煤中存在部分细瓶颈孔和墨水瓶孔[37]。

4.4.2.2　孔隙结构参数

1) 孔径分布

基于吸附等温线结果并运用 DFT 和 BJH 方法分析煤样的孔径分布特征,结果如图

4-9 所示。其中微孔采用 DFT 方法分析,2～10 nm 和 10～50 nm 间的介孔分别采用 DFT 和 BJH 方法分析,50 nm 以上的大孔采用 BJH 方法分析。孔径分布曲线结果表明煤样的孔径分布呈多峰分布特征,且不同煤样的峰形特征存在明显的区别,表明煤具有极为复杂的孔隙结构。

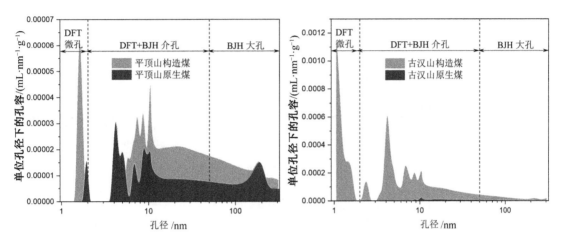

图 4-9　煤样孔径分布曲线

在微孔范围内,平煤十矿构造煤和原生煤样的"单峰"位于 1～2 nm 之间;在介孔范围内,可以观察到峰形呈"多峰"特征;在大孔范围内,可观察到一个弱峰。对于古汉山构造煤和原生煤样,其峰形特征存在较大的差异性。在微孔范围内,构造煤的"单峰"位于 1～2 nm 之间。在介孔范围内,呈现出"多峰"特征,最大峰孔径在 4～5 nm 之间。在大孔范围内,峰面积随孔径增大逐渐降低,未有明显的峰值。原生煤在介孔范围见有峰值,峰值孔径在 10 nm 左右。

构造煤样在各孔径范围内的峰面积均显著大于原生煤样,这也说明构造煤比原生煤有更大的孔容和吸附能力。值得注意的是多数煤样的孔径分布曲线在 2～4 nm 间是无数据的,这种现象也出现在其他学者的研究中,这可能与煤本身的性质有关[28]。本章将进行低压氩气吸附实验以对这部分孔隙做出详细的分析。

2)比表面积分布

比表面积分布特征同样是反映孔隙发育程度的重要参数,在孔径分布特征分析的基础上,继续对比表面积分布情况做汇总,结果如图 4-10 所示。通过分析发现,煤样的比表面积分布呈现出与孔径分布相似的特征,均以介孔为主,大孔次之,微孔最低。构造煤比表面积分布的峰面积均显著大于原生煤,表明前者具有更高的比表面积。需要特别说明的是基于低压氮气吸附法得到的微孔范围仅介于 1～2 nm,因此,煤样微孔孔径和比表面积分布的峰面积小于介孔的情况可能是由可测孔径范围导致的。本章将对各孔径范围内的孔容和比表面积结果进行汇总以详细地分析构造作用对孔隙结构的影响程度。

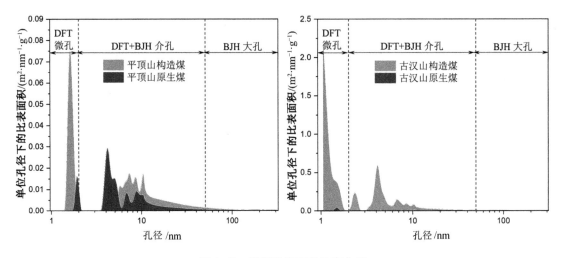

图 4-10 煤样比表面积分布曲线

4.4.2.3 构造作用对大/介孔孔容和比表面积的影响

煤的孔径分布和比表面积分布曲线仅能分析出孔容和比表面积分布的趋势特征,为了更直观地研究构造作用对孔容和比表面积的影响效果,需要明确煤样的孔容和比表面积,如表 4-3 所示。古汉山构造煤的 BET 比表面积结果最高(3.568 m^2/g),但古汉山原生煤 BET 比表面积结果最小(0.128 m^2/g),这与高变质程度煤具有更大的比表面积结果相悖,推测可能是由古汉山原生煤的介孔结构不发育导致。BET 比表面积结果小并不意味着瓦斯吸附能力弱,因为瓦斯吸附能力主要受微孔结构的影响。经构造作用后,构造煤的 BET 比表面积与原生煤相比均出现了显著的增加,尤其是古汉山构造煤,其比表面积是原生煤的 27.9 倍。煤样的介孔、大孔孔容和比表面积同样出现增加。由此可以说明,构造作用会对介孔和大孔产生积极的促进效果。同时,表 4-3 结果也表明构造作用对古汉山构造煤介孔的改造效果要优于平煤十矿构造煤。

表 4-3 基于低压氮气吸附法煤的孔容和比表面积

煤样	孔容 /(10^{-3} mL·g^{-1})			比表面积 /(m^2·g^{-1})			BET 比表面积 /(m^2·g^{-1})
	微孔	介孔	大孔	微孔	介孔	大孔	
平煤十矿构造煤	0.016	0.914	3.091	0.020	0.198	0.091	0.379
平煤十矿原生煤	0.003	0.435	1.661	0.003	0.115	0.045	0.194
古汉山构造煤	0.658	4.110	4.35	1.310	1.536	0.151	3.568
古汉山原生煤	0	0.391	1.188	0	0.071	0.035	0.128

煤的粉化同样会影响孔隙结构的发育程度,在此基础上继续对不同粒径煤样的孔隙结构进行分析,结果如表 4-4 所示。古汉山煤样的 BET 比表面积整体随粒径的减小表现

出增加趋势,构造煤和原生煤的 BET 比表面积变化范围为 $1.619 \sim 5.866$ m^2/g 和 $0.084 \sim 0.154$ m^2/g,它们的最小粒径值分别是最大粒径值的 3.62 倍和 1.83 倍,由此可知粉化作用显著增加了煤的 BET 比表面积。最小粒径下的构造煤介孔孔容和比表面积分别是最大粒径下的 2.07 倍和 4.93 倍,原生煤分别是 1.94 倍和 1.4 倍。最小粒径下构造煤大孔孔容和比表面积分别是最大粒径下的 1.0 倍和 1.02 倍,原生煤分别是 2.22 倍和 2.21 倍。随着粒径的减小,介孔和大孔的孔容和比表面积均出现了显著的增加,说明粉化作用会影响煤的介孔和大孔孔隙,促进其进一步发育,朝着有利于瓦斯吸附和流动的方向发展,这也预示着构造煤和小粒径煤样具有更高的瓦斯吸附解吸能力。

表 4-4　不同粒径下古汉山构造煤和原生煤的孔容和比表面积

煤样	粒径 /mm	孔容 /(10^{-3} mL · g^{-1})			比表面积 /(m^2 · g^{-1})			BET 比表面积 /(m^2 · g^{-1})
		微孔	介孔	大孔	微孔	介孔	大孔	
古汉山构造煤	1~3	0.181	3.592	7.17	0.495	0.745	0.241	1.616
	0.5~1	0.177	3.715	7.09	0.599	0.737	0.241	1.629
	0.25~0.5	0.197	4.061	7.54	0.634	0.932	0.252	1.9
	0.2~0.25	0.658	4.110	4.35	1.310	1.536	0.151	3.568
	0.074~0.2	0.369	7.434	7.19	0.548	3.675	0.246	5.866
古汉山原生煤	1~3	0.004	0.229	0.617	0.004	0.047	0.019	0.096
	0.5~1	0	0.251	0.579	0	0.047	0.018	0.084
	0.25~0.5	0.006	0.418	1.096	0.009	0.084	0.033	0.154
	0.2~0.25	0	0.391	1.188	0	0.071	0.035	0.128
	0.074~0.2	0	0.445	1.369	0	0.066	0.042	0.127

Jin 等人[4]分析了粒径减小过程中祁南煤矿构造煤的孔隙演化特性,认为存在一个临界粒径,当煤样粒径小于该临界粒径时,孔隙结构会由部分损伤向全面损伤过渡,伴随着孔容和比表面积的快速增加。宋昱[38]认为粉化过程会增加构造煤的介孔孔容和比表面积,但粒径效应对不同变形程度构造煤的影响效果存在差异,这归因于构造煤复杂且特殊的孔隙结构;此外,粒径对构造煤尤其是变形程度较大的构造煤的介孔影响效果要显著弱于原生煤,这得益于构造煤的更为发育的孔隙结构,构造煤后期的破碎对介孔的影响效果更弱。

4.4.3　基于低压氩气吸附法的孔隙结构参数

4.4.3.1　低压氩气吸附等温线

1) 低压氩气吸附等温线

煤样的低压氩气吸附等温线呈现出与低压氮气吸附相同的特性,但在吸附量和滞后方面存在一定的区别。平煤十矿构造煤和原生煤低压氩气吸附量分别为 2.15 mL/g 和 1.2 mL/g,古汉山构造煤和原生煤的吸附量分别为 12.84 mL/g 和 3.1 mL/g,整体均高于低压氮气吸附量。经构造作用后,构造煤和原生煤的吸附量均显著高于原生煤,具体来说,平顶山和古汉山构造煤的吸附量分别是原生煤的 1.79 倍和 4.14 倍。

煤样在 $0.45 < P/P_0 < 0.995$ 时同样出现了滞后环,说明孔内蒸发和孔内冷凝存在差异性。在 $P/P_0 < 0.45$ 时,未在平煤十矿原生煤和古汉山原生煤样中观察到明显的 LPH 现象,结合前文对于低压氮气吸附等温线中 LPH 现象的分析,说明氩气更容易在煤中非常小的或受限制孔隙中的有限通道内达到吸附平衡状态;然而,古汉山构造煤样仍呈现出明显的 LPH 现象,但滞后程度要明显弱于低压氮气吸附结果,这表明古汉山煤样中 LPH 现象不仅仅是吸附不完全平衡导致的,同时也可能与发育的微孔内不可逆的吸附有关。

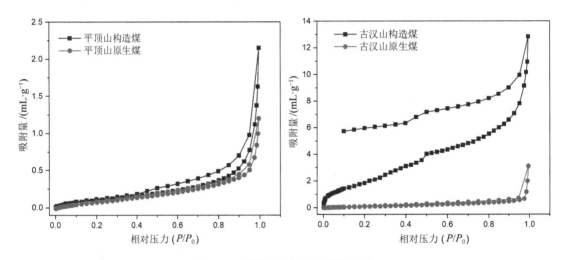

图 4-11　煤样低压氩气吸附等温线

4.4.3.2　孔隙结构参数

煤样低压氩气吸附的孔径分布曲线如图 4-12 和图 4-13 所示,虽然相应的分布曲线均呈现出多峰分布特征,但与低压氮气吸附表现出的分布特征存在明显的区别。对于微孔,孔径和比表面积的分布位于 1~2 nm 之间,峰面积较低压氮气吸附有所提高。对于介孔,孔径和比表面积仍呈现出"多峰"分布特征,然而最大峰值对应的孔径位于 3 nm 左右,孔径明显比低压氮气吸附对应孔径更小,且峰面积也出现了增加。对于大孔,孔径和比表面积随孔径的增大逐渐降低,表现出与低压氮气吸附相似的变化趋势,峰面积同样有所提高。各阶段峰面积的提高亦证实相应的孔容和比表面积会增加,这也说明无四极矩作用的氩气在测试过程中不会受到表面的极性官能团影响,这会使测试的结果更加准确。构造煤的峰面积高于原生煤,这进一步表明构造作用会改变煤的孔隙结构,使其朝着有利于瓦斯吸附和流动的方向发展。

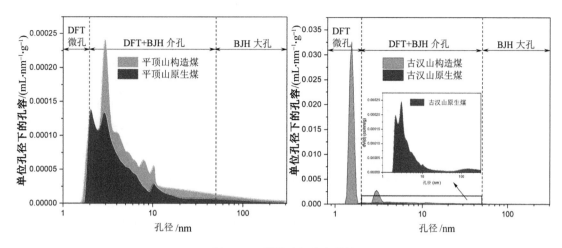

图 4-12 煤样孔径分布曲线

根据本节的分析结果可知,采用低压氩气吸附与低压氮气吸附分析煤孔隙结构参数最大的区别在于前者能够对孔径 1 nm 以上的孔隙进行准确分析,尤其是对孔径为 2～4 nm 的孔隙进行全覆盖分析(基于 DFT 方法),低压氮气吸附法无法准确获得这部分孔径,前人的研究结果也证实了该方法对于 2～4 nm 孔隙的表征存在一定的缺陷。同时,低压氩气吸附法测定孔径的上限大致为 300 nm,要低于低压氮气吸附法。

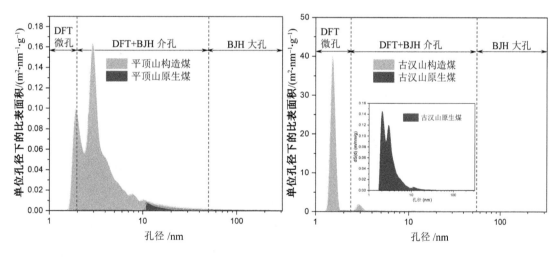

图 4-13 煤样比表面积分布曲线

4.4.3.3 构造作用对大/介孔孔容和比表面积的影响

由孔容和比表面积的结果可知(表 4-5),除了古汉山构造煤的微孔孔容和比表面积较高外,低压氩气吸附法同样无法准确获得微孔阶段的孔隙结构参数,虽然理论上氩气吸附可测的最低孔径达 0.5 nm,但真正用于分析煤这种复杂的多孔介质材料时该方法却无法准确获得微孔尤其是孔径低于 1 nm 的孔隙信息。因此,该方法同样不能用于微孔结构参数的分析。

表 4-5　基于低压氩气吸附法的煤的孔容和比表面积

煤样	孔容/$(10^{-3}$ mL · g$^{-1})$			比表面积/$(m^2 · g^{-1})$			BET比表面积/$(m^2 · g^{-1})$
	微孔	介孔	大孔	微孔	介孔	大孔	
平煤十矿构造煤	0.027	1.520	1.600	0.028	0.424	0.044	0.412
平煤十矿原生煤	0.025	0.626	0.672	0.026	0.217	0.018	0.283
古汉山构造煤	7.300	7.710	5.830	9.480	2.300	0.171	7.640
古汉山原生煤	0.028	1.110	3.160	0.029	0.424	0.048	0.521

　　随粒径的减小,煤样的 BET 比表面积、介孔和大孔的孔隙参数整体呈增大趋势(表 4-6)。经构造作用后,构造煤的 BET 比表面积、介孔和大孔的孔隙参数相较于原生煤的增幅要小于低压氮气吸附法下的增幅,两种方法变化趋势相一致,佐证了结果的可靠性。

表 4-6　不同粒径下古汉山构造煤和原生煤的孔容和比表面积

煤样	粒径/mm	孔容/$(10^{-3}$ mL · g$^{-1})$			比表面积/$(m^2 · g^{-1})$			BET比表面积/$(m^2 · g^{-1})$
		微孔	介孔	大孔	微孔	介孔	大孔	
古汉山构造煤	1~3	1.680	5.640	3.010	2.200	1.820	0.095	2.767
	0.5~1	1.160	6.390	6.290	1.760	1.830	0.171	1.768
	0.25~0.5	0.970	6.940	7.050	1.480	1.940	0.174	1.719
	0.2~0.25	7.300	7.710	5.830	9.480	2.300	0.171	7.640
	0.074~0.2	7.670	16.20	8.590	11.600	4.930	0.285	11.35
古汉山原生煤	1~3	0.000	0.691	1.090	0.000	0.179	0.024	0.095
	0.5~1	0.000	0.796	1.340	0.000	0.260	0.030	0.268
	0.25~0.5	0.030	0.776	2.210	0.032	0.303	0.048	0.426
	0.2~0.25	0.028	1.110	3.160	0.029	0.424	0.048	0.521
	0.074~0.2	0.002	1.050	4.050	0.002	0.390	0.081	0.585

　　通过对比低压氮气吸附和低压氩气吸附的结果发现,虽然经构造作用后随着粒径的减小两种方法测定煤的介孔和大孔的变化性质相吻合,但基于前者分析得到的孔容和比表面积结果普遍高于后者。氮气分子存在四极矩作用,测试过程中表面的极性官能团的影响会增大实验误差;然而,氩原子无四极矩作用,低压氩气吸附法能够更精确地表征孔隙结构参数,这为煤的孔隙结构的深入分析提供了一种新思路。

4.4.4　微孔结构特征

　　微孔是煤吸附并储存瓦斯的主要场所,构造作用对微孔结构的改造会直接影响煤对瓦斯的吸附性能。本章前述研究已证实构造作用会增大煤的介孔、大孔和孔径为 1～2 nm 微孔的孔容与比表面积，微孔结构的演化特征亦是国内外学者们研究的重点。虽然，低压氮气吸附和低压氩气吸附均可以用于对全孔段微孔进行分析，但是受限于仪器精度、测试时间及样品的性质，这两种方法无法准确测定孔径 1 nm 以下的微孔参数。而在分析微孔碳材料时 CO_2 分子快速的扩散能力使分析时间大大缩短，同时 CO_2 分子动力学直径仅为 0.33 nm，作为上述两种方法的一个补充，本节选用低压二氧化碳吸附法探讨煤样的微孔结构特征。

4.4.4.1　二氧化碳吸附等温线

煤样的二氧化碳吸附等温线呈现出类似 Langmuir 吸附等温线的特征，不同煤样的吸附量存在差异性，这间接表明了微孔结构的不同（图 4-14）。经构造作用后，平顶山构造煤的吸附量较原生煤有明显的增加。以平顶山煤样为例，构造煤的吸附量分别是原生煤的 1.28 倍。构造煤吸附量的增加说明其自身具有更大的微孔孔容和比表面积，因而能够吸附更多的二氧化碳分子，这也表明构造煤具有更高的瓦斯吸附能力。古汉山构造煤和原生煤的吸附量差异较小，以本章选用的煤样来看，原生煤的吸附量甚至略高于原生煤，表明构造作用对高变质程度的无烟煤影响较小。

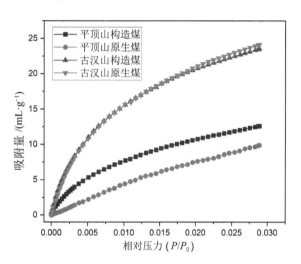

图 4-14　煤样低压二氧化碳吸附等温线

4.4.4.2　微孔结构参数

煤样的微孔孔径分布呈现出多峰特征，峰的数量在 4～5 之间（图 4-15）。在 0.3～0.4 nm 孔径范围观察到了明显的峰值，平顶山构造煤的峰面积大于原生煤，原生煤虽有孔径在此区间的孔隙，但其孔体积占总微孔的比值很小；最大峰对应的孔径分布于 0.4～0.7 nm 之间，说明孔径在此范围内的孔隙构成了微孔的主要空间；0.7～1.0 nm 孔径同样对应着一个较强峰，但不同煤样此峰的峰面积存在差异。峰面积随孔径的增大逐渐降低。古汉山构造煤和原生煤的孔径分布差异性较小，这与吸附量的结果相一致性。如图 4-16 所示，煤样的微孔比表面积分布呈现出与孔径分布相同的分布特征，孔径分布和比表面积分布的结果说明构造作用影响了煤的微孔结构，具体表现为增加了相应的孔容和比表面积，但构造作用对高变质程度的无烟煤影响程度较小。

4.4.4.3　构造作用对微孔孔容和比表面积的影响

平煤十矿构造煤的微孔孔容和比表面积是原生煤的 1.11 倍和 1.3 倍，古汉山构造煤

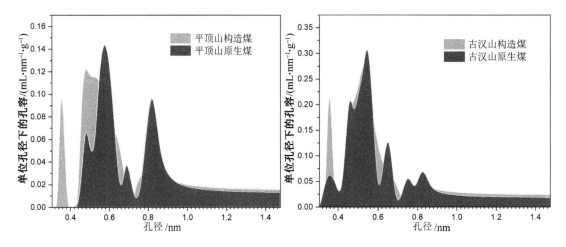

图 4-15　煤样孔径分布曲线

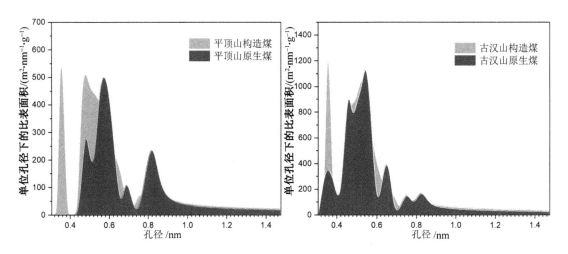

图 4-16　煤样比表面积分布曲线

的微孔孔容是原生煤的 1.01 倍,比表面积几乎未发生变化(表 4-7)。构造作用对古汉山构造煤微孔的改造效果弱于平煤十矿构造煤,表明无烟煤的微孔结构已经极为发育,一般的构造作用对其影响很小,该结果也验证了前述吸附量、孔径分布及比表面积分布的合理性。

表 4-7　基于低压二氧化碳吸附法的煤的孔容和比表面积

煤样	微孔孔容/(mL·g^{-1})	微孔比表面积/(m^2·g^{-1})
平煤十矿构造煤	0.041	133.83
平煤十矿原生煤	0.037	103.22
古汉山构造煤	0.072	246.09
古汉山原生煤	0.071	247.25

随粒径减小,煤样的微孔孔容和比表面积整体呈现出增加趋势,但不同煤样随粒径的具体变化表现出较大的差异性(表 4-8);煤样的微孔孔容和比表面积整体呈单调递增趋势,说明粉化过程中不断有次生孔隙产生。最小粒径(0.074~0.2 mm)对应的平煤十矿构造煤和原生煤的微孔孔容分别是最大粒径(1~3 mm)下的 1.29 倍和 3.17 倍;比表面积分别是 1.40 倍和 3.4 倍,原生煤微孔孔容和比表面积增加幅度极大,证实粉化作用对构造煤微孔的影响程度要小于原生煤。粉化作用整体会增加微孔的孔容和比表面积,从而为煤中瓦斯的吸附提供更多的吸附空间。

表 4-8　不同粒径下煤样的微孔孔容和比表面积

粒径 /mm	平煤十矿构造煤		平煤十矿原生煤	
	微孔孔容 /(mL·g⁻¹)	微孔比表面积 /(m²·g⁻¹)	微孔孔容 /(mL·g⁻¹)	微孔比表面积 /(m²·g⁻¹)
1~3	0.031	94.079	0.012	32.654
0.5~1	0.038	122.11	0.018	50.629
0.25~0.5	0.036	119.378	0.032	84.5
0.2~0.25	0.041	133.83	0.037	103.22
0.074~0.2	0.04	131.32	0.038	111.07

大粒径煤样的微孔孔容和比表面积较低的原因可能在于吸附并未达到平衡状态,实验过程中不同粒径煤样的吸附平衡时间均设置为 4 min,小粒径煤中的吸附可能达到了平衡,但是对于大粒径煤或孔隙结构复杂的煤,吸附并未达到平衡状态,因此孔容和比表面积的结果会偏低。胡彪(Hu Biao)[39]等开展了 82 组不同粒径及不同平衡时间的低压二氧化碳吸附实验,认为平衡时间会影响吸附量和对应的孔容分析结果,吸附平衡时间越长,大粒径煤和小粒径煤吸附量及孔容的差异性就越小。戚宇霄[40]采用低压氮气吸附法和低压二氧化碳吸附法测试了新景煤矿 3♯煤层的构造煤和原生煤的孔隙参数随粒径的变化规律,得出以粒径 0.25 mm 为界,小粒径构造煤和原生煤的孔容和比表面积均随粒径的减小快速增加的结论。

4.4.4.4　阶段微孔孔容和比表面积

煤的微孔孔径在 0.45~0.65 nm 的范围内的微孔最为发育,此范围内平煤十矿构造煤和原生煤的微孔孔容占比分别为 47.32% 和 42.04%,比表面积占比分别为 53.76% 和 53.61%,说明 0.45~0.65 nm 孔径的孔隙构成了微孔的主要空间(图 4-17、图 4-18)。0.65~0.85 nm 孔径的微孔孔容占比仅次于 0.45~0.65 nm 孔径的微孔,此范围内原生煤微孔孔容占比均值为 27.12%,比表面积占比均值为 25.01%,其他粒径的孔隙孔容和比表面积分布较为均匀。

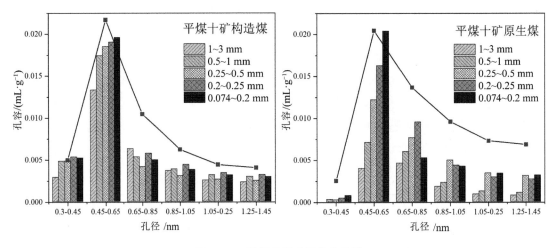

图 4-17　煤样阶段孔径分布曲线

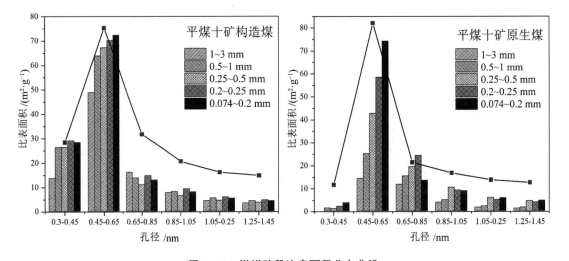

图 4-18　煤样阶段比表面积分布曲线

对于构造煤,孔径在 0.65～0.85 nm 之间的微孔孔容占比均值分别为 18.21%、14.51% 和 11.93%。原生煤样在此范围内的微孔孔容占比明显高于构造煤样。此后,随着孔径的增加,煤样的微孔阶段孔容逐渐降低。需要指出的是对于粒径在 0.3～0.45 nm 之间的微孔孔容,构造煤微孔孔容占比均值为 12.35%,原生煤微孔孔容占比均值仅为 1.15%,构造煤占比很大且显著高于原生煤,这与前文该阶段孔径分布结果相吻合。微孔构成煤吸附瓦斯的主要存储空间,其中又以 0.45～0.65 nm 的孔隙为主;0.65～0.85 nm 的孔隙构成了原生煤微孔分布的第二空间,0.3～0.45 nm 的孔隙构成构造煤微孔分布的第二空间,构造作用会促进 0.3～0.45 nm 微孔孔隙的进一步发育。

4.5　构造作用对孔隙结构改造机制

煤的孔隙结构极为复杂,构造作用和变质作用均会使煤的孔隙结构产生显著性的改变。华雄[41]和 Jin 等人[4]的研究结果均表明,煤的孔容和比表面积会随变质程度的增加先降低后增加。Yu 等人[42]认为构造作用会对煤中的微孔、介孔和大孔的分布产生影响,且不同变质程度及不同构造类型下的作用尺度和作用强度存在区别。本章结果证实构造煤的孔容和比表面积相比于原生煤出现了增加,粉化作用会再次促进构造煤孔隙的进一步发育,但构造煤的损伤效果明显弱于原生煤。构造煤是经强烈地质构造作用后形成的,在这个过程中,构造煤的大分子结构较原生煤发生了显著的改变,主要体现为非芳香化合物脱氢生成芳香化合物的能力和芳香碳含量的增加,以及微晶结构中芳香环缩聚程度,芳香层片延展度、堆砌度和芳构化作用的增加,因此构造煤的微孔隙更加发育。再次经粉化作用后,虽然构造煤会有次生孔隙形成,但孔隙新增的程度会显著弱于原生煤。

图 4-19 展示了大分子结构演化过程中微孔和介孔可能的成因,在中等变质程度及以下,大分子结构中微孔的演化主要会受到脂肪侧链脱落和芳构化作用的影响;此后,随变质程度的增加,大分子结构中微孔的演化则会受到脂肪侧链脱落、芳构化作用、芳香环含

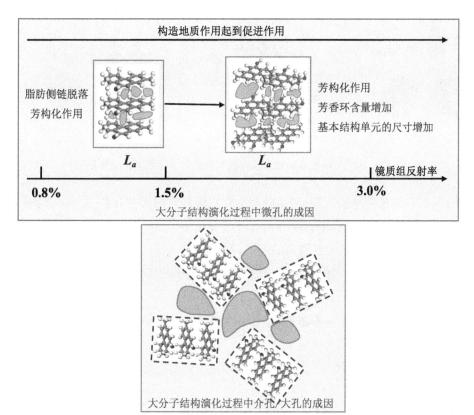

图 4-19　大分子结构演化过程中孔隙的成因

量增加和基本结构单元尺寸增加等多重因素的影响。基本结构单元的连接处多为介孔和大孔,介孔和大孔的形成多与生烃过程中产生的高压气体的运移过程有关。刘宇[43]认为介孔和大孔还会受到基本结构单元的有序和无序的排列形式的影响。

随粒径的减小,各煤样的微孔、介孔和大孔的孔隙结构发生着显著的变化,结合压汞实验、低压氮气吸附实验、低压氩气吸附和低压二氧化碳吸附实验对煤孔隙结构的研究结果,推测单颗粒煤破碎过程中孔裂隙损伤及孔型可能的演化过程,如图 4-20 所示。

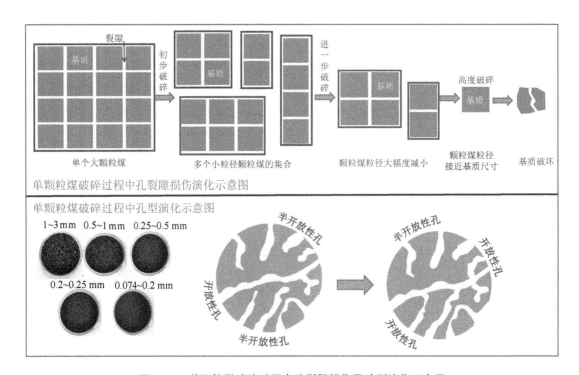

图 4-20 单颗粒煤破碎过程中孔裂隙损伤及孔型演化示意图

结合煤的双重孔隙结构模型,将微孔和介孔视为基质内部的孔隙,而大孔则被假设为裂隙,那么结合前文粉化过程中孔隙结构参数的变化结果,可以得到如下结论:

(1)单个颗粒煤内部包含有诸多的基质,经初步破碎后,会形成多个新生的小粒径颗粒煤,基质并未被破坏,裂隙体积增加。这个阶段是初步破碎阶段,颗粒发生破坏,但基质未被破坏。

(2)小粒径单颗粒煤进一步破碎后,会再次形成多个更小粒径的颗粒煤,此时基质仍未被破坏。

(3)高度破碎后,更小粒径的单颗粒煤刚好被破碎至基质尺寸大小,此时单个颗粒煤可被视为基质。

(4)基质发生破坏,内部孔隙系统发生严重损伤,此时煤的瓦斯解吸能力也会迅速增加,并伴随孔隙连通性能的改变。随粒径的减小,单个煤颗粒内部的基质数目会越来越少,最后颗粒煤的粒径会接近于基质尺寸,此过程中颗粒煤内部瓦斯运移路径的长度快速减小。同时,孔隙损伤过程亦会伴随孔隙类型的变化,主要体现为以墨水瓶孔为代表的半开放性孔隙逐渐演变为两端开孔的开放性孔隙,这也会缩短孔隙内瓦斯的运移路径,减少吸附平衡所用的时间并提高瓦斯解吸能力。

参考文献

［1］ CHENG Y P, PAN Z J. Reservoir properties of Chinese tectonic coal: A review[J]. Fuel, 2020, 260: 116350.

［2］ ZHANG K Z, CHENG Y P, JIN K, et al. Effects of supercritical CO_2 fluids on pore morphology of coal: Implications for CO_2 geological sequestration[J]. Energy & Fuels, 2017, 31(5): 4731-4741.

［3］ 程远平,刘清泉,任廷祥. 煤力学[M]. 北京:科学出版社,2017.

［4］ JIN K, CHENG Y P, LIU Q Q, et al. Experimental investigation of pore structure damage in pulverized coal: Implications for methane adsorption and diffusion characteristics[J]. Energy & Fuels, 2016, 30(12): 10383-10395.

［5］ CLARKSON C R, BUSTIN R M. The effect of pore structure and gas pressure upon the transport properties of coal: A laboratory and modeling study. 2. Adsorption rate modeling[J]. Fuel, 1999, 78(11): 1345-1362.

［6］ CAI Y D, LIU D M, PAN Z J, et al. Pore structure and its impact on CH_4 adsorption capacity and flow capability of bituminous and subbituminous coals from Northeast China[J]. Fuel, 2013, 103: 258-268.

［7］ TODA Y, TOYODA S. Application of mercury porosimetry to coal[J]. Fuel, 1972, 51(3): 199-201.

［8］ 朱汉卿,贾爱林,位云生,等. 基于氩气吸附的页岩纳米级孔隙结构特征[J]. 岩性油气藏,2018,30(2):77-84.

［9］ COASNE B, GUBBINS K E, HUNG F R, et al. Adsorption and structure of argon in activated porous carbons[J]. Molecular Simulation, 2006, 32(7): 557-566.

［10］ 马梦雨,刘红巾. 飞行人员体检头颅核磁共振特点及航空医学鉴定[J]. 解放军医学院学报,2021,42(7):755-760.

［11］ 肖文联,杨玉斌,黄矗,等. 基于核磁共振技术的页岩油润湿性及其对原油动用特征的影响[J]. 油气地质与采收率,2023,30(1):112-121.

［12］ 马啸天,李书芳. 基于深度学习的核磁共振图像智能分割算法研究[J]. 中国传媒大学学报(自然科学版),2021,28(3):16-24.

［13］ 杨明,徐靖,何敏,等. 浸润环境下煤体多态水分布及运移规律[J]. 煤炭学报,2023,48(2):787-794.

［14］ 翟成,孙勇,范宜仁,等. 低场核磁共振技术在煤孔隙结构精准表征中的应用与展望[J]. 煤炭学报,2022,47(2):828-848.

［15］翟成,孙勇,武建国. 低渗透煤层液氮冷冲击致裂研究新进展［J］.中国科学基金,2021,35(6)：904-910.

［16］刘洁,李淑健,刘静静,等.T2定量成像技术在宫颈癌临床分期与病理分化评估中的应用［J］.郑州大学学报(医学版),2023,58(3)：419-423.

［17］张满硕,张宗仁,王庆龙,等.功能性磁共振成像技术对急性脑梗死溶栓后血管再通预测应用分析［J］.医学影像学杂志,2023,33(4)：677-680.

［18］贾建波.神东煤镜质组结构模型的构建及其热解甲烷生成机理的分子模拟［D］.太原:太原理工大学,2010.

［19］LIU Y, ZHU Y M, LI W, et al. Ultra micropores in macromolecular structure of subbituminous coal vitrinite［J］. Fuel, 2017, 210：298-306.

［20］郭威,姚艳斌,刘大锰,等.基于核磁冻融技术的煤的孔隙测试研究［J］.石油与天然气地质,2016,37(1)：141-148.

［21］王新兵,董雯雯,顾承志,等.六种嘧啶甲酸乙酯类化合物的合成及～1H-NMR波谱分析［J］.石河子大学学报(自然科学版),2023,41(3)：354-359.

［22］KILEINBERG R L, KENYON W E, MITRA P P. Mechanism of NMR relaxation of fluids in rock［J］. Journal of Magnetic Resonance, Series A, 1994, 108(2)：206-214.

［23］王金秀,洪锦德.物理吸附法表征5A沸石分子筛孔径分布的研究［J］.中国测试,2021,47(9)：1-6.

［24］DUBININ M M. On physical feasibility of Brunauer's micropore analysis method［J］. Journal of Colloid and Interface Science, 1974, 46(3)：351-356.

［25］THOMMES M, CYCHOSZ K A. Physical adsorption characterization of nanoporous materials：Progress and challenges［J］. Adsorption, 2014, 20(2)：233-250.

［26］THOMMES M, KANEKO K, NEIMARK A V, et al. Physisorption of gases, with special reference to the evaluation of surface area and pore size distribution (IUPAC Technical Report)［J］. Pure and Applied Chemistry, 2015, 87(9/10)：1051-1069.

［27］GROEN J C, PEFFER L A A, PÉREZ-RAMÍREZ J. Pore size determination in modified micro- and mesoporous materials. Pitfalls and limitations in gas adsorption data analysis［J］. Microporous and Mesoporous Materials, 2003, 60(1-3)：1-17.

［28］金侃.煤与瓦斯突出过程中高压粉煤—瓦斯两相流形成机制及致灾特征研究［D］.徐州:中国矿业大学,2017.

［29］GOR G Y, THOMMES M, CYCHOSZ K A, et al. Quenched solid density functional theory method for characterization of mesoporous carbons by nitrogen adsorption［J］. Carbon, 2012, 50(4)：1583-1590.

［30］BRUNAUER S, DEMING L S, DEMING W E, et al. On a theory of the van der waals adsorption of gases［J］. Jamchemsoc, 1940, 62(7)：1723-1732.

［31］ROUQUEROL J, AVNIR D, FAIRBRIDGE C W, et al. Recommendations for the characterization of porous solids (Technical Report)［J］. Pure and Applied Chemistry, 1994, 66(8)：1739-1758.

［32］近藤精一,石川达雄,安部郁夫.吸附科学［M］.李国希,译.北京:化学工业出版社,2006.

［33］MCBAIN J W. An explanation of hysteresis in the hydration and dehydration of gels［J］. Journal of the American Chemical Society，1935，57(4)：699-700.

［34］MASTALERZ M，HE L L，MELNICHENKO Y B，et al. Porosity of coal and shale：Insights from gas adsorption and SANS/USANS techniques［J］. Energy & Fuels，2012，26（8）：5109-5120.

［35］MASTALERZ M，HAMPTON L，DROBNIAK A，et al. Significance of analytical particle size in low-pressure N_2 and CO_2 adsorption of coal and shale［J］. International Journal of Coal Geology，2017，178：122-131.

［36］BERTIER P，SCHWEINAR K，STANJEK H，et al. On the use and abuse of N2 physisorption for the characterisation of the pore structure of shales［J］. CMS Workshop Lectures，2016，21：151 – 161.

［37］SONG Y，JIANG B，LI F L，et al. Structure and fractal characteristic of micro-and meso-pores in low，middle-rank tectonic deformed coals by CO_2 and N_2 adsorption［J］. Microporous and Mesoporous Materials，2017，253：191-202.

［38］宋昱.低中阶构造煤纳米孔及大分子结构演化机理［D］.徐州:中国矿业大学,2019.

［39］HU B，CHENG Y P，HE X X，et al. Effects of equilibrium time and adsorption models on the characterization of coal pore structures based on statistical analysis of adsorption equilibrium and disequilibrium data［J］. Fuel，2020，281：118770.

［40］戚宇霄.新景矿3♯煤层地质构造作用对煤孔隙结构特征及瓦斯吸附—解吸特性影响［D］.徐州:中国矿业大学,2018.

［41］华雄.不同变质程度煤孔隙结构与瓦斯吸附解吸的相关性研究［D］.淮南:安徽理工大学,2017.

［42］YU S，BO J，JIE-GANG L. Nanopore structural characteristics and their impact on methane adsorption and diffusion in low to medium tectonically deformed coals：Case study in the Huaibei coal field［J］. Energy & Fuels，2017，31(7)：6711-6723.

［43］刘宇.煤镜质组结构演化对甲烷吸附的分子级作用机理［D］.徐州:中国矿业大学,2019.

第 5 章　煤孔隙结构的分形特征及复杂度评价

分形几何学是近半个世纪以来迅速发展的新理论、新学科，其用途广泛。目前分形几何学已被广泛用于煤孔隙结构复杂性、表面粗糙度及孔径分布均匀性的研究，多重分形理论也逐渐被学者接纳和运用。代表性的分形理论模型有哪些？如何将煤分形理论应用于煤孔隙结构特征的研究？煤具有复杂的孔隙网络结构，学者们聚焦于曲折度和孔喉比等表征孔隙结构复杂程度的特征参数的研究。是否有一个可以较为全面的概述孔隙结构复杂度的指标，并可以在此基础上建立孔隙结构复杂度和瓦斯解吸能力的关系？本章将在比较分析煤样的孔喉比、孔隙各向异性、曲折度和等效基质尺度等评价孔隙结构复杂度参数的基础上，运用数学方法探索并构建孔隙结构复杂度多参数表征的新指标，定量化评价煤孔隙结构复杂度并对其作出定量化综合评价和分类。

5.1　分形理论概述

5.1.1　分形维数

分形理论（Fractal Theory）是当今十分流行和活跃的新理论、新学科，最早由美籍数学家本华·曼德博（Benoit Mandelbrot）于 1975 年正式提出，其随后发现的曼德博集合，用于描述那些复杂的、无穷尽的分形形状，一门研究分形性质及应用的科学在此基础上形成[1]。曼德博先后于 1975、1977 和 1982 年出版了三本书，特别是《分形、机遇和维数》《分形——形、机遇和维数》以及《自然界中的分形几何学》，进而开创了分形学科。分形理论目前仍处于不断发展之中，该理论在处理复杂系统方面存在一定的优势，在自然科学领域（如物理、化学、地球物理学、生物学、计算机科学及医学等）和社会科学领域中均获得成功的应用，相关的学术论文和书籍也在不断增加。分形维数是分形理论中非常重要的一个概念，不同于欧式几何学维数表示的整数自由度，分形维数属于非欧式几何学[2]。

分形理论的最基本特点是用分数维度的视角和数学方法描述和研究客观事物，也就是用分形分维的数学工具来描述和研究客观事物。它跳出了一维的线、二维的面、三维的立体乃至四维时空的传统藩篱，其描述更加趋近复杂系统的真实属性与状态，更加符合客观事物的多样性与复杂性。大自然中存在诸多的分形现象，比如西兰花、冰晶、天空的闪电、人脑皮层、毛细血管分布中均存在分形现象（图 5-1）。

（a）西兰花中的分形现象　　　　　　　　　　　　（b）冰晶中的分形现象

图 5-1　大自然中的分形现象

分形维数的定义包括 Hausdorff 维数、容量维数、相似维数、计盒维数、信息维数和关联维数等[2-5]。前人研究表明,分形理论可以定量描述多孔介质(煤及页岩等)的孔隙结构和表面粗糙度,解释孔体积和孔表面与瓦斯存储能力间的关系[6-7]。此外,功能强大的多重分形方法更能够表征孔径分布的特征[8]。对于煤孔隙特征,分形维数的测定方法有离散法、密度法、压汞法、物理吸附法、散射法和电子显微技术等。其中,压汞法和物理吸附法最为常用。

5.1.2　分形维数分析模型

5.1.2.1　Washburn 方程

多名学者应用压汞实验数据推导煤储层孔隙的分形维数,尽管方法不同,但最终都通过 Washburn 方程构建了进汞体积与进汞压力之间的双对数方程[9]:

$$\ln\left[\frac{\mathrm{d}V_{P(r)}}{\mathrm{d}P(r)}\right] \propto (4-d_1)\ln r \propto (d_f-4)\ln P(r) \tag{5-1}$$

式中：$P(r)$——孔径为 r 时的外加压力,MPa;

　　　$V_{P(r)}$——在压力 $P(r)$ 下的进汞体积,mL;

　　　r——孔隙半径,nm;

　　　d_f——压汞法孔隙分布维数,无量纲。

由 $\ln[\mathrm{d}V_{P(r)}/\mathrm{d}P(r)]$ 与 $\ln P(r)$ 作散点图,拟合直线,得到斜率 K,即 $d_f = 4 + K$。

5.1.2.2　Frenkel-Halsey-Hill (FHH)模型

煤吸附孔的表面分形维数和空间分形维数可以通过低压氮气吸附或低压氩气吸附数据计算。Frenkel-Halsey-Hill (FHH)模型和 Neimark-Kiselev (NK)模型均被广泛应用于物理吸附中分形维数的计算[10]。目前,国内外学者常使用 FHH 模型计算煤的分形维数。低压氩气吸附法测定的孔吸附量、相对平衡压力和分形维数存在如下关系[11]:

$$\frac{V}{V_m} \propto \left[\ln\left(\frac{P_0}{P}\right)\right]^{D_F-3} \tag{5-2}$$

对式(5-2)进行求导,可得:

$$\ln\left(\frac{V}{V_m}\right) = constant + A\ln\left[\ln\left(\frac{P_0}{P}\right)\right] \tag{5-3}$$

式中:P ——吸附的平衡压力,MPa;

P_0 ——吸附的饱和蒸汽压,MPa;

V ——分子吸附量,mL/g;

V_m ——单分子层吸附量,可以根据 BET(Brunauer-Emmett-Teller)理论计算,

mL/g;

$constant$ ——常量,无量纲;

A ——分形维数因子;

D_F ——分形维数。

由式(5-3),以 $\ln[\ln(P_0/P)]$ 为横坐标,$\ln(V/V_m)$ 为纵坐标进行曲线拟合,分形维数 D_F 可以根据分形维数因子 A 计算得出。在不同的假设条件下,可根据两种不同的多层吸附机理计算分形维数。

吸附等温线的低端代表着多层吸附的早期阶段,固体和气体界面主要受范德华力控制,这时分形维数可根据式(5-4)计算[12]:

$$A = (D_F - 3)/3 \tag{5-4}$$

在低 P/P_0 阶段经常会出现分形曲线偏离线性的现象,原因在于当覆盖层接近并下降到单层以下时,等温线是由具有吸引力和排斥性的气体/固体相互作用控制的,在极低的压力下不能有效地探测到煤表面的几何形状。因此,相对压力低于 0.01(微孔填充)的吸附数据不能用于分形维数计算。然而,在实际计算过程中,由式(5-4)并不能得到最佳的分形计算结果,这点在前人的研究结果中已经得到证实[13-14]。

在较高的覆盖度下,界面会受到液/气表面张力的控制,导致界面离表面更远,从而降低了界面面积,这种情况下可使用式(5-5)计算分形维数[15]:

$$A = D_F - 3 \tag{5-5}$$

姚彦斌[13]使用 FHH 模型对吸附数据进行拟合时,认为当 P/P_0 小于 0.5 时,通过 FHH 模型计算得到的为表面分形维数 D_{F1},D_{F1} 越小说明孔隙表面越平整;当 P/P_0 大于 0.5 时,计算得到的为空间分形维数 D_{F2},D_{F2} 越大说明粗糙度越大,孔隙空间越复杂。

5.1.2.3 Neimark-Kiselev(NK)模型

Neimark[16]提出了一种相对简单的基于氮气多分子层吸附过程的模型来描述介孔材

料的分形性质。结合吸附过程中的热力学过程，NK 分形模型可以表述为：

$$\ln \left[S_{\lg}(P/P_0) \right] = constant - (D_F - 2) \left[a_c(P/P_0) \right] \tag{5-6}$$

式中：$S_{\lg}(P/P_0)$—— 相对压力为 P/P_0 时，冷凝氮气平衡界面的面积，m^2；

　　$a_c(P/P_0)$—— 相对压力为 P/P_0 时，冷凝氮气平衡界面的平均曲率半径，m。

其中 $S_{\lg}(P/P_0)$ 和 $a_c(P/P_0)$ 由 Kiselev 方程给出：

$$S_{\lg}(P/P_0) = \frac{RT}{\gamma} \int_{N_{(P/P_0)}}^{N_{\max}} \ln (P_0/P) \tag{5-7}$$

$$a_c(P/P_0) = \frac{2\gamma v_m}{RT \ln (P_0/P)} \tag{5-8}$$

式中：γ —— 液氮表面张力，mN/m；

　　v_m —— 液氮的摩尔体积，mL/mol；

　　R—— 摩尔气体常数；

　　T —— 温度，K。

5.1.2.4　Wang-Li(WL)模型

WL 模型被认为是最适合获得与整个吸附压力相对应的分形维数的方法[17-18]，该方法应用了体积和分形表面之间的基本分形关系，其分形可适用的相对压力范围也更广。由 WL 模型，可得：

$$\ln \left[\frac{-\int_{N(\mu)}^{N_{\max}} \ln \mu \, dN(\mu)}{r(\mu)^2} \right] = constant + D_F \ln \left[\frac{\left[N_{\max} - N(\mu) \right]^{1/3}}{r(\mu)} \right] \tag{5-9}$$

假定 $A(\mu) = \dfrac{-\int_{N(\mu)}^{N_{\max}} \ln \mu \, dN(\mu)}{r(\mu)^2}$，$B(\mu) = \dfrac{\left[N_{\max} - N(\mu) \right]^{1/3}}{r(\mu)}$，可根据曲线 $\ln(A)$ 对 $\ln(B)$ 的斜率来计算 D_F，则：

$$\ln \left[A(\mu) \right] = constant + D_w \ln \left[B(\mu) \right] \tag{5-10}$$

式中：μ —— 相对压力；

　　$N(\mu)$—— 相对压力 μ 下的吸附量，mL/g；

　　$N_{\max}$—— 当 μ 达到最大值 0.995 时的吸附量 mL/g；

　　r—— 弯月面的曲率半径，m；

　　D_w—— 分形维数。

弯月面的曲率半径可以通过开尔文方程计算，该方程可将弯月面曲率半径 $r(\mu)$ 与相对压力联系起来，$\mu = P/P_0$，如式(5-11)所示：

$$r = \frac{2\sigma\upsilon}{\mathrm{RT}(-\ln\mu)} \tag{5-11}$$

式中：σ——表面张力，J/m；

υ——摩尔体积，$\mathrm{m^3/mol}$；

R——通用气体常数，$\mathrm{J/(mol \cdot K)}$；

T——绝对温度，K。

5.2 孔隙结构分形特征

5.2.1 液氮孔隙结构分形特征

基于 FHH 模型分析液氮吸附数据的分形维数，结果如图 5-2 所示。煤样分形维数的相关度介于 0.955 2～0.998 87 之间。煤样的表面分形维数 D_{F1} 和空间分形维数 D_{F2}

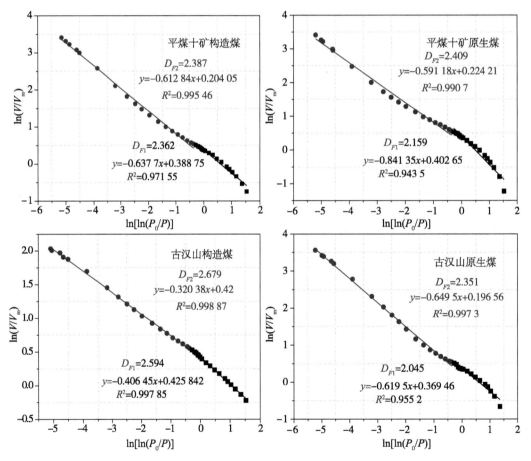

图 5-2 基于低压氮气吸附煤样的分形维数

的结果均介于 2～3 之间,表明模型选用的合理性,且模型能够较好地表征孔隙结构特征。平煤十矿构造煤与原生煤、古汉山构造煤与原生煤煤样的 D_{F1} 分别为 2.362、2.159、2.594 和 2.045;D_{F2} 分别为 2.387、2.409、2.679 和 2.351。D_{F1} 结果越低意味着表面孔隙越平滑;D_{F2} 越大意味着孔隙空间结构越复杂。通过本章数据可知,经构造作用后煤的孔隙表面粗糙度增加,孔隙结构复杂度有增有减。

5.2.2 液氩孔隙结构分形特征

从煤样的 FHH 分形曲线的拟合结果(图 5-3)发现,煤样的分形曲线均表现出明显的转折点,说明分界点的选择是合理的,能够较好地反映出不同的分形特征。低相对压力阶段的线性偏离现象弱,最低相关度为 0.937 8,远高于文献[14]中的结果[14],这主要是因为无法有效探测表面几何形状(相对压力低于 0.01)的数据被计算在内,拟合的相关度值普遍较高。此外,每幅图中左侧曲线的线性效果要优于右侧,说明 FHH 分形模型更适用于高相对压力段分形维数的计算。

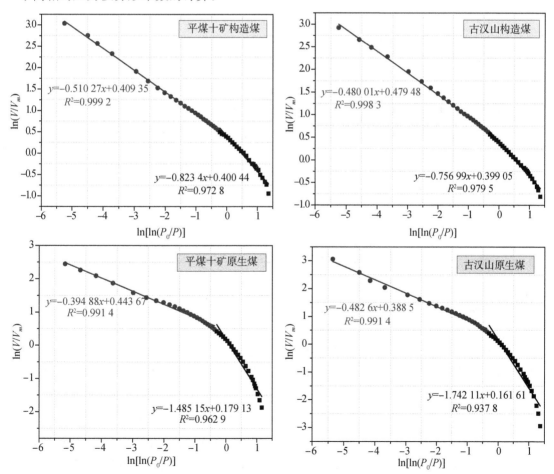

图 5-3 基于低压氩气吸附煤样的分形维数

不同粒径下煤样的分形维数结果表明煤样的分形维数的相关度介于 0.958 4～0.999 2 之间,可以看出分形结果的可靠性很高(表 5-1)。多数煤样的表面分形维数 D_{F1} 低于 2,不在 2～3 之间,说明表面分形维数 D_{F1} 无法较好地反映孔隙表面的特征。王飞[19] 开展的研究结果也表明低压段的表面分形维数 D_{F1} 均小于 2,甚至可能为负数,这是由于在相对压力较小时,煤的孔隙直径<2 nm 的孔隙会发生微孔填充。

表 5-1　基于低压氩气吸附煤样的分形维数

粒径/mm	平煤十矿构造煤				平煤十矿原生煤			
	D_{F1}	R^2	D_{F2}	R^2	D_{F1}	R^2	D_{F2}	R^2
1～3	1.936	0.985 2	2.497	0.999 0	1.703	0.958 4	2.656	0.985 2
0.5～1	2.065	0.977 0	2.502	0.999 1	1.334	0.965 3	2.680	0.987 0
0.25～0.5	1.906	0.961 2	2.499	0.998 0	1.603	0.976 9	2.607	0.992 0
0.2～0.25	2.177	0.972 8	2.490	0.999 2	1.518	0.962 9	2.605	0.991 4
0.074～0.2	2.275	0.959 3	2.375	0.998 2	1.790	0.985 0	2.555	0.997 6

随着粒径减小,煤样的空间分形维数 D_{F2} 整体呈降低趋势。构造煤和原生煤的 D_{F2} 值分别由 2.497 和 2.656 降低至 2.375 和 2.555,降幅分别为 4.9% 和 3.8%。粒径减小过程中,孔隙结构的不规则性在逐渐降低。通过对构造煤和原生煤的 D_{F2} 值进一步分析发现,相同粒径下平煤十矿构造煤的 D_{F2} 值要明显低于原生煤样。这反映出构造作用不仅会促进煤的孔隙结构发育,同时还会降低孔隙网络的复杂性。但也有研究表明构造煤的 D_{F2} 值整体高于原生煤,呈现出与本章研究相反的性质,这一方面说明分形维数对于表征不同煤样的分形特征可能存在一定的差异,另一方面也表明煤是一种复杂的多孔介质,单一指标并不能完全表征煤的参数变化。

5.3　孔隙结构多重分形参数特征

5.3.1　多重分形理论

多重分形(Multifractal)是一种分为多个区域的复杂分形结构。为了对分形的复杂性和不均匀性进行更细致刻画,需引进它的概率分布函数及其各阶矩的计算,由此构成的分形维数的一个连续谱,称为多重分形或多标度分形。煤的孔隙结构错综复杂,不同孔径范围内的孔隙差异性极高,简单的分形维数无法较好地反映孔隙的微观结构特征。多重分形是一个由有限几种或大量具有不同分形行为的子集合叠加而成的非均匀分维分布的奇异集合,是原始分形概念对于非均匀分形的自然推广[8],它可以更加详细地表征煤样孔径分布的自相似性和差异性,同时也能够反映出孔径的非均匀程度。

采用计盒法研究反映孔径分布非均质性的多重分形特征，多重分形理论的实际应用必须借助于实际的孔隙数据。本章以低压氩气吸附的数据为例，取孔径分布测量的区间 $I = [2.5, 24]$，将区间划分成 52 个小分区，$I_i = [\omega_i, \omega_{i+1}]$，$i = 1, 2, 3, \cdots,$ 52，划分时以等差递增形式进行间隔取样，测量结果是各子区间的孔径的体积百分含量，用 v_i 表示在子区间 I_i 内孔径分布的体积分数，相应的标度和测度的表达式可以概括为：

$$\varepsilon = 2^{-k}L \tag{5-12}$$

$$\overline{\Delta n_i} = \frac{\Delta n_i - \Delta n_{\min}}{\sum\limits_{i=1}^{N} \Delta n_i - \Delta n_{\min}} \tag{5-13}$$

为了合理使用多重分形理论分析区间 I 内的孔径分布特征，必须使各子区间的长度一致，因而需要构建一个无量纲区间 $R = [0, \lg(25/2.5)] = [0, 1]$，对无量纲区间 R 进行二进制划分，将其划分成相同标度为 ε 的共 $N(\varepsilon)$ 个子区间，考虑到孔径的数据分布以及要使每个区间内都至少含有一个数据，本节 k 的取值范围为 $1 \sim 5$，则标度表达式可以由式 (5-14) 表达：

$$N(\varepsilon) = 2^k \tag{5-14}$$

$$\varepsilon = 0.99 \times 2^{-k} \tag{5-15}$$

孔径分布的多重分形奇异性指数可通过 Chhabra-Jensen 法进行求解[20]，表达式如下：

$$\alpha(q) = \lim_{\varepsilon \to 0} \frac{\sum\limits_{i=1}^{N(\varepsilon)} \mu_i(q, \varepsilon) \lg \mu_i(\varepsilon)}{\lg \varepsilon} \tag{5-16}$$

$$\mu_i = \frac{\mu_i{}^q(\varepsilon)}{\sum\limits_{i=1}^{N(\varepsilon)} \mu_i{}^q(\varepsilon)} \tag{5-17}$$

式 (5-17) 中的分母为配分函数，也可称为统计矩函数，表达式如下：

$$x(q, \varepsilon) = \sum\limits_{i=1}^{N(\varepsilon)} \mu_i{}^q(\varepsilon) \tag{5-18}$$

相对于 $\alpha(q)$ 的孔径分布的多重分形谱函数可以表示为：

$$f(\alpha) = \lim_{\varepsilon \to 0} \frac{\sum\limits_{i=1}^{N(\varepsilon)} \mu_i(q, \varepsilon) \lg \mu_i(q, \varepsilon)}{\lg \varepsilon} \tag{5-19}$$

$\alpha(q)$ 表征研究对象的局部奇异强度,即奇异性指数,其值越大说明孔径分布的整齐性越高;值越小说明孔径分布的不规则性越强。$f(\alpha)$ 为多重分形谱,表示具有相同奇异性指数子集的分形维数。如果孔径分布具备多重分形特征,则 $f(\alpha)$ 会呈现单峰凸函数图像特征。

$\mu_i(\varepsilon)$ 用于表征每个子区间 I_i 内孔径分布的概率密度,其值是子区间 I_i 内所有孔径分布结果的加和。$\mu_i(q,\varepsilon)$ 为第 i 个子区间的 q 阶概率,q 是在不同层次上提取系统信息的参量。当 $q \gg 1$ 时,代表大浓度或高稠密区的信息被放大;当 $q \ll 1$,代表小浓度或稀疏区的信息被放大[21],本节中 q 取值范围为 $-10 \sim 10$,步长为 1。

多重分形谱奇异强度的 Hausdorff 维数 α_0 可以反映孔径分布局部密集程度,α_0 越大说明孔径分布局部密集的程度越小[22]。多重分形奇异谱宽 $\Delta\alpha = \alpha_{\max} - \alpha_{\min}$ 表征整个分形结构概率测度分布的不均匀度,其值越大说明孔径分布越不均匀。

$\alpha(q) \sim f(\alpha(q))$ 是描述多重分形局部特征的一套语言;另一套语言为 $q \sim D(q)$,该语言是从信息论的角度引入的,广义分形维数表达式为:

当 $q \neq 1$ 时,

$$D(q) = \lim_{\varepsilon \to 0} \frac{1}{q-1} \frac{\lg\left[\sum\limits_{i=1}^{N(\varepsilon)} \mu_i(\varepsilon)^q\right]}{\lg \varepsilon} \tag{5-20}$$

当 $q = 1$ 时,

$$D(1) = \lim_{\varepsilon \to 0} \frac{\sum\limits_{i=1}^{N(\varepsilon)} \mu_i(\varepsilon) \lg \mu_i(\varepsilon)}{\lg \varepsilon} \tag{5-21}$$

当 $q = 0$、1、2 时,广义分形维数 D_c、D_1 和 D_2 分别代表容量维数、信息维数和关联维数。D_c 表征孔径分布的范围,D_c 越大表示孔径分布的范围越宽;D_1 表征孔径分布测度的集中度,D_1 越大表示孔径分布越集中;D_2 表征孔径分布测量间隔的均匀性,D_2 越大表示孔径分布的间隔越均匀[22]。

5.3.2　广义维数谱

对孔径分布进行多重分形分析的前提是要判断在空间分布研究尺度内孔径分布是否具有多重分形的特征。孙哲等[23]指出 $x(q,\varepsilon)$ 和 $\lg(\varepsilon)$ 呈现出的线性关系是判断土壤粒径分布是否具有多重分形特征的前提。本章探讨了粒径 $0.2 \sim 0.25$ mm 煤样的 $x(q,\varepsilon)$ 和 $\lg(\varepsilon)$ 关系,结果如图 5-4 所示,从图中可以看出 $x(q,\varepsilon)$ 和 $\lg(\varepsilon)$ 之间呈现出很好的线性相关关系,由此证明由低压氩气吸附数据得到的孔径分布具有多重分形的特征,据此可知通过多重分形方法计算广义分形维数是可行的。随着 q 值的增大,拟合方程的斜率逐渐转为正值,同时拟合曲线也更为密集,反映出煤的孔径分布较为集中且主要分布在较小的孔隙区间范围内。

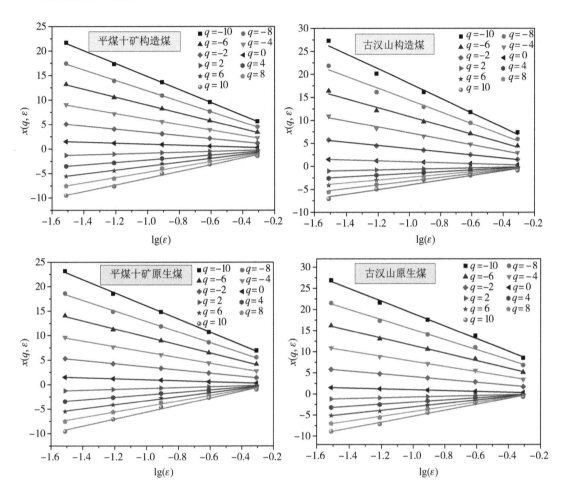

图 5-4　配分函数与标度的线性拟合关系

煤样的广义维数谱 $D(q) \sim q$ 曲线如图 5-5 所示，曲线呈反"S"形状，说明煤样的孔径分布呈非均匀分布特征，$D(q)$ 是递减函数且存在极大值和极小值；曲线越陡峭，$D(q)$ 的值域越大，分形结构的非均匀性越大。从图中还可以看出，随着变质程度的增加，煤样的广义维数谱曲线越来越陡峭，值域也在逐渐增加，表明高阶煤的非均匀性更大。此外，经构造作用后构造煤的值域比原生煤更小，曲线更缓，预示着相应的非均匀性更低。

煤样广义分形维数中的容量维数 D_c、信息维数 D_1 和关联维数 D_2 的值如表 5-2 所示。容量维数 D_c 的值均为 0.996，这是由于选取了相同的孔径范围，得到的 D_c 的值均为定值。煤样的信息维数 D_1 和关联维数 D_2 随变质程度的增加逐渐降低，说明随着煤化作用的进行，孔径分布越来越不集中或不均匀。此外，构造煤的信息维数 D_1 和关联维数 D_2 较原生煤出现了增加，这在一定程度反映出构造作用会增加孔径分布的集中度及均匀分布的程度。

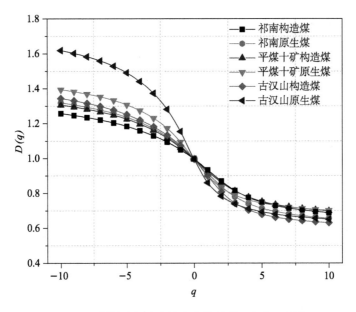

图 5-5 煤样孔径分布的广义维数谱 $D(q)$-q 曲线

表 5-2 煤样的广义分形维数谱参数

煤样	广义分形维数谱参数			
	D_c	D_1	D_2	$D_{-5} \sim D_5$
平煤十矿构造煤	0.996	0.926	0.862	0.472
平煤十矿原生煤	0.996	0.900	0.832	0.563
古汉山构造煤	0.996	0.899	0.808	0.741
古汉山原生煤	0.996	0.860	0.783	0.836

5.3.3 多重分形奇异谱

煤样孔径分布的多重分形谱曲线如图 5-6 所示,从图中可以看出多重分形谱曲线呈单峰凸函数图像特征,这佐证了基于低压氩气吸附法得到的孔径分布具有多重分形特征。根据多重分形谱曲线,计算煤样相应的多重分形奇异谱参数,结果见表 5-3。

表 5-3 煤样孔径分布的多重分形奇异谱参数

煤样	多重分形奇异谱参数					
	Hausdorff 维数	$\Delta\alpha$	$\alpha_{-5} \sim \alpha_5$	$f(\alpha_{max})$	$f(\alpha_{min})$	Δf
平煤十矿构造煤	1.066	0.769	0.706	0.996	0.186	0.810
平煤十矿原生煤	1.098	0.846	0.797	0.996	0.256	0.740
古汉山构造煤	1.155	1.169	1.120	0.996	0.020	0.976
古汉山原生煤	1.155	1.152	1.113	0.996	0.061	0.935

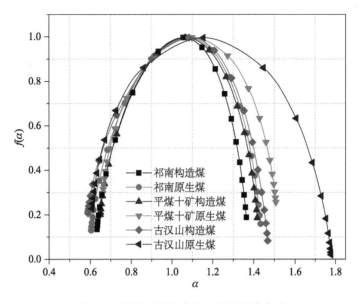

图 5-6　煤样孔径分布的多重分形谱曲线

多重分形奇异谱参数表明,Hausdorff 维数和 $\Delta\alpha$ 均随变质程度的增加逐渐增加,也就是说孔径分布的局部密集程度在逐渐降低,孔径分布更加不均匀;同时,我们发现构造煤的 Hausdorff 维数和 $\Delta\alpha$ 值均略低于原生煤,表明构造作用会增加煤孔径分布的局部密集程度,同时会在一定程度上促进孔径均匀分布。古汉山原生煤的 Δf 值最大,说明高阶煤中孔径分布的非均匀性。

5.3.4　孔隙多重分形参数间的关系及连通复杂性评价

基于广义维数谱和多重分形奇异谱的参数值,分析各主要参数之间的相关性,结果如表 5-4 所示。Hausdorff 维数与 D_1 和 D_2 呈负相关性,与其他参数均呈正相关性;D_1 和 D_2 呈正相关性,与其他参数呈负相关性;Hausdorff 维数和 D_1 呈负相关性,D_1 越大,Hausdorff 维数越小,孔径分布越集中。

表 5-4　煤样多重分形参数间的相关关系

分形参数	D_1	D_2	$D_{-5}\sim D_5$	Hausdorff 维数	$\alpha_0-\alpha_5$	$\alpha_{-5}\sim\alpha_0$	$\alpha_{-5}\sim\alpha_5$
D_1	1						
D_2	0.98	1					
$D_{-5}\sim D_5$	−0.97	−0.91	1				
Hausdorff 维数	−0.95	−0.87	0.99	1			
$\alpha_0-\alpha_5$	−0.97	−0.99	0.91	0.87	1		
$\alpha_{-5}\sim\alpha_0$	−0.77	−0.64	0.9	0.93	0.65	1	
$\alpha_{-5}\sim\alpha_5$	−0.95	−0.87	0.99	0.99	0.89	0.93	1

广义维数谱表征孔径分布非均质性的 $D_{-5} \sim D_5$ 与多重分形奇异谱峰宽 $\alpha_{-5} \sim \alpha_5$ 呈现出很高的正相关性，$D_{-5} \sim D_5$ 越大，孔径分布的非均质性越强，多重分形奇异谱峰宽 $\alpha_{-5} \sim \alpha_5$ 越大，内部的差异性就越大，该结果也证实二者间的正相关关系整体随着变质程度的增加而增大；经构造作用后 $D_{-5} \sim D_5$ 和 $\alpha_{-5} \sim \alpha_5$ 均发生了降低，进一步佐证变质作用会增加孔径分布的非均质性和内部差异性，而构造作用则会降低这一过程。

煤中孔隙的连通性是决定瓦斯流动特性的重要因素，对于煤层的瓦斯抽采意义重大。本节在多重分形的基础上，进一步引入广义 Hurst 指数用于表征孔隙的连通性，广义 Hurst 指数 $H(q)$ 可由标度指数 τ_q 和多重分形谱 $f(\alpha)$ 计算得出，表达式如下：

$$H(q) = \frac{\tau(q) + 1}{q} \tag{5-22}$$

$$f(\alpha) = q\alpha(q) - \tau(q) \tag{5-23}$$

式中：$H(q)$——孔隙连通性的广义 Hurst 指数；

$\tau(q)$——标度指数。

当 $q = 2$ 时，广义 Hurst 指数即为经典 Hurst 指数，一般介于 0.5～1 之间，该值越大说明孔隙连通性越强，反之则说明连通性差。对比煤样的 Hurst 指数发现，煤样的经典 Hurst 指数介于 0.892～0.934 之间，中等变质程度煤的经典 Hurst 指数差距很小，高变质程度煤样的 Hurst 指数则略低于中等变质程度煤样，说明本章中高变质程度煤样的孔隙连通性低于中等变质程度的煤样。构造煤的经典 Hurst 指数均高于原生煤，表明构造作用会提高煤的孔隙连通性能。

5.4 煤的孔隙结构几何参数

5.4.1 平均孔喉比

孔喉比是指孔腔直径与喉道直径之比，反映了孔隙与喉道交替变化的特征，是孔隙结构的重要特征参数之一[24]。孔喉比越小，说明孔隙与喉道直径差异性越小，瓦斯运移越顺畅；相反，孔喉比越大，孔隙与喉道直径差异性越大，瓦斯运移阻力越大。根据对煤孔形演化特征的分析，并从简化计算的角度考虑，假设煤的孔隙为圆柱几何形状，孔隙参数的分析均以圆柱形孔为基础展开。

为了研究孔喉比参数，先对煤中的孔隙做出如下假设：孔隙是由 N 个相似的局部孔长为 l、平均孔半径为 r、局部孔隙各向异性为 $b = l/r$ 的圆柱形孔构成。多孔材料的平均孔直径是一个常用的孔隙参数，它是以由 N 个长度为 l 和直径为 d 的相同圆柱形孔的孔容和比表面积集合为基础的。因此，可以通过物理吸附法获得的孔容和比表面积进行估算，这也与孔隙形状的假设相一致。基于此，可以计算求解平均孔直径 D_{mean} 与孔容 V 和

比表面积 S 的关系,表达式为:

$$\frac{V}{S} = \frac{N\pi(D_{\text{mean}}/2)^2 l}{N \cdot 2\pi(D_{\text{mean}}/2)l} = D_{\text{mean}}/4 \tag{5-24}$$

统一度量单位,平均孔直径 D_{mean} 与孔容 V 和比表面积 S 的关系可写为:

$$D_{\text{mean}} = \frac{4\,000V}{S} \tag{5-25}$$

式中:D_{mean}——平均孔直径,nm。

虽然这个参数的估算简化了,但非常实用,它能够反映平均孔隙情况。基于此,可以获得对应的平均孔半径 r_{mean}:

$$r_{\text{mean}} = \frac{2\,000V}{S} \tag{5-26}$$

煤体的储集空间主体为纳米级孔喉系统,该系统具有小孔微喉或者细孔微喉的特征,孔喉比能达到几十甚至数百。由孔喉比表征的孔喉连通性可以反映煤体瓦斯的流动能力,由孔喉比的定义可知,平均孔喉比 P_T、介孔平均半径 $r_{\text{me, mean}}$ 和大孔平均半径 $r_{\text{ma, mean}}$ 满足如下关系:

$$P_T = \frac{r_{\text{ma, mean}}}{r_{\text{me, mean}}} = \frac{V_{\text{ma, BJH}}S_{\text{me, BJH}}}{S_{\text{ma, BJH}}V_{\text{me, BJH}}} \tag{5-27}$$

式中:$V_{\text{me, BJH}}$——介孔孔容,mL/g;

$V_{\text{ma, BJH}}$——大孔孔容,mL/g;

$S_{\text{me, BJH}}$——介孔比表面积,m^2/g;

$S_{\text{ma, BJH}}$——大孔比表面积,m^2/g。

为了统一孔隙参数结果,计算平均孔喉比的孔隙结构参数均需要基于同一实验方法,本章选用低压氮气吸附法,并全部应用 BJH 模型分析结果(不涉及 DFT 模型)。本章旨在构建一个能够表征瓦斯流动能力的指标,而瓦斯流动能力主要受到介孔的影响,因此平均孔喉比的计算主要涉及的是介孔,并需要结合大孔建立联系。基于式(5-26)和式(5-27),不同粒径下煤样的平均孔喉比计算结果如表 5-5 所示。

表 5-5　不同粒径下代表性煤样的平均孔喉比

煤样	P_T				
	1～3 mm	0.5～1 mm	0.25～0.5 mm	0.2～0.25 mm	0.074～0.2 mm
祁南构造煤	10.5	11.26	10.16	10.16	9.67
祁南原生煤	15.78	11.41	11.67	10.58	9.31
平煤十矿构造煤	12.99	12.48	8.51	10.43	9.62

（续表）

煤样	P_T				
	1～3 mm	0.5～1 mm	0.25～0.5 mm	0.2～0.25 mm	0.074～0.2 mm
平煤十矿原生煤	20.81	19.61	16.43	13.99	14.64
古汉山构造煤	11.51	10.74	11.21	17.85	12.47
古汉山原生煤	11.98	17.14	22.26	29.77	21.18

粒径 1～3 mm 的祁南构造煤和原生煤的平均孔喉比分别是粒径 0.074～0.2 mm 的 1.09 倍和 1.69 倍；粒径 1～3 mm 的平煤十矿构造煤和原生煤的平均孔喉比分别是粒径 0.074～0.2 mm 的 1.35 倍和 1.42 倍；粒径 0.074～0.2 mm 的古汉山构造煤和原生煤的平均孔喉比结果分别是粒径 1～3 mm 的 1.08 倍和 1.77 倍。分析发现，除古汉山煤样外，其余煤样的平均孔喉比随粒径的减小均逐渐降低，说明在粒径减小过程中，瓦斯的运移更加流畅。对于古汉山原生煤，平均孔喉比随粒径的减小呈增加趋势，古汉山构造煤的平均孔喉比表现出先降低后增加特征，但也不能直接认为粒径减小过程中古汉山煤样的瓦斯运移能力在降低，因为平均孔喉比只是反映孔隙结构复杂度的参数之一。

经构造作用后，煤样的平均孔喉比均出现了明显的降低，不同粒径下祁南构造煤平均孔喉比比原生煤降低 11.9%，平煤十矿构造煤平均孔喉比比原生煤降低 36.8%，古汉山构造煤平均孔喉比比原生煤降低 37.7%，古汉山构造煤的降低幅度最大，祁南构造煤的降低幅度最小。平均孔喉比的降低说明经构造作用后构造煤的瓦斯运移能力得到了显著的提高。

5.4.2 总平均孔隙各向异性

煤是一种复杂的多孔介质，扫描电子显微镜和物理吸附法结果均表明其孔隙呈现出各向异性特征。孔隙各向异性值越大，说明孔隙结构差异性越大，孔隙结构越复杂。目前学者对煤孔隙结构非均质性和各向异性的定量表征方法已经开展了大量的研究，包括通过渗透率张量的特征值和特征向量来表征孔隙结构各向异性，基于扫描电镜的孔隙各向异性的估算方法及基于同步辐射装置定量表征煤孔隙结构非均质性和各向异性等[25]。Margellou 等人[26] 基于齐普夫定律估算多孔材料纳米尺度孔隙差异各向异性分布，该方法指出孔隙差异各向异性可以由比表面积与孔容表征。本章将继续应用低压氩气吸附实验中 BJH 模型分析得到的结果，采用比表面积和孔容表征煤样的孔隙差异各向异性 $A_{mean,\ total}$。单位质量煤（每克煤）的总平均孔隙各向异性可以表示为单位质量煤的总孔长 L_{total} 与总孔平均直径 D_{mean} 之比：

$$A_{mean,\ total} = \frac{L_{total}}{D_{mean}} \tag{5-28}$$

式中：$A_{\text{mean, total}}$——单位质量煤的总平均孔隙各向异性，g^{-1}。

在已知总孔容 V_{BJH} 和总比表面积 S_{BJH} 的情况下，可以通过下式计算单位质量煤孔隙的总孔长：

$$\frac{S_{\text{BJH}}^2}{V_{\text{BJH}}} = \frac{[N \cdot 2\pi rl]^2}{N \cdot \pi r^2 l} = 4\pi(Nl) = 4\pi L_{\text{total}} \tag{5-29}$$

统一度量单位，上式可以写为：

$$L_{\text{total}} = \frac{10^{15}}{4\pi} \cdot \frac{S_{\text{BJH}}^2}{V_{\text{BJH}}} \tag{5-30}$$

式中：L_{total}——单位质量煤的总孔长，nm/g。

需要明确的是研究的对象是煤颗粒，一个煤颗粒的质量并非 1 g，因此计算得到的单位质量煤的总孔长 L_{total} 是很多个煤颗粒的加和，这与研究的目的不符。因此，分别称量不同粒径下煤样的质量，并区分出相应煤样含有的煤颗粒数目，进而计算每个煤颗粒的平均质量。因为粒径 0.074～0.2 mm 的煤颗粒和粒径为 0.2～0.25 mm 的古汉山煤样的煤颗粒无法肉眼识别区分，所以未完全获得煤样所有粒径下单个煤颗粒的平均质量。为了确保称量及计算的准确性，选用精度为万分之一的电子天平称重，每种粒径煤样的颗粒总数均大于 300 个。基于上述方法称量并计算了各个煤样不同粒径下单颗粒的平均质量，结果如表 5-6 所示。

表 5-6　不同粒径下单个煤颗粒的平均质量

煤样	单个煤颗粒的质量/g		
	1～3 mm	0.5～1 mm	0.25～0.5 mm
祁南构造煤	0.001 517	0.000 296	0.000 035
祁南原生煤	0.002 626	0.000 36	0.000 059
平煤十矿构造煤	0.003 615	0.000 351	0.000 025
平煤十矿原生煤	0.004 369	0.000 521	0.000 037
古汉山构造煤	0.002 636	0.001 058	0.000 035
古汉山原生煤	0.005 276	0.001 071	0.000 053

基于式(5-30)计算对应粒径下单个煤颗粒的总孔长，表达式如下：

$$L_{\text{s, total}} = \frac{10^{15}}{4\pi} \cdot \frac{m_s S_{\text{BJH}}^2}{V_{\text{BJH}}} \tag{5-31}$$

将式(5-25)和式(5-31)代入式(5-28)即可得到单个煤颗粒的总平均孔隙的各向异性，表达式如下：

$$A_{s, \text{mean, total}} = \frac{10^{12}}{16\pi} \cdot \frac{m_s S_{\text{BJH}}^3}{V_{\text{BJH}}^2} \tag{5-32}$$

式中：$A_{s, \text{mean, total}}$——给定粒径下，单个煤颗粒的总平均孔隙的各向异性；

$L_{s, \text{total}}$——给定粒径下，单个煤颗粒的总孔长，nm；

m_s——给定粒径下，单个煤颗粒的质量，g。

由式(5-32)可知，单个煤颗粒的总平均孔隙各向异性是由比表面积和孔容共同决定的。单个煤颗粒的总平均孔隙各向异性也就是相应粒径下真实的总平均孔隙各向异性，因此都以总平均孔隙各向异性进行定义分析。从计算过程发现，总平均孔隙各向异性的计算结果很大。因此，为了便于分析与比较，将其以对数形式进行表达，不同粒径下，各煤样单个煤颗粒的总平均孔隙各向异性结果如表 5-7 所示。

表 5-7　不同粒径下煤样的总平均孔隙各向异性

煤样	$\lg(A_{s, \text{mean, total}})$		
	1～3 mm	0.5～1 mm	0.25～0.5 mm
祁南构造煤	12.21	11.56	10.5
祁南原生煤	12.29	11.55	10.81
平煤十矿构造煤	12.15	11.17	9.75
平煤十矿原生煤	12.55	11.87	10.49
古汉山构造煤	13.06	12.37	10.85
古汉山原生煤	11.95	11.83	10.84

通过对比分析发现，各煤样的总平均孔隙各向异性均随粒径的减小呈降低趋势。祁南构造煤和原生煤的总平均孔隙各向异性分别降低 14％和 12％；平煤十矿构造煤和原生煤的总平均孔隙各向异性分别降低 19.8％和 16.4％；古汉山构造煤和原生煤的总平均孔隙各向异性分别降低 16.9％和 9.3％。从结果可以看出，总平均孔隙各向异性降低幅度很大，说明粒径在减小过程中，孔隙结构的差异性逐渐降低，孔隙结构变得简单。

经构造作用后，不同粒径下祁南和平煤十矿构造煤总平均孔隙各向异性的平均值比原生煤分别降低 1.1％和 5.27％，降幅均很小；古汉山构造煤总平均孔隙各向异性的平均值比原生煤增加 4.8％，体现出与祁南和平煤十矿煤样相反的性质。由此可见，构造作用对煤的总平均孔隙各向异性的影响会因煤的不同而产生差异性，但采用总平均孔隙各向异性评价某一特定煤样随粒径的变化关系具有较好的可靠性，除此之外还需要进一步结合其他参数综合分析。

5.4.3　平均曲折度

图 5-7 简要给出了煤中瓦斯流动的示意图，取水平方向为瓦斯的流动方向，由图可知

煤中瓦斯的扩散路径多数是曲折的。煤中瓦斯通过孔隙通道的实际距离与孔隙通道的表征距离之比即为曲折度。曲折度特征参数值越大，代表煤中的孔隙通道越曲折不平整，孔隙结构网络越复杂，内部瓦斯扩散运移的难度也就越大。

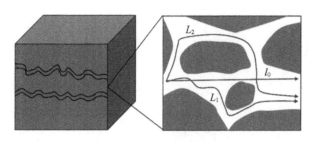

图 5-7　煤中瓦斯的流动示意图

单个煤颗粒的平均曲折度 τ_{av} 可以用单个煤颗粒的总孔长 $L_{s, total}$ 与该煤颗粒的直线特征距离 l_0 之比表示：

$$\tau_{av} = \frac{L_{s, total}}{l_0} \tag{5-33}$$

煤颗粒的直线特征距离 l_0 可以近似地用平均粒径表示，将式(5-31)代入式(5-33)可以近似得到单个煤颗粒的平均曲折度 τ_{av}：

$$\tau_{av} = \frac{10^{15}}{4\pi} \cdot \frac{m_s S_{BJH}^2}{V_{BJH} l_0} \tag{5-34}$$

从不同粒径下煤样的平均曲折度可以看出随粒径的减小，各煤样的平均曲折度均出现了非常明显的降低趋势（表 5-8）。在这过程中，祁南构造煤和原生煤的平均曲折度分别降低 89.1% 和 80.9%；平煤十矿构造煤和原生煤的平均曲折度分别降低 97.2% 和 95.1%；古汉山构造煤和原生煤的总平均孔隙各向异性分别降低 95.6% 和 78.3%。从表 5-8 可以看出，煤样的平均曲折度随粒径减小过程中的降低幅度很大，这预示着粒径减小过程中，孔隙变得更加平直，气体在小粒径煤中的扩散运移更加容易，孔隙结构越简单。

表 5-8　不同粒径下煤样的平均曲折度

煤样	τ_{av} （$\times 10^6$）		
	1～3 mm	0.5～1 mm	0.25～0.5 mm
祁南构造煤	12.7	7.16	1.39
祁南原生煤	11.5	6.0	2.19
平煤十矿构造煤	9.08	2.57	0.25
平煤十矿原生煤	15.5	7.91	0.76
古汉山构造煤	63.2	43.9	2.75
古汉山原生煤	6.9	9.58	1.5

经构造作用后,不同构造煤样表现出不同变化性质。平煤十矿构造煤平均曲折度的平均值比原生煤降低 50.8%;祁南和古汉山构造煤平均曲折度的平均值比原生煤分别增加 7.92% 和 510.9%;与总平均孔隙各向异性的平均值相似,经构造作用后构造煤平均曲折度的平均值较原生煤既有增加也有降低。

5.4.4 等效基质尺度

对煤的等效基质尺度的研究有助于进一步认识瓦斯的流动特性,等效基质尺度越小,表明孔隙结构越简单,瓦斯的吸附速度和流动能力越强。煤的物理简化模型选用立方体模型,模型中的等效基质尺度可由下式计算:

$$a_m = \frac{9}{\phi_f} \sqrt{\frac{2k_p}{\phi_f}} \tag{5-35}$$

式中: a_m ——等效基质尺度,m;

$\quad$ ϕ_f ——裂隙率;

$\quad$ k_p ——渗透率,mD。

由式(5-35)可知,只要获得裂隙率和渗透率,即可得到相应的等效基质尺度。颗粒煤的裂隙率等于内部的裂隙体积与颗粒煤的真实体积比值。孔-裂隙分界点的确定是进行裂隙率计算的前提,卢守青[27]根据压汞数据的变化特征发现,当孔径大于 100 nm 时,结构参数会发生突变,因此 100 nm 为孔-裂隙分界点。Guo 等人[28]依据分形理论计算了基于压汞参数的分形维数,发现孔-裂隙分界点在 33.06~35.42 nm 之间。本章基于上述几位学者研究并结合选用的孔隙范围分类,采用 50 nm 作为孔-裂隙的分界点计算相应的裂隙率。

本章研究对象为粒径较小的颗粒煤,而颗粒煤是由内部诸多煤基质紧密连接而形成,基质与基质之间构成了裂隙通道。为了便于分析,我们同样将裂隙假设为圆柱体,依据 Hagen-Poiseuille 定律,流体通过圆形截面的渗透率为[29-30]:

$$k_p = \frac{d_F}{32} \tag{5-36}$$

式中: d_F ——裂隙的平均直径,nm。

裂隙的平均直径可由式(5-36)计算,通过上述公式和假设可分别得到单颗粒煤的真实体积 V_t、裂隙体积 V_f、裂隙率 ϕ_f、裂隙平均直径 d_F 和渗透率 k_p,结果见表 5-9。粒径在减小过程中,煤样的裂隙率逐渐增大,且构造煤的裂隙率一直高于原生煤;裂隙平均直径则表现出相反的性质,即随粒径的减小而减小。除祁南构造煤外,其余不同颗粒煤的渗透率随粒径的减小整体表现出增加趋势,构造煤的渗透率同样高于原生煤。

表 5-9　不同粒径下煤样的裂隙率和渗透率

煤样	粒径 /mm	真密度 /(g·cm^{-3})	V_t /10^{-3} cm^3	V_f /10^{-5} cm^3	ϕ_f	d_F /nm	k_p /mD
祁南构造煤	1~3	1.351 8	1.122	4.202	0.037 4	303.145	2.871 8
	0.5~1	1.353 4	0.219	0.915	0.041 8	323.729	3.275 0
	0.25~0.5	1.356 5	0.026	0.134	0.051 8	286.089	2.557 7
祁南原生煤	1~3	1.330 3	1.974	2.311	0.011 7	163.873	0.839 2
	0.5~1	1.332 1	0.27	0.576	0.021 3	182.077	1.035 9
	0.25~0.5	1.334 6	0.044	0.095	0.021 5	226.92	1.609 2
平煤十矿构造煤	1~3	1.273 6	2.838	3.904	0.013 8	212.913	1.416 6
	0.5~1	1.286 6	0.273	0.418	0.015 3	226.559	1.604
	0.25~0.5	1.286 9	0.019	0.030	0.015 2	182.239	1.037 9
平煤十矿原生煤	1~3	1.343 3	3.252	2.49	0.007 7	147.602	0.680 8
	0.5~1	1.345 1	0.387	0.318	0.008 2	147.432	0.679 3
	0.25~0.5	1.346 8	0.027	0.026	0.009 4	161.756	0.817 7
古汉山构造煤	1~3	1.355	1.945	3.22	0.016 5	153.122	0.732 7
	0.5~1	1.356 8	0.779	1.87	0.024	174.041	0.946 6
	0.25~0.5	1.404 8	0.025	0.089	0.035 7	249.631	1.947 4
古汉山原生煤	1~3	1.335 5	3.951	0.58	0.001 5	91.858	0.263 7
	0.5~1	1.360 2	0.787	0.332	0.004 2	126.016	0.496 3
	0.25~0.5	1.381 8	0.038	0.017	0.004 4	108.029	0.371 5

　　在获得裂隙率和渗透率的基础上,依据公式(5-36)即可得到不同粒径下单颗粒煤的等效基质尺度,结果见表 5-10。粒径从 1~3 mm 减小至 0.25~0.5 mm,祁南构造煤和原生煤的等效基质尺度分别降低 42.0% 和 44.3%,平煤十矿构造煤和原生煤的等效基质尺度分别降低 26.2% 和 19.8%,古汉山构造煤和原生煤的等效基质尺度分别降低 48.6% 和77.3%。粒径在减小过程中,等效基质尺度均逐渐减小,表明小粒径颗粒煤的孔隙结构更加简单,瓦斯的吸附速度更快,第 6 章中吸附常数 b 随粒径减小逐渐增加的变化特征也证实小粒径颗粒煤具有更快的瓦斯吸附速度。

　　经构造作用后,祁南构造煤、平煤十矿构造煤和古汉山构造煤等效基质尺度的平均值分别比原生煤降低 60.0%、41.4% 和 93.7%,同样证实构造作用会减小煤的等效基质尺度,使孔隙结构网络朝着简单化方向发展。需要指出的是,本章计算的等效基质尺度表征的是相应粒径下单颗粒煤的结果,其值可能会受到单颗粒煤质量以及估算渗透率的影响,但仍具有一定的指导意义。

表 5-10   不同粒径下煤样的等效基质尺度

煤样	a_m		
	1～3 mm	0.5～1 mm	0.25～0.5 mm
祁南构造煤	0.094 1	0.085 2	0.054 6
祁南原生煤	0.291 1	0.131 7	0.162 1
平煤十矿构造煤	0.296 9	0.269 1	0.219 1
平煤十矿原生煤	0.495 7	0.446 3	0.397 6
古汉山构造煤	0.162 1	0.105 2	0.083 3
古汉山原生煤	3.670 6	1.035 5	0.834 3

结合各煤样的平均孔喉比、总平均孔隙各向异性、平均曲折度和等效基质尺度发现，随粒径的减小，煤样的参数值均在减小，说明用这些参数表征不同粒径的同种煤的孔隙结构复杂度是可行的。然而，这些参数对于不同煤样的表征存在很大的差异性。首先，各个参数的实验值与变质程度均无相关性；其次，参数的变化与构造作用也并没有完全的增加或降低的关系。比如，所有构造煤平均孔喉比的平均值均低于原生煤；古汉山构造煤总平均孔隙各向异性的平均值和平均曲折度的平均值高于原生煤。这些参数的变化结果表明，对于不同煤样的孔隙结构复杂度的比较，运用单一参数表征是不够的，需要考虑使用多种参数共同表征孔隙结构的复杂度。

5.5   孔隙结构复杂度的评价

5.5.1   孔隙结构复杂度主控因素权重判定

为消除各评价指标不同量纲的数据对孔隙结构复杂度评价结果的影响，首先需要对各评价指标数据进行归一化处理。平均孔喉比、总平均孔隙的各向异性、平均曲折度和等效基质尺度与孔隙结构复杂度呈正相关关系，可运用最小-最大标准化方法（离差标准化方法）对上述评价指标进行归一化处理。这种算法是对原始数据的一种线性变换，使处理后的结果位于[0，1]区间内，转换函数如下：

$$x^* = \frac{x - x_{min}}{x_{max} - x_{min}} \quad (5-37)$$

式中：x_{min}——样本数据的最小值；

x_{max}——样本数据的最大值；

x^*——归一化后的数据值。

经最小-最大标准化方法计算得到的归一化数据见表 5-11，在获得归一化数据的基础上,综合运用评价指标进行孔隙结构复杂度评价时,还需要考虑评价指标间是否存在信息重叠部分,如果存在信息重叠部分则会使评价结果的准确性降低。本章中的各评价指标均是基于低压氩气吸附实验的结果,且主要涉及孔容和比表面积等,因此各指标间明显存在信息重叠部分,基于此,首先选用独立性权系数法确定各评价指标的权重。

表 5-11　最小-最大标准化方法归一化数据值

煤样	粒径/mm	最小-最大标准化方法归一化数据值			
		P_T	$A_{s,\,mean,\,total}$	τ_{av}	a_m
祁南构造煤	1～3	0.144 713	0.140 303	0.197 776	0.010 924
	0.5～1	0.2	0.030 91	0.109 77	0.008 462
	0.25～0.5	0.12	0.002 262	0.018 11	0
祁南原生煤	1～3	0.528 727	0.169 388	0.178 713	0.065 403
	0.5～1	0.210 909	0.031 296	0.091 342	0.021 321
	0.25～0.5	0.229 818	0.005 129	0.030 818	0.029 728
平煤十矿构造煤	1～3	0.325 818	0.122 463	0.140 27	0.067 008
	0.5～1	0.288 727	0.012 429	0.036 854	0.059 319
	0.25～0.5	0	0	0	0.045 492
平煤十矿原生煤	1～3	0.894 545	0.311 96	0.242 256	0.121 986
	0.5～1	0.807 273	0.063 759	0.121 684	0.108 324
	0.25～0.5	0.576	0.002 2	0.008 102	0.094 856
古汉山构造煤	1～3	0.218 182	1	1	0.029 729
	0.5～1	0.162 182	0.208 037	0.693 407	0.013 993
	0.25～0.5	0.196 364	0.005 709	0.039 714	0.007 937
古汉山原生煤	1～3	0.252 364	0.077 313	0.105 639	1
	0.5～1	0.627 636	0.058 708	0.148 213	0.271 267
	0.25～0.5	1	0.005 474	0.019 857	0.215 625

独立性权系数法依据各个评价指标与其他参数之间共线性的强度进行指标权重的确定。设有指标项 X_1, X_2, X_3, $\cdots$, X_j; 指标 $X_m(m<j)$ 与其他指标的复相关系数越大,说明 X_m 与其他指标的共线性关系越强,重复信息越多,表明该指标所占的权重值越小。采用式(5-38)计算评价指标 $X_j(j=1, 2, 3, 4)$ 与其他评价指标之间的复相关系数:

$$R_j = \frac{\sum\limits_{j=1}^{4}(Y_j-\bar{Y})(\widetilde{Y}-\bar{Y})}{\sqrt{\sum\limits_{j=1}^{4}(Y_j-\bar{Y})^2\sum\limits_{j=1}^{4}(\widetilde{Y}-\bar{Y})^2}} \qquad (5\text{-}38)$$

式中：R_j——复相关系数；

$\quad\quad Y_j$——评价指标矩阵；

$\quad\quad \bar{Y}$——除去 X_j 的其他评价指标平均值矩阵；

$\quad\quad \tilde{Y}$——除去 X_j 的其他评价指标矩阵。

复相关系数的值越大，说明各评价指标之间存在的线性相关性越强，评价指标间的重复信息越多，相应的权重值也就越小。因为复相关系数与权重呈负相关关系，所以需要求解各指标与其他指标复相关系数的倒数，然后对复相关系数的倒数进行标准化处理，即可得到各指标的权重值 W_j：

$$W_j = \frac{1}{R_j} \Big/ \sum_{j=1}^{4} \frac{1}{R_j} \tag{5-39}$$

根据归一化后的数据结果，并结合式(5-38)和式(5-39)计算得到了平均孔喉比、总平均孔隙的各向异性、平均曲折度和等效基质尺度的复相关系数和权重值(表5-12)。各评价指标中，平均曲折度的复相关系数最大，其值为0.905 3，总平均孔隙的各向异性的复相关系数(0.903 1)仅略低于平均曲折度，说明这两个评价指标与其他指标之间的共线性较强，重复信息较多，相应的权重也较小，权重分别为0.097 4 和0.097 6。等效基质尺度和平均孔喉比的复相关系数分别为0.180 9 和0.277 3，这两个值较低，与其他指标之间的共线性较弱，重复的信息较少，相应的权重较大，分别为0.487 1 和0.317 9，表明等效基质尺度对于煤的孔隙结构复杂度影响最大，平均孔喉比次之，总平均孔隙的各向异性和平均曲折度的影响程度最小。

表 5-12　评价指标的权重值

	评价指标			
	P_T	$A_{s,\,mean,\,total}$	τ_{av}	a_m
复相关系数	0.277 3	0.903 1	0.905 3	0.180 9
复相关系数的倒数	3.605 7	1.107 3	1.104 6	5.525 3
权重	0.317 9	0.097 6	0.097 4	0.487 1

5.5.2　孔隙结构复杂度的评价指标

在数据归一化处理后和各评价指标的权重基础上，分别赋予权重值4个评价指标，建立基于平均孔喉比、总平均孔隙的各向异性、平均曲折度和等效基质尺度多参数的孔隙结构复杂度评价模型：

$$K_t = \sum_{j=1}^{4} W_j A_j(x,\,y) \tag{5-40}$$

将式(5-40)展开,得到

$$K_t = 0.317\,9A_1(x,y) + 0.097\,6A_2(x,y) + 0.097\,4A_3(x,y) + 0.487\,1A_4(x,y)$$
$$(5-41)$$

式中:K_t——孔隙结构复杂度的评价指数;

$A_j(x,y)$——第 j 个评价指标数据的归一化结果。

依据评价模型分别计算不同粒径下煤样孔隙结构复杂度的评价指数(表 5-13)。评价指数均位于 0~1 之间,指数越接近于 1,表明孔隙结构越复杂,越接近于 0,表明孔隙结构越简单。随粒径的减小,各煤样孔隙结构复杂度的评价指数均呈降低趋势,说明粒径越小,孔隙结构越简单,瓦斯的运移能力越强。在粒径减小过程中,祁南构造煤和原生煤的评价指数分别降低 52.4% 和 61.1%;平煤十矿构造煤和原生煤的评价指数分别降低 86.3% 和 42.1%;古汉山构造煤和原生煤的评价指数分别降低 74.6% 和 39.9%。

表 5-13 煤样孔隙结构复杂度的评价指数

煤样	K_t		
	1~3 mm	0.5~1 mm	0.25~0.5 mm
祁南构造煤	0.084 3	0.081 4	0.040 1
祁南原生煤	0.233 9	0.089 4	0.091 1
平煤十矿构造煤	0.161 8	0.125 4	0.022 2
平煤十矿原生煤	0.397 8	0.327 5	0.230 3
古汉山构造煤	0.278 8	0.146 2	0.070 7
古汉山原生煤	0.585 2	0.351 8	0.425 4

经构造作用后,构造煤孔隙结构复杂度的评价指数较原生煤出现不同程度的降低,祁南、平煤十矿和古汉山构造煤评价指数的平均值与原生煤相比分别降低 50.3%、67.6% 和 63.6%。其中,以平煤十矿构造煤的降低幅度最大,这也侧面反映出构造作用对平煤十矿的煤样起到较大的改造作用。孔隙结构复杂度评价指数的降低,亦是其瓦斯运移能力提高的表现,说明构造作用会降低孔隙结构的复杂度,使其朝着有利于瓦斯运移的方向发展。

在获得所有煤样不同粒径下孔隙结构复杂度的评价指数后,本文进一步对孔隙结构复杂度进行分级,以获得不同评价指标对应的复杂程度。基于此,在 Excel 中安装并加载了 Real Statistics 数据分析资源包,调用其中的 Jenks Natural Breaks 方法,并设置分级数目为 3,执行运算,获得相应的分级阈值。根据分级阈值对孔隙结构复杂度进行分级,分级结果见表 5-14。

表 5-14　孔隙结构复杂度分级

孔隙结构复杂程度	K_t
简单	$K_t \leqslant 0.161\ 828$
中等	$0.161\ 828 < K_t \leqslant 0.351\ 818$
复杂	$0.351\ 818 < K_t \leqslant 0.581\ 7$
特复杂	$K_t > 0.581\ 7$

执行的分级结果可将煤的孔隙结构复杂度分成 4 个等级,分别是简单、中等、复杂和特复杂。除粒径 1～3 mm 的古汉山构造煤的孔隙结构复杂度为中等外,其余粒径下构造煤的孔隙结构复杂度均可视为简单级别;不同粒径下原生煤的孔隙结构复杂度差异性较大,粒径 0.5～1 mm 和 0.25～0.5 mm 的祁南原生煤的孔隙结构复杂度均可视为简单级别,粒径 1～3 mm 的孔隙结构复杂度均可视为中等级别;粒径 0.5～1 mm 和 0.25～0.5 mm 的平煤十矿原生煤的孔隙结构复杂度均可视为中等级别,粒径 1～3 mm 的孔隙结构复杂度均可视为复杂级别;粒径 0.5～1 mm 的古汉山原生煤的孔隙结构复杂度均可视为中等级别,粒径 1～3 mm 和 0.25～0.5 mm 的孔隙结构复杂度均可视为复杂级别。综合结果可知,除粒径 1～3 mm 的古汉山构造煤外,其余粒径下构造煤的孔隙结构复杂度整体都属于简单级别;原生煤的孔隙结构复杂度则属于中等和复杂级别。

本章孔隙结构复杂度的评价是基于理论推导和物理吸附实验的孔隙数据相结合的半理论半经验公式进行的,其使用范围仅限于本章中提及的相应煤样,如果要推广则需要按照章节中的步骤一一进行,同时也可进行大量不同变质程度煤的相关实验,以获得整个煤阶范围内的参数变化特性,为孔隙结构复杂度的分级提供数据支撑。

参考文献

[1] MANDELBROT B B. How long is the coast of Britain? statistical self-similarity and fractional dimension[J]. Science, 1967, 156(3775): 636-638.

[2] 王东升,汤鸿霄,栾兆坤.分形理论及其研究方法[J].环境科学学报,2001,21(S1):10-16.

[3] GRASSBERGER P, PROCACCIA I. Estimation of the Kolmogorov entropy from a chaotic signal [J]. Physical Review A, 1983, 28(4): 2591-2593.

[4] SARKAR N, CHAUDHURI B B. An efficient differential box-counting approach to compute fractal dimension of image[J]. IEEE Transactions on Systems, Man, and Cybernetics, 1994, 24 (1): 115-120.

[5] 俞凯君,许子非,李春.单一分形与多重分形轴承故障识别算法的研究[J].软件,2019,40(10): 11-15.

[6] LIU X J, XIONG J, LIANG L X. Investigation of pore structure and fractal characteristics of

organic-rich Yanchang formation shale in central China by nitrogen adsorption/desorption analysis [J]. Journal of Natural Gas Science and Engineering, 2015, 22: 62-72.

[7] SONG Y, JIANG B, LI F L, et al. Structure and fractal characteristic of micro- and meso-pores in low, middle-rank tectonic deformed coals by CO_2 and N_2 adsorption[J]. Micropor Mesopor Mat, 2017, 253: 191-202.

[8] 马海军,李文华.基于低温氮吸附的煤孔隙分布多重分形表征[J].煤矿安全,2020,51(11):14-18

[9] EHRBURGER-DOLLE F, LAVANCHYA, STOECKLI F. Determination of the surface fractal dimension of active carbons by mercury porosimetry[J]. Journal of Colloid and Interface Science, 1994, 166(2): 451-461.

[10] SUN W, FENG Y, JIANG C, et al. Fractal characterization and methane adsorption features of coal particles taken from shallow and deep coalmine layers[J]. Fuel, 2015, 155: 7-13.

[11] FAN D J, JU Y W, HOU Q L, et al. Pore structure characteristics of different metamorphic-deformed coal reservoirs and its restriction on recovery of coalbed methane[J]. Earth Science Frontiers, 2010, 17(5): 325-335.

[12] ZHANG S, TANG S, TANG D, et al. Determining fractal dimensions of coal pores by FHH model: Problems and effects[J]. Journal of Natural Gas Science and Engineering, 2014, 21: 929-939.

[13] YAO Y, LIU D, TANG D, et al. Fractal characterization of adsorption-pores of coals from North China: An investigation on CH_4 adsorption capacity of coals[J]. International Journal of Coal Geology, 2008, 73(1): 27-42.

[14] WANG Z Y, CHENG Y P, QI Y X, et al. Experimental study of pore structure and fractal characteristics of pulverized intact coal and tectonic coal by low temperature nitrogen adsorption[J]. Powder Technology, 2019, 350: 15-25.

[15] PFEIFER P. Fractals in surface science: Scattering and thermodynamics of adsorbed films[M]// Vanselow R, Howe R. Chemistry and Physics of Solid Surfaces Ⅷ. Berlin, Heidelberg: Springer, 1988: 283-305.

[16] NEIMARK A V, UNGER K K. Method of Discrimination of Surface Fractality[J]. J Colloid Interface Sci, 1993, 158(2): 412-419.

[17] MAHAMUD M, L PEZ, PIS J J, et al. Textural characterization of coals using fractal analysis [J]. Fuel Processing Technology, 2004(86): 135-149.

[18] WANG F, LI S. Determination of the surface fractal dimension for porous media by capillary condensation[J]. Industrial & engineering chemistry research, 1997, 36(5): 1598-1602.

[19] 王飞.煤的吸附解吸动力学特性及其在瓦斯参数快速测定中的应用[D].徐州:中国矿业大学,2016.

[20] CHHABRA A, JENSEN R V. Direct determination of the $f(\alpha)$ singularity spectrum[J]. Physical Review Letters, 1989, 62(12): 1327.

[21] 管孝艳,杨培岭,任树梅,等.基于多重分形理论的壤土粒径分布非均匀性分析[J].应用基础与工

程科学学报,2009,17(2):196-205.

[22] 王民,焦晨雪,李传明,等.东营凹陷沙河街组页岩微观孔隙多重分形特征[J].油气地质与采收率,
2019,26(1):72-79.

[23] 孙哲,王一博,刘国华,等.基于多重分形理论的多年冻土区高寒草甸退化过程中土壤粒径分析
[J].冰川冻土,2015,37(4):980-990.

[24] 公言杰,柳少波,赵孟军,等.核磁共振与高压压汞实验联合表征致密油储层微观孔喉分布特征
[J].石油实验地质,2016,38(3):389-394.

[25] 孙英峰,赵毅鑫,王欣,等.基于同步辐射装置定量表征煤孔隙结构非均质性和各向异性[J].石油
勘探与开发,2019,46(6):1128-1137.

[26] MARGELLOU A, POMONIS P. The total and the differential mean pore anisotropy in porous
solids and the ranking of pores according to Zipf's law[J]. Physical Chemistry Chemical Physics,
2017, 19(2): 1408-1419.

[27] 卢守青.基于等效基质尺度的煤体力学失稳及渗透性演化机制与应用[D].徐州:中国矿业大
学,2016.

[28] GUO H J, YUAN L, CHENG Y P, et al. Experimental investigation on coal pore and fracture
characteristics based on fractal theory[J]. Powder Technology, 2019, 346: 341-349.

[29] 吴克柳,李相方,陈掌星.页岩气纳米孔气体传输模型[J].石油学报,2015,36(7):837-848.

[30] HUANG T, GUANG X A, WANG K. Nonlinear seepage model of gas transport in multiscale
shale gas reservoirs and productivity analysis of fractured well[J]. Journal of Chemistry, 2015:
1-10.

第6章 煤的瓦斯吸附特性

煤作为一种复杂的多孔介质材料，内部具有极为发育的孔裂隙结构。煤中 80%～90% 的瓦斯以吸附状态赋存，10%～20% 的瓦斯以游离状态赋存。学者们一致认为煤的孔隙结构越发育，相应的瓦斯吸附量越大。不同煤样的孔隙结构具有较大的差异性，进而可能会对煤的吸附和瓦斯解吸性能产生很大影响。煤的孔隙结构参数对瓦斯吸附能力影响如何？哪个孔隙结构参数是瓦斯吸附性能的主控因素？本章将对这些问题给予解答。

6.1 煤吸附瓦斯基本过程及影响因素

6.1.1 吸附原理及基本过程

煤对瓦斯的吸附是可逆的物理吸附过程，瓦斯主要以吸附态和游离态的形式赋存于煤层中。当气体分子运动到固体表面时，由于气体分子与固体表面分子之间的相互作用，气体分子会暂时停留在固体表面，使得固体表面上气体分子浓度增大，这种现象称为气体分子在固体表面的吸附。瓦斯在煤内表面吸附的本质是煤表面分子和瓦斯分子之间相互吸引的结果，煤分子和瓦斯分子之间的作用力使得瓦斯分子在煤表面上停留。发生瓦斯吸附现象的原因是自由状态的瓦斯气体分子在煤体中由于热运动而不断与煤体表面发生碰撞，而煤体表面分子由于和煤体内部分子之间存在着不平衡力场，因此会使得热运动的瓦斯气体分子被煤体表面捕获而发生吸附，这是一个质量和能量的交换过程。煤分子和瓦斯分子之间的引力越大，煤对瓦斯气体的吸附量越大[1]。

在煤体中，瓦斯气体的赋存状态是一个动态过程，在热运动的作用下，游离态瓦斯气体会与煤体表面不停发生弹性碰撞和非弹性碰撞，在碰撞过程中，瓦斯气体与煤体表面会发生能量和质量的交换，即吸附与解吸现象。煤的瓦斯吸附常数代表煤的吸附特性，吸附常数包括 a、b 值等，其中 a 为瓦斯极限吸附量，代表给定温度下单位质量固体的极限瓦斯吸附量；b 为与温度和被吸附气体有关的参数。

6.1.2 煤吸附瓦斯的影响因素

煤吸附瓦斯的性质主要受变质程度、有机显微组分、粒径、温度、压力、水分和灰分等因素的影响;常用的描述吸附等温线和吸附性质的模型与方程有 Polanyi 吸附势理论、Langmuir 方程、Dubinin-Astakhov 方程和 BET 吸附理论[2-3]。国内外大量实验室及现场研究证实[4-9],煤吸附瓦斯的等温线符合 Langmuir 方程,煤对瓦斯的吸附能力常用可燃基的极限瓦斯吸附量表征,其值越大说明煤的吸附能力越强。在煤吸附瓦斯的过程中,随瓦斯压力的增大,吸附瓦斯量逐渐增加,但吸附速率逐渐降低;瓦斯压力无限增大时,瓦斯的吸附量会趋于稳定值。

1) 变质程度

变质程度是影响煤瓦斯吸附能力的内在因素,改变煤的孔隙结构会影响瓦斯的吸附性能。程远平[10]系统研究了温度为 30℃和压力为 2.0 MPa 的条件下不同变质程度煤的瓦斯吸附量,发现可燃基的极限瓦斯吸附量随变质程度的增加先降低后升高,在中等变质程度时呈现出最小值,符合"U"形规律。相同煤层构造煤的变质程度仅略高于原生煤,其瓦斯吸附能力随变质程度增加的关系应与原生煤相同,Cheng 等人[11]汇总了团队以及文献中构造煤的吸附常数值,证实瓦斯吸附量符合"U"形规律。于继孔[12]开展了不同变质程度(气煤、肥煤和无烟煤)构造煤的吸附实验,得出极限瓦斯吸附量随变质程度增加表现出先降低后增加的趋势,肥煤的极限瓦斯吸附量最小(12.27 m³/t),无烟煤的最大(28.48 m³/t),他认为吸附能力和微孔结构密切相关,但其并不是导致构造煤之间吸附差异的唯一因素。张浩[13]、Guo 等人[14]和 Wang 等人[15]的研究结果也证实构造煤的瓦斯吸附能力与变质程度呈正相关,且认为孔隙结构的发育程度起着重要的作用。张荣[16]、李云波[17]和 Yao 等人[18]认为相同煤层构造煤的瓦斯吸附量大于原生煤。然而,董骏[19]的研究结果表明构造煤和原生煤的瓦斯吸附量差异不大,但构造煤吸附瓦斯的速率要高于原生煤。

2) 粒径

粒径对于瓦斯吸附量的影响本质也是通过改变内部的孔隙结构实现的,在以往的研究中,王佑安[20]、霍多特[21]、杨其銮[22]、赵伟[23]和 Ruppel 等人[24]认为粒径减小过程中,只有较大孔隙会被破坏,微孔变化很小,而微孔又是煤吸附瓦斯的主要空间,因此,这些学者认为粒径对极限瓦斯吸附量的影响不明显。近年来,随着研究的不断深入,部分学者认为粒径会影响煤的瓦斯吸附能力,瓦斯吸附能力主要是受到煤中有机显微组分、矿物组分和孔隙结构等多重因素的影响[25]。张浩[13]开展了不同粒径下多种构造煤样的高压甲烷吸附实验,发现由大粒径减小至小粒径时,极限瓦斯吸附量呈增加趋势,增加范围为 14.31%~43.45%,极限瓦斯吸附量与粒径减小过程中微孔孔容和比表面积的变化呈正相关性。戚宇霄[26]的实验结果与此研究观点相一致。如图 6-1 所示,随着粒径的降低,煤样的瓦斯吸附量呈逐渐增加趋势。粒径由 1~3 mm 降至 0.074~0.2 mm 的过程中,极限瓦斯吸附量由 14.11 m³/t 增加至 19.3 m³/t。由此可见,粒径对瓦斯吸附量的影响效果显著。

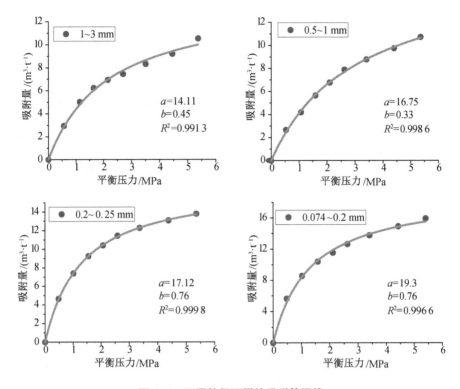

图 6-1　不同粒径下煤的吸附等温线

3）有机显微组分

煤对瓦斯吸附能力的大小也与煤的有机显微组分有关。煤的有机显微组分包括镜质组、惰质组和壳质组 3 种。

镜质组是煤中最常见的显微组分,其含量约为 50％～80％。镜质组是植物的根、茎、叶在覆水的还原条件下,经凝胶化作用形成。低、中煤阶时,镜质组在透射光下呈橙红色、褐红色,在反射光下呈灰色、浅灰色,有时具有弱的荧光性。镜质组裂隙和微孔隙发育,微孔孔径一般在 50 nm 到 2 μm 之间。镜质组的密度在 1.27～1.80 g/cm³ 范围内,中煤阶时密度最小,高煤阶时密度大。镜质组与壳质组和惰质组相比,氧含量较高,氢含量中等,挥发分中等,碳含量较低,加热时能熔融黏结,具有最好的黏结性,是结焦的主要成分。加氢气液化时,镜质组的转化率高,煤化过程中,镜质组可生成少量的油和较多的甲烷气[27]。

惰质组是指植物残骸主要受丝炭化作用转化而成的煤岩显微组分组,又称丝质组。用光学显微镜观察时,它们在透射光下呈黑色,不透明;在油浸反射光下,呈白色到黄白色,有不同程度突起。惰质组包括丝质体、半丝质体、微粒体、粗粒体、菌类体和碎屑惰质体[28]。

壳质组是指氢含量较高的显微组分组,包括孢粉体、角质体、树脂体、木栓质体、树皮体、沥青质体、渗出沥青体、荧光体、藻类体和碎屑壳质体等组分[29]。低煤化的壳质组在显微镜的透射光下通常为透明黄色到橙黄色,大多轮廓清楚。在油浸反射光下为灰黑、黑灰色,一般有低-中等显微突起。在反射蓝光激发下发绿黄色、亮黄色、橙黄色和褐色荧光。随煤化程度的增高,壳质组的轮廓、突起、结构等逐渐不清楚,荧光强度减弱,以至消失。壳质组的氢含量(＞6％)和挥发分(50％～97.4％)一般较高,干馏时副产品也较其他两组多。除树脂体外,壳质组大多具有黏结性。

研究证实,在3种有机显微组分中,壳质组吸附能力最低。Ⅱ类惰质体的含量不大时,镜质组含量越高瓦斯吸附量越大。Ⅱ类惰质体的吸附能力大于镜质组的吸附能力。

4) 温度

温度对瓦斯吸附能力起到抑制作用,即随着温度的升高,煤对瓦斯的吸附量逐渐减小,说明温度的升高降低了煤对瓦斯的吸附能力。为了确定温度对吸附瓦斯量的影响,可以采用以下经验公式[30]:

$$Q = Q_0 e^{-nT} \qquad (6-1)$$

$$n = \frac{0.02}{0.993 + 0.07p} \qquad (6-2)$$

式中:Q、Q_0—— 温度分别为 T ℃和 0 ℃时煤的瓦斯吸附量,m^3/t;

T ——煤的温度,℃;

n ——与压力有关的常数;

p ——吸附平衡时的瓦斯压力,MPa。

为了免除湿度换算所带来的误差,在实验室测定煤吸附等温线时所取恒定温度应等于煤层温度。如实验温度与煤层温度不同,则可用式(6-3)进行换算:

$$Q = Q_1 e^{-n(T_1-T)} \qquad (6-3)$$

式中:Q_1—— 温度为 T_1 ℃时实验所得吸附瓦斯量,m^3/t。

5) 水分

根据水分的结合状态水分可分为游离水和结晶水两大类,前者又可分为外在水分和内在水分两种。

(1) 外在水分

外在水分又称自由水分或表面水分。它是指附着于煤粒表面的水膜和存在于直径＞1/100 000 cm 的毛细孔中的水分,故称外在水分。这种水分的蒸汽压与纯水的蒸汽压相同,在常温下容易除去。在实验室中为制取分析煤样(空气干燥煤样),一般是将煤样在45～50 ℃下放置数小时,使其与大气湿度相平衡以除去外在水分。

(2) 内在水分

内在水分指吸附或凝聚在煤粒内部毛细孔中的水分。由于毛细孔的吸附作用,这部分水的蒸汽压低于纯水的蒸汽压,故较难靠蒸发除去,需要在高于水的正常沸点的温度下才能除尽。当煤粒内部毛细孔吸附的水分在一定条件下达到饱和时,内在水分含量达到最高值,称为最高内在水分,它在煤化过程中的变化有一定的规律性。

(3) 结晶水分

矿物质所含的结晶水或化合水(如存在于石膏和高岭土中的水)在煤的工业分析中不予

考虑。另外,煤中有机质在热解过程中生成的水称为热解水,与上述三种水分完全不同。

一般认为煤中的水分会降低煤的吸附能力,这主要是由于水分会与甲烷分子产生竞争吸附从而减少了一定的吸附位,而且煤对水分的吸附能力要大于甲烷分子。同时,部分水分还会封堵在孔喉的位置,阻止甲烷分子的进入。测定煤的吸附等温线采用的煤样一般是干燥样,为了考虑煤中水分对瓦斯吸附量的影响,可以应用很多经验公式。当前我国普遍应用的计算公式如下[31]:

$$Q_w = \frac{Q_d}{1 + 0.31 M_{ad}} \tag{6-4}$$

式中:Q_w——湿煤的瓦斯吸附量,m^3/t;

　　　Q_d——干煤的瓦斯吸附量,m^3/t;

　　　M_{ad}——煤的水分,%。

上式未考虑不同变质程度煤水分对瓦斯吸附量影响程度的差异。煤炭科学研究总院抚顺分院通过对 3 个煤种各种水分含量煤样吸附等温线的测定,得出了考虑煤挥发分影响的水分与煤吸附瓦斯量关系的经验式[30]:

$$Q_w = \frac{Q_d}{1 + (0.1 + 0.005\,8 V_{daf}) M_{ad}} \tag{6-5}$$

式中:V_{daf}——煤的挥发分,%。

需要说明的是,所有考虑水分对瓦斯吸附量的经验公式,皆有较大的偏差,这是因为根据实验标准所测定出的煤的水分可以处于不同状态,其对瓦斯吸附量的影响也有较大差别。煤或煤中矿物质所含的化学结合水对瓦斯吸附量无影响。处于微孔隙中呈吸附状态的结合水可降低煤的吸附性。毛细水和游离水对瓦斯的吸附量无显著影响。目前尚无单独确认煤种吸附水含量的方法,因此根据煤水分按照经验公式确定瓦斯吸附量时,难免产生较大偏差。因此,为了更准确地测定煤的吸附瓦斯量,应尽量采用天然水分煤样进行吸附等温线的测定。

6.2　煤的瓦斯吸附性能测定方法

6.2.1　吸附理论

1) Langmuir 理论

1916 年,I. Langmuir 提出了单层吸附理论[32],该理论基于一些明确的假设条件,得到简明的吸附等温式——Langmuir(朗缪尔)方程。该式可由热力学、统计力学和动力学方法导出。Langmuir 吸附等温式既可应用于化学吸附,也可以应用于物理吸附,因而在多相催化研究中得到最普遍的应用。

Langmuir 模型的基本假设为：

① 吸附剂表面存在吸附位，吸附质分子只能单层吸附于吸附位上；

② 吸附位在热力学和动力学意义上是均一的（吸附剂表面性质均匀），吸附热与表面覆盖度无关；

③ 吸附分子间无相互作用，没有横向相互作用；

④ 吸附-脱附过程处于动力学平衡之中。

虽然 Langmuir 公式是一个理想的吸附公式，需假设在均匀表面，吸附分子间彼此没有作用，而且吸附是单分子层情况下吸附达到平衡时的规律，但是在实践中不乏与该公式相符的实验结果。这可能是实际非理想的多种因素互相抵消所致。例如吸附质分子间的相互作用一般随覆盖度的提高而加强，而在不均匀的表面，吸附首先发生在高能的吸附位上，吸附热随覆盖度增加而下降。需要指出的是，对于物理吸附，Langmuir 公式可以描述 Ⅰ 型等温线，但是 Ⅰ 型等温线往往反映的是微孔吸附剂的微孔填充现象，极限吸附量是微孔的填充量。在中等相对压力后，固体表面的吸附量有明显增加，表明发生了多层吸附，这也是 BET 多层吸附模型的由来。

煤对瓦斯的吸附通常采用吸附等温线表示，其意义是在某一固定温度下，煤的瓦斯吸附量随平衡压力变化的曲线。煤对瓦斯的吸附能力常用可燃基的极限瓦斯吸附量表征，大量的理论和实验研究已经证实[11, 23]，煤对瓦斯的吸附符合朗缪尔（Langmuir）方程[2]：

$$Q = \frac{abp}{1+bp} \tag{6-6}$$

式中：Q—— 温度恒定时，吸附压力为 p 时，单位质量可燃基吸附的瓦斯量，m^3/t；

$\quad a$ —— 吸附常数，表征单位质量可燃基的极限瓦斯吸附量，也称为朗缪尔体积，m^3/t；

$\quad b$ —— 吸附常数，表征达到极限吸附量一半时对应的压力倒数，也称之为朗缪尔压力倒数，MPa^{-1}。

图 6-2 给出了 3 种代表性煤样实测的吸附等温线，可以看出煤吸附瓦斯的普遍规律为：随着吸附平衡压力的升高，煤吸附瓦斯的量增大，但增大速率逐渐降低；当瓦斯压力趋于无穷大时，煤的瓦斯吸附量趋于某一极限值。前人对我国各矿区不同煤层煤的吸附特性进行了研究汇总，得出单位质量可燃基的极限瓦斯吸附量的变化范围一般为 13～ 60 m^3/t，朗缪尔压力的变化范围一般为 0.4～2.0 m^3/t。

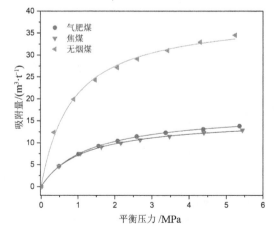

图 6-2　代表性煤样的吸附等温线

2）BET 吸附理论

Langmuir 单分子层吸附公式适用于存在活性吸附位的 I 型等温线。多分子层吸附的 II 型等温线吸附相互作用弱。1938 年,S. Brunauer(布鲁尼尔)、P. Emmett(埃密特)和 E. Teller(特勒)提出了 BET 多分子层吸附理论,其表达方程即 BET 方程,推导所采用的模型的基本假设为:

① 固体表面发生均匀的多层吸附;

② 除第一层的吸附热外其余各层的吸附热等于吸附质的液化热。

可以从热力学角度和动力学角度两种角度推导,均以此假设为基础。

由假设可以看出在 BET 方程推导中,把第二层开始的吸附看成是吸附质本身的凝聚,没有考虑第一层以外的吸附与固体吸附剂本身的关系。大量实验也证实,固体吸附剂的不同所造成其本身表面能不同而对吸附质第一层以外的吸附的影响是很弱的。对于低压氮气吸附法,氮气作为吸附质,BET 方程成立的条件是氮气分压范围为 0.05～0.35,其原因在于这两个假设:在相对压力小于 0.05 时建立不起多层物理吸附平衡,甚至连单分子物理吸附也远未形成;而在相对压力大于 0.35 时,孔结构使毛细凝聚的影响凸显,定量性及线性变差。

BET 理论的最大优势是考虑到了由样品吸附能力不同带来的吸附层数之间的差异,这是与以往标样对比法最大的区别;BET 公式是现在行业中应用最广泛,测试结果可靠性最强的方法,几乎所有国内外的相关标准都是依据 BET 方程建立起来的。

3）Polanyi 吸附势理论

Polanyi 在 1914 年提出了 Polanyi 吸附势力理论,虽然该理论的适应范围只限于物理吸附,但其是热力学理论,不需要吸附层物理模型,与 BET 理论相比有自己的优点[33]。

Polanyi 吸附势理论认为,固体表面有像行星的重力场一样的重力场,对附近的吸附质分子有一个引力,吸附质分子被吸引到表面,形成多分子吸附层。平衡压力为 p 时,设质量为 M 的气体发生吸附,形成多分子层吸附层,吸附分子呈液体状态,吸附质在温度 T 时的液体密度为 d_T,则多分子吸附层的体积为:

$$\phi = M/d_T \tag{6-7}$$

假设没有吸附的气体压力为 P,吸附层也就是以液体状态被吸附的分子的压力等于该气体的饱和蒸汽压力 P_0。根据热力学原理,将单位质量的吸附质从气相转移到吸附层所做的功 ε 由下式表示:

$$\varepsilon = RT\ln(P_0/P) \tag{6-8}$$

式中:ε——吸附势,吸附过程中单位摩尔的吉布斯自由能变化。

如果将吸附层分为若干个等势面,这些等势面即为吸附体积对应的吸附层表面,根据吸附等温线,使用上述公式可求得 ε 和 ϕ 的关系,其关系图即为特性曲线,与温度无关。

因此根据在某个温度测得的等温线能够预测其他任何温度的等温线。前提是需要知道该温度下吸附质的饱和蒸汽压和液体的密度。Polanyi 吸附势理论是 Dubinin 微孔填充理论的基础。

4）微孔填充理论

在细孔直径接近吸附分子直径的微孔中，相对的两个孔壁对吸附质分子的作用势场发生重叠，使气体分子的吸附能很大。因此，在低压时吸附量很大，等温线在低相对压力 P/P_0 时急剧上升，呈 I 型等温线。Dubinin 为了将该吸附与通常的吸附区分，将其称为微孔填充[34]。设微孔表面的化学性质均匀，只有范德华相互作用。微孔表面也存在具有电子转移型相互作用的强吸附位，如酸性位和管官能团，其吸附势比平坦表面大得多，吸附速度非常小。微孔是多孔介质材料研究的主要对象，因此对微孔实验数据的处理和解释必须特别慎重。在压力很低时就会发生微孔吸附，微孔内分子扩散速度又慢，因此在测量时必须确保微孔内达到高真空，以确保达到吸附平衡。

6.2.2 高压甲烷吸附装置及测试方法

煤的吸附性能测试是建立在煤吸附瓦斯理论基础上的，通常煤的瓦斯吸附常数是衡量煤吸附瓦斯能力大小的指标。目前，煤的瓦斯吸附常数测定在实验室完成，如果将煤的吸附实验与煤样测试、工业分析、压汞实验和低压氮气吸附实验结合，可较系统地研究煤的吸附性能。其中煤样的吸附常数测试参考《煤的甲烷吸附量测定方法（高压容量法）》（MT/T 752—1997）。煤的高压甲烷吸附装置示意图如图 6-3 所示。

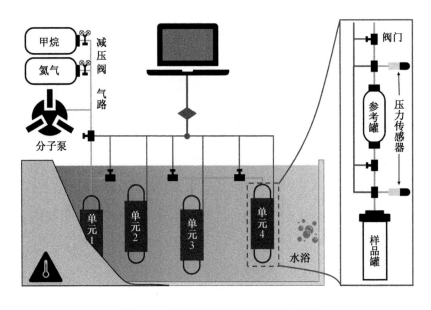

图 6-3　高压甲烷吸附实验装置示意图

煤的吸附特性的测定步骤简述如下：

1) 煤样处理

粉碎煤样并筛分 0.2～0.25 mm 粒径的煤样 100 g 以上，将煤样至于干燥箱中做真空干燥处理，干燥温度为 100 ℃，干燥时间为 1 h。干燥完成后，将煤样装入密封的磨口玻璃瓶中备用。

2) 吸附实验测定

(1) 实验进行前，首先对吸附罐进行气密性检查。具体步骤：向吸附罐中充入少许的高压气体，将吸附罐置于水浴中，进行初次气密性检查，若无气泡冒出，则证明气密性良好；放掉高压气体，进行装样，重复气密性检查的步骤，确保吸附罐气密性良好。

(2) 称取预处理的 50 g 煤样置于吸附罐中，设定水浴温度为(60±1) ℃，开启真空泵对吸附罐进行抽真空处理。当压力显示为 4 Pa 时，先关闭吸附罐阀门，再关闭真空泵。

(3) 设定恒温水浴温度为试验温度。

(4) 打开高压充气阀和参考罐控制阀，使高压钢瓶瓦斯进入参考罐及连通管，关闭充气罐控制阀，读出参考罐压力值。

(5) 读出参考罐压力值后，缓慢打开罐阀门，使参考罐中瓦斯进入吸附罐，待罐内压力达到设定压力时(一般在 0～6 MPa 试验压力范围内设定测 $n(n=7)$ 个压力间隔，每个间隔压力约为最高压力的 $1/n$)，立即关闭罐阀门，读出充气罐压力、室温并记录。按式(6-9)计算充入吸附罐内的瓦斯量：

$$Q_{ci} = \left(\frac{P_{1i}}{Z_{1i}} - \frac{P_{2i}}{Z_{2i}} \right) \frac{273.2 \times V_0}{(273.2 + t_1) \times 0.101\,325} \tag{6-9}$$

式中：Q_{ci}——充入吸附罐的瓦斯标准体积，cm³；

P_{1i}、P_{2i}——分别为充气前后充气罐内绝对压力，MPa；

Z_{1i}、Z_{2i}——分别为 P_{1i}、P_{2i} 压力下及温度 t 时瓦斯的压缩系数；

t_1——室内温度，℃；

V_0——参考罐及连通管标准体积，cm³。

(6) 吸附罐保持 12 h，使煤样充分吸附瓦斯，压力达到平衡，读出平衡压力 P，并计算出吸附罐内剩余体积的游离瓦斯量 Q_{di}，煤样吸附甲烷量 ΔQ 以及每克煤可燃基吸附瓦斯量 X_i。

$$Q_{di} = \frac{273.2 \times V_d \times P_i}{Z_i \times (273.2 + t_3) \times 0.101\,325} \tag{6-10}$$

$$\Delta Q = Q_{ci} - Q_{di} \tag{6-11}$$

$$X_i = \frac{\Delta Q_i}{G_i} \tag{6-12}$$

式中：V_i ——吸附罐内除实体煤外的全部剩余体积，cm^3；

Z_i —— 压力 P 下及温度 t 时瓦斯的压缩系数；

t_3 ——试验温度，℃；

G_i ——煤样品可燃物质量，g；

Q_{ci} ——充入吸附罐的瓦斯标准体积，cm^3；

Q_{di} ——吸附罐内剩余体积的游离瓦斯量，cm^3；

ΔQ ——煤样吸附甲烷量，cm^3；

X_i ——每克煤可燃基吸附瓦斯量，cm^3/g；

t_3 ——试验温度，℃。

（7）依次重复步骤（4）、（5）、（6），逐次增高试验压力，可测 n 个 Q_{ci}、Q_{di}、Q_i 及 X_i 值。

由于充气罐向吸附罐充气方式为逐次充入，而充入吸附罐的总气量是单次充气的单值量的累计量，充入吸附罐的总气量 Q_{ci} 应为：

$$Q_{ci} = \sum_{i=1}^{n} Q_{ci} \tag{6-13}$$

（8）按逐次得到的 P 及 X 作图，即得到朗缪尔吸附等温线，将 $(P_i，X_i)$ 按式（6-14）进行最小二乘法回归，计算出煤的瓦斯吸附常数 a 和 b 值。

$$\frac{P}{X} = \frac{P}{a} + \frac{1}{ab} \tag{6-14}$$

遵循《煤的高压等温吸附试验方法》（GB/T 19560—2008），本次高压甲烷吸附实验在中国矿业大学煤矿瓦斯治理国家工程研究中心进行，实验装置采用与江苏珂地石油仪器有限公司联合研制的 KDXJ-Ⅱ型煤体瓦斯吸附与解吸动力学实验系统，该系统的优势在于可同时开展 4 个煤样的吸附实验，并配以分子泵用于脱气处理，吸附实验效率高、用时短，且全程由软件操控，避免了因人为操作带来的误差影响。

6.3　煤的瓦斯吸附特性

煤样的瓦斯吸附等温线如图 6-4 所示，不同煤样的瓦斯吸附量均随平衡压力的增加不断增大。具体分析发现，在压力较低时随平衡压力增加吸附量会迅速增加，随后吸附量增速放缓，压力越大，对应的吸附量增速越小。祁南构造煤和原生煤的极限瓦斯吸附量分别为 19.98 m^3/t 和 17.12 m^3/t，平煤十矿构造煤和原生煤的极限瓦斯吸附量分别为 19.14 m^3/t 和 15.45 m^3/t，古汉山构造煤和原生煤的极限瓦斯吸附量分别为 40.61 m^3/t

和 39.09 m³/t。煤的瓦斯吸附量在焦煤（平煤十矿）中表现出最小值,在无烟煤（古汉山矿）中呈最大值,这与业界普遍认可的规律相一致,即瓦斯吸附能力随变质程度的增加先降低后增加,且在高变质程度的煤中呈最大值。

以气肥煤和无烟煤为例,分析其构造煤和原生煤随粒径降低(1~3 mm→0.5~1 mm→0.25~0.5 mm→0.2~0.25 mm→0.074~0.2 mm)极限瓦斯吸附量的变化关系(图 6-5~图 6-8)。祁南构造煤的极限瓦斯吸附量变化范围为 17.18~20.76 m³/t,

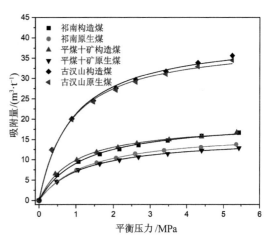

图 6-4　煤样的瓦斯吸附等温线

朗缪尔压力倒数的变化范围为 0.50~0.84 MPa⁻¹;祁南原生煤的极限瓦斯吸附量变化范围为 14.11~19.30 m³/t,朗缪尔压力倒数的变化范围为 0.33~0.76 MPa⁻¹。古汉山构造煤的极限瓦斯吸附量变化范围为 39.74~40.82 m³/t,朗缪尔压力倒数的变化范围为 0.86~1.33 MPa⁻¹;古汉山原生煤的极限瓦斯吸附量变化范围为 39.00~43.19 m³/t,朗缪尔压力倒数的变化范围为 0.99~1.18 MPa⁻¹。随粒径的减小,祁南构造煤和原生煤极限瓦斯吸附量的最大值分别是最小值的 1.21 倍和 1.37。古汉山构造煤和原生煤极限瓦斯吸附量的最大值分别是最小值的 1.03 倍和 1.11 倍。

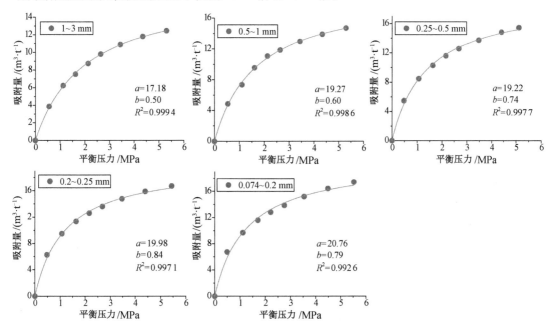

图 6-5　不同粒径下祁南构造煤的瓦斯吸附等温线

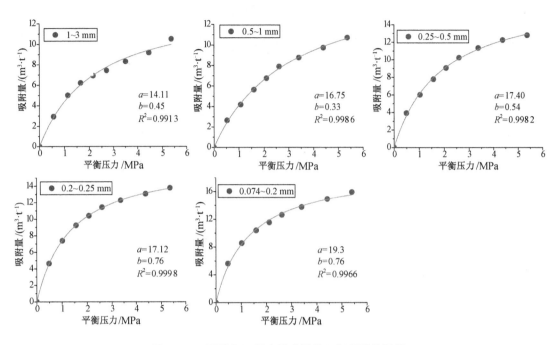

图 6-6　不同粒径下祁南原生煤的瓦斯吸附等温线

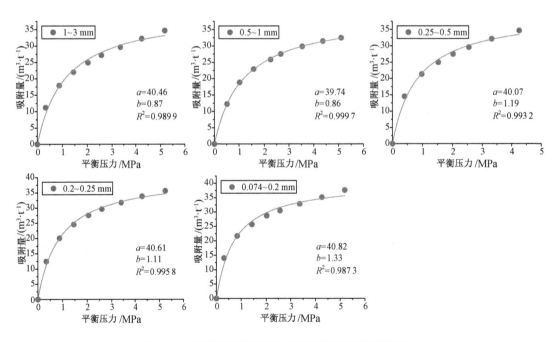

图 6-7　不同粒径下古汉山构造煤的瓦斯吸附等温线

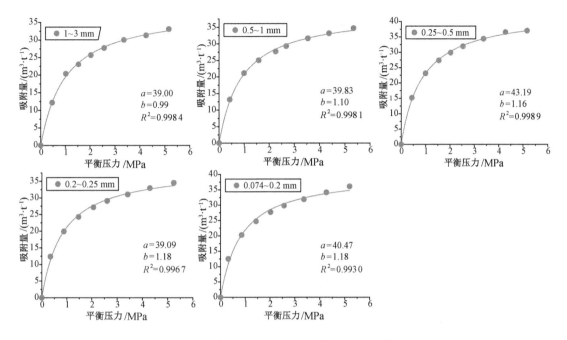

图 6-8　不同粒径下古汉山原生煤的瓦斯吸附等温线

祁南煤样的极限瓦斯吸附量与粉化程度呈正比,即粒径越小,极限瓦斯吸附量越大。然而,古汉山煤样表现出异于其他煤样的性质,古汉山构造煤的极限瓦斯吸附量整体波动范围不大,正如前文所述,最大值仅是最小值的 1.03 倍。古汉山原生煤极限瓦斯吸附量呈现出先增加后降低然后又增加的趋势,导致这种现象产生的原因一方面可能是由于粉化过程中微孔比表面积发生了改变;另一方面则可能是由于实验误差引起。Jin 等人[35] 开展的无烟煤吸附实验结果与本章结果呈相似的变化特征,这表明无烟煤中普遍存在该现象。深入分析发现,煤阶越低,极限瓦斯吸附量随粉化作用的增幅越大,同时,构造煤的增幅要明显小于原生煤,这均与孔隙参数的变化规律相一致,说明孔隙的大小是决定煤吸附能力的关键性因素。

经构造作用后,祁南构造煤的极限瓦斯吸附量比原生煤增加 7.6%～21.8%,古汉山构造煤的极限瓦斯吸附量与原生煤相比几乎没有变化,最高仅增加 3.9%,部分粒径下反而出现降低。这表明,构造作用对不同变质程度煤的影响效果不同,对无烟煤的影响最小,其原因在于不同变质程度煤孔隙结构的发育程度不同,无烟煤的发育程度最高,而孔隙结构又控制着瓦斯吸附能力。因此,构造作用在极大促进孔隙结构发育的同时增加了煤对瓦斯吸附的能力。

6.4 孔隙结构对瓦斯吸附特性影响

6.4.1 孔容和比表面积对瓦斯吸附特性的影响

6.4.1.1 BET 比表面积与瓦斯吸附特性

大量的研究结果已经证实,微孔是煤吸附瓦斯存储的主要场所,瓦斯的吸附能力主要取决于微孔孔容,尤其是比表面积的大小[11, 23, 36]。因此分析孔容和比表面积对瓦斯吸附特性的影响尤为重要。本文基于低压氩气吸附实验,对 BET 比表面积与极限瓦斯吸附量之间的关系进行分析研究,如图 6-9 所示。通过对比分析结果发现,随变质程度的增加,BET 比表面积与极限瓦斯吸附量之间并无直接联系。也有学者得出相同的结论,他们发现煤的极限瓦斯吸附量与BET 比表面积之间的关系不显著,从而认为 BET 比表面积并不是控制甲烷吸附能力的主要因素[25, 37]。

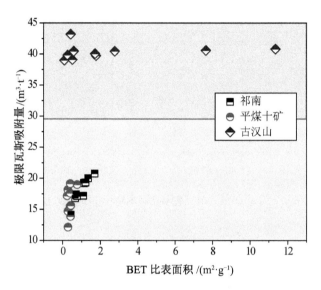

图 6-9 煤样的 BET 比表面积与极限瓦斯吸附量的关系

继续对不同粒径下各煤样的 BET 比表面积与极限瓦斯吸附量之间的关系展开分析,结果如图 6-10 所示。分析发现,粒径减小过程中煤样的 BET 比表面积与极限瓦斯吸附量之间的线性关系依旧很差,仅祁南原生煤的相关度达到 0.84 以上,其余煤样参数之间的相关性很差或无直接联系。同时,也并未发现二者之间存在指数、幂函数或对数等其他关系。上述分析结果证实煤的瓦斯吸附能力与 BET 比表面积并没有显著性的联系。BET 比表面积是包含外表面和所有通孔的内比表面积在内的总表面积,不包含微孔填充对应的比表面积[38],因而不能单一地描述具体孔径内的比表面积,这可能是导致 BET 比表面积和极限瓦斯吸附量相关性差的原因之一。

6.4.1.2 微孔孔容和比表面积与瓦斯吸附特性

基于低压二氧化碳吸附实验所得微孔参数,探讨微孔孔容和比表面积与极限瓦斯吸附量之间的关系(图 6-11)。通过分析发现,微孔孔容和比表面积与极限瓦斯吸附量的相关性高达 0.9427 和 0.9426,且相关度极为接近,说明微孔孔容和比表面积对瓦斯吸附能力均有影响,它们共同控制着瓦斯的吸附能力。

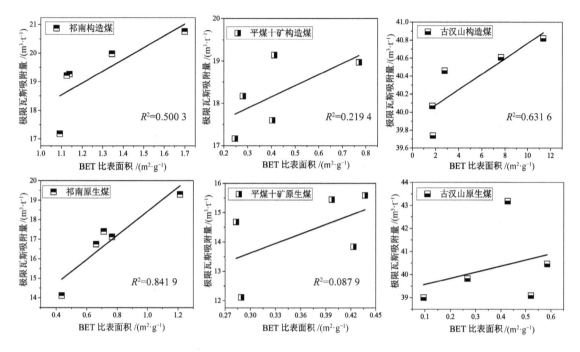

图 6-10　煤样的 BET 比表面积与极限瓦斯吸附量的关系

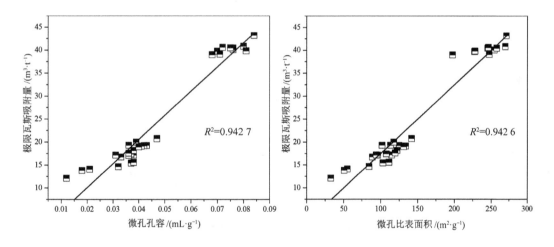

图 6-11　煤样的微孔结构与极限瓦斯吸附量的关系

Hu 等人[36]通过理论与实验相结合的方法得出煤中微孔比表面积占总比表面积的 90.39%～99.58%,微孔孔容占总孔容的 75.61%～96.55%,微孔内以填充形式吸附的瓦斯量占总吸附量的 74%～99%,且 38%～55%的瓦斯吸附在 0.38～0.76 nm 的微孔范围内。第 4 章中低压二氧化碳吸附的研究结果证实微孔孔容在 0.45～0.65 nm 之间最为发育,此范围内的微孔孔容占总微孔孔容的平均值为 39.38%～52.84%;微孔比表面积占总比表面积的平均值为 52.6%～60.76%,比表面积的占比要略高于孔容。结合微孔结构参数与极限瓦斯吸附量的关系，可以佐证微孔是煤吸附瓦斯存储的主要场所，微孔孔容和微孔比表面积共同决定了煤的瓦斯吸附能力；微孔结构（孔容和比表面积）越发育，瓦斯的吸附能力越强。

6.4.2　孔隙分形特征对瓦斯吸附特性的影响

从空间分形维数结果可知，不同粒径下煤样孔隙网络的复杂度存在差异性，因而瓦斯的吸附能力会存在区别。在对孔隙结构与极限瓦斯吸附量关系分析的基础上，本节继续开展空间分形维数 D_{F2}、信息维数 D_1、关联维数 D_2、Hausdorff 维数和奇异性指数 $\Delta\alpha$ 与极限瓦斯吸附量的关系研究。图 6-12(a) 展示了煤样的空间分形维数 D_{F2} 与极限瓦斯吸附量的关系。从图中可以发现，祁南和平煤十矿煤样的空间分形维数 D_{F2} 与极限瓦斯吸附量表现出较好的线性关系，然而未在古汉山煤样中发现相似的关系。

为了细致地观察二者的相关性，对祁南和平煤十矿及古汉山煤样空间分形维数 D_{F2} 与极限瓦斯吸附量间的关系进行具体分析，如图 6-16(b) 和 6-16(c) 所示。祁南和平煤十矿煤样的空间分形维数 D_{F2} 与极限瓦斯吸附量之间呈负相关关系，相关度达 0.816 2，D_{F2} 越小，孔隙空间网络越简单，极限瓦斯吸附量越大，空间分形特征对极限瓦斯吸附量的影响较大。然而，对于高变质程度的古汉山煤样，未发现二者间的关系，古汉山煤样的空间分形特征未对其极限瓦斯吸附量产生明显的影响，关于这种现象，后期需要广泛关注并分析研究。

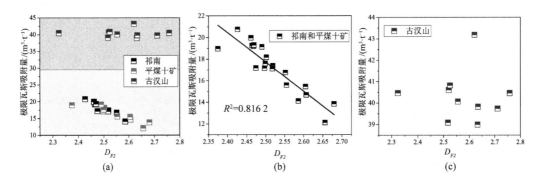

图 6-12　空间分形维数与极限瓦斯吸附量的关系

在空间分形维数关联性的基础上，继续研究多重分形特征参数对极限瓦斯吸附量可能存在的影响。广义维数谱中 D_1、D_2 与极限瓦斯吸附量间的关系[图 6-13(a) 和图 6-13(b)]：祁南和平煤十矿煤样的 D_1 和 D_2 均与极限瓦斯吸附量呈正相关性，相关度分别为 0.983 2 和 0.937 7；D_1 和 D_2 越大，极限瓦斯吸附量越大，其原因在于 D_1 和 D_2 越大，相应的孔径分布越集中，均匀分布性质越强。虽然古汉山煤样自身的极限瓦斯吸附量随 D_1 和 D_2 的增加是逐渐增大的，但是与祁南和平煤十矿煤样间的结果并无关联性，正如前文所述，这可能是高变质程度煤的特殊性导致的，其变化规律需要再深入研究。

　　多重奇异谱中的 Hausdorff 维数和 $\Delta\alpha$ 与极限瓦斯吸附量间的关系如图 6-13(c)和图 6-13(d)所示,祁南和平煤十矿煤样的 Hausdorff 维数和 $\Delta\alpha$ 与极限瓦斯吸附量间呈负相关性关系,即 Hausdorff 维数和 $\Delta\alpha$ 越大,极限瓦斯吸附量越小,其原因在于 Hausdorff 维数和 $\Delta\alpha$ 越大,孔径分布的密集程度和均匀性越低。古汉山煤样 Hausdorff 维数相近,$\Delta\alpha$ 和极限瓦斯吸附量呈正相关性,这与祁南和平煤十矿煤样参数间的变化规律不同,或者说无任何相关性。

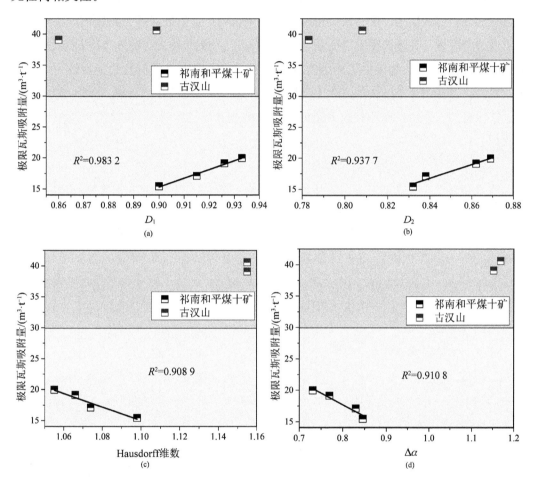

图 6-13　多重分形参数与极限瓦斯吸附量的关系

　　综合空间分形维数 D_{F2}、信息维数 D_1、关联维数 D_2、Hausdorff 维数和奇异性指数 $\Delta\alpha$ 与极限瓦斯吸附量之间的关系可以看出,煤的分形特征会影响其吸附能力的大小,不同的分形参数对吸附能力的影响存在差异性,信息维数 D_1 和关联维数 D_2 与吸附能力呈正比,空间分形维数 D_{F2}、Hausdorff 维数和奇异性指数 $\Delta\alpha$ 与吸附能力呈反比;空间分形维数 D_{F2} 是反映孔隙网络的复杂性,多重分形参数则反映孔径分布的集中程度、局部密集程度和均匀性。此外,未发现本章中古汉山煤样的分形参数与瓦斯吸附能力的相关性,推测这除了与高变质程度煤的性质有关外,还可能是样本量不足引起的,这同样是需要重点关注的研究点。

6.5 煤大分子结构的吸附特性

6.5.1 周期性边界条件下煤的大分子结构

煤的孔隙结构尤其是微孔结构的发育程度直接决定了其瓦斯的吸附能力,第 3 章和第 4 章部分内容从纳米尺度分析并解释了构造煤具有高瓦斯吸附能力的原因。众多学者也从这些角度做了大量的研究并得出了相似的结论。然而,这些手段多以纳米尺度为切入点,并未以周期性边界条件下构造煤的大分子结构为出发点分析其吸附特性。本节在第 3 章建立煤样大分子结构的基础上,经过密度矫正、分子力学模拟和孔隙矫正建立了平煤十矿构造煤和原生煤周期性边界条件下的三维大分子结构模型,建模步骤及主要参数设置如下:

1)密度矫正

调用 Materials studio 8.0 软件中的 Amorphous Cell Calculation 模块,在 Setup 界面中 Task 项中选择 Construction,在 Quality 项中选择 Medium,Density 分别按照煤样的密度进行设置,同时分别加载第三章建立的煤的三维大分子结构模型,文件格式类型为.xsd;在 Energy 界面中的 Forcefied 项中选择 COMPASS 力场,在 Charges 项中选择 Forcefield assigned,在 Quality 项中选择 Medium,密度矫正是为了将大分子结构的密度和煤的真实密度相对应,进而使得到的周期性边界条件下的大分子结构更能反映真实的情况。

2)分子力学模拟

分子力学模拟和密度矫正同步进行,在 Amorphous Cell Options 中勾选 Optimize geometry(几何优化),在 Algorithm 项中选择 Smart,在 Quality 项中选择 Medium,将 Energy 和 Force 项分别设置为 0.001 kcal/mol 和 0.5 kcal/mol/Å,Max. interations(最大迭代次数)设置为 50 000。

3)孔隙矫正

经密度矫正和几何优化后会得到周期性边界条件下的大分子结构,但是采用 CO_2 分子做探针分析大分子结构中的可测孔的自由空间体积(微孔)时发现,该体积并不完全等于或相似于低压二氧化碳吸附实验得到的微孔孔容。因此,需要不断地对周期性边界条件下的大分子结构进行调整,以获得与实验结果相等或相似的自由空间体积。后续吸附等温线的预测、优先吸附点的判定以及吸附能的计算都是基于周期性边界条件下的大分子结构进行的。孔隙矫正调用的是 Atom Volumes & Surfaces 模块,在 Setup 界面中 Task 项中选择 Both,在 Grid resolution 项中选择 Coarse,将 vdW scale factor 设置为 1,Max. solvent radius 设置为 2.0 Å。

以单个大分子结构为基础,基于上述建模的 3 个步骤,分别构建周期性边界条件下平煤十矿构造煤和原生煤的三维大分子结构模型,如图 6-14 和图 6-15 所示。平煤十矿构造煤的大分子结构模型由 12 个煤分子组成,分子式为 $C_{2472}H_{2184}N_{96}O_{216}S_{12}$,边界(晶胞)尺寸为 3.64 nm×3.64 nm×3.64 nm;平煤十矿原生煤的大分子结构模型同样由 12 个煤分子组成,分子式为 $C_{2340}H_{2028}N_{36}O_{324}S_{24}$,边界(晶胞)尺寸为 3.60 nm×3.60 nm×3.60 nm。建立的构造煤大分子结构模型的晶胞尺寸略大于原生煤,但两者仅有 0.04 nm 差距。

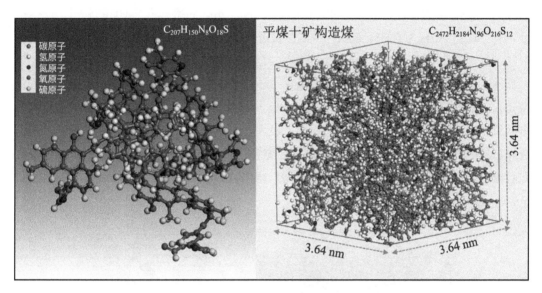

图 6-14　周期性边界条件下平煤十矿构造煤的大分子结构模型

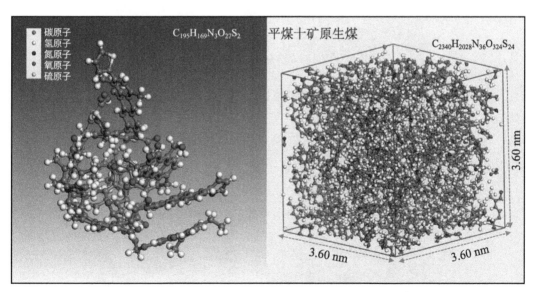

图 6-15　周期性边界条件下平煤十矿原生煤的大分子结构模型

6.5.2 大分子结构中的微孔特征

经孔隙矫正后的大分子结构中微孔的分布情况如图 6-16 和图 6-17 所示,构造煤大分子结构的微孔分布和原生煤存在明显的差异性,需要说明的是模拟得到的微孔是由可测孔和不可测孔共同组成的,未对可测孔和不可测孔进行区分。经 Atom Volumes & Surfaces 模块模拟的结果表明,构造煤大分子结构模型中可测微孔孔容为 0.038 98 mL/g,该值与经低压二氧化碳吸附实验分析得到的粒径为 0.5～1 mm 的微孔孔容(0.038 mL/g)很接近,不可测微孔孔容为 0.011 1 mL/g,占总微孔孔容的 22.4%。原生煤大分子结构模型中的可测微孔孔容为 0.033 18 mL/g,该值与经低压二氧化碳吸附实验分析得到的粒径为 0.25～0.5 mm 的微孔孔容(0.032 mL/g)很接近,不可测微孔孔容为 0.013 3 mL/g,占总微孔孔容的 26.1%。根据图 6-16 和图 6-17 周期性边界条件下大分子结构中微孔的分布结果可以直观地看出,构造煤的孔隙多以较大孔为主,原生煤的孔隙尺寸要明显小于构造煤,且原生煤含有更多孔尺寸较小的不可测孔。通过对比分析还可以得出一个结论:孔容越小,内部含有的不可测孔的比例越高。当然,这仅限于对比本章模拟结果得到的结论,其广泛性还待进一步分析研究。

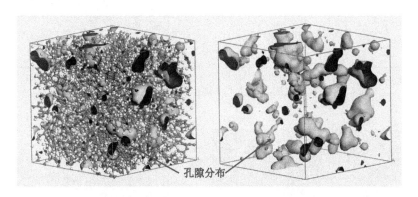

图 6-16　周期性边界条件下平煤十矿构造煤大分子结构中微孔分布

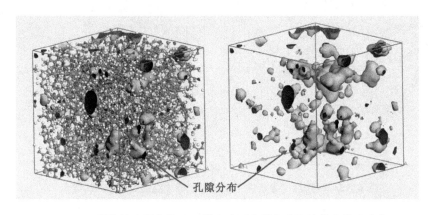

图 6-17　周期性边界条件下平煤十矿原生煤大分子结构中微孔分布

众多学者通过小角度 X 射线衍射、低压氮气吸附和低压二氧化碳吸附等实验证实了煤中确实含有不可测孔[39-40]。Alexeev 等人[41]认为不可测孔对总孔隙率的贡献超过 60%，且突出煤不可测孔的孔容更高。Cai 等人[42]通过研究得出：高阶煤不可测孔的孔隙度一般不小于体积孔隙度的 40%，中、低阶煤不可测孔的孔隙度一般不小于体积孔隙度的 30%。虽然这些研究在结论上存在差异，但均证实了不可测孔的存在。此外，上述文献中的实验结果均高于本章的模拟结果，这可能是因为本章仅对微孔进行了模拟分析，未涉及更大的孔隙结构。原生煤的大分子结构中不可测微孔孔容要略高于构造煤，这从侧面证实了构造作用会促进部分不可测孔转变为可测孔。

从图 6-16 和图 6-17 中还可以发现煤中的孔隙呈各向异性分布特征，体现了煤作为一种非晶体具有的复杂性。在获得微孔隙分布特征的基础上，继续对煤样进行切片处理，分析不同位置情况下可测孔和不可测孔的分布情况，如图 6-18 和图 6-19 所示。需要特别说明的是，两幅图中切片 1 和切片 2 的图分别是由图 6-18(a)、(b)和图 6-19(a)、(b)图形的俯视图得到的，切片 3 的图形则是从仰视图得到，即均为切片位置以上的图形。对于平煤十矿构造煤和原生煤大分子结构中的可测孔[图 6-18 和图 6-19 中(c)、(e)和(g)]，观察到每个切片中均含有 10 个以上的孔隙，且孔形不规则，少部分孔隙独立存在，大部分孔隙则是由更小尺寸的孔隙喉道连接形成，组成了不规则的孔隙。这些孔隙贡献了较大的微孔孔容和比表面积，为瓦斯的吸附提供了场所。

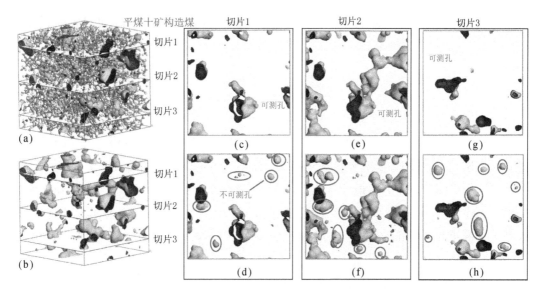

图 6-18　不同切片位置下平煤十矿构造煤大分子结构中可测孔和不可测分布

虽然孔隙的形状多是不规则的，但仍可以将其划分成 2 种主要的类型：近似球形孔和近似墨水瓶孔。近似球形孔的数量和孔尺寸较小，多数孔为近似墨水瓶孔。近似球形孔的孔结构较为简单，不规则性较弱；相反，近似墨水瓶孔的孔隙结构较为复杂。分析发现对于构造煤和原生煤大分子结构中的微孔隙，多数不可测孔为近似球形孔，少数为近似

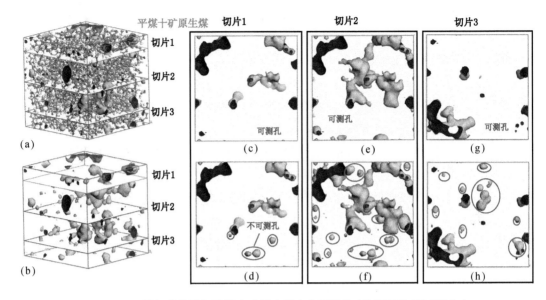

图 6-19　不同切片位置下平煤十矿原生煤大分子结构中可测孔和不可测分布

墨水瓶孔。同时,构造煤和原生煤的大分子模型结构中多数不可测孔的孔径很小,虽然少部分不可测孔的孔径很大,但其孔喉很小,这是采用常规物理吸附法等方法无法获得相应孔隙参数的原因,同时也是将孔隙划分为不可测孔的重要依据。图 6-18 和图 6-19 中的结果还表明构造煤的不可测孔数量和孔容更高,模拟结果是原生煤的不可测孔的孔容高于构造煤,这与本章实验中截取的切片位置有关,反映的仅仅是局部现象。

6.5.3　巨正则蒙特卡洛模拟方法

巨正则蒙特卡洛模拟方法(GCMC)需保证在模拟过程中系统的温度、化学势和体积均保持不变,用该方法模拟晶胞内的分子数越多,模拟的结果越精确,相应的计算时间越长;相反,模拟的晶胞内的分子数越少,计算时间越短,但误差可能会增大,因此,GCMC方法更适用于复杂体系的模拟计算[43]。本节中,吸附模拟运用 Sorption Calculation 模块中的 Fixed pressure 任务进行,Method 项选择 Metropolis,Quality 项选择 Customized,并设置平衡步数(Equilibration steps)和生产步数(Production steps),均设置为 5 000 000步,温度设置为 303 K,Sorbates 选择 CH_4,逸度(Fugacity)键入模拟需要的逸度值;Energy 一栏中的 Forcefield 项选择 COMPASS,Charges 项选择 Forcefield assigned,Quality 项选择 Medium,Electrostatic 项选择 Ewald,van der Waals 项选择 Atom based;同时将 Properties 一栏中的 Energy distribution、Density field 和 Energy field 选中。

需要注意的是 Steup 一栏中的逸度(Fugacity)并非压强,而是化学势与理想气体压强的关系,等于相同条件下具有相同化学势的理想气体的压强,逸度系数的结果可由逸度与压强比值表示,表达式如下:

$$\phi = \frac{f_F}{P} \tag{6-15}$$

式中：ϕ ——逸度系数，无量纲量，取决于温度、压力和气体的特性；

　　f_F ——逸度，kPa；

逸度系数用于判别实际气体偏离理想气体的程度，其值介于 0～1 之间，逸度系数等于 1，表明该气体为理想气体。不同压力下压强与逸度和逸度系数的关系如表 6-1 所示。因此，根据二者之间的关系，在逸度（Fugacity）一栏中分别设置为 496 kPa、983.9 kPa、1 464 kPa、1 936.4 kPa、2 401.3 kPa、2 858.8 kPa、3 309 kPa、3 752.2 kPa、4 188.4 kPa、4 617.9 kPa、5 040.8 kPa 和 5 457.4 kPa，并分步进行吸附模拟。

表 6-1　压强与逸度的关系

压强/MPa	逸度系数	逸度/MPa	压强/MPa	逸度系数	逸度/MPa
0.5	0.991 9	0.496	3.5	0.945 4	3.309
1.0	0.983 9	0.983 9	4.0	0.938	3.752 2
1.5	0.976	1.464	4.5	0.930 8	4.188 4
2.0	0.968 2	1.936 4	5.0	0.923 6	4.617 9
2.5	0.960 5	2.401 3	5.5	0.916 5	5.040 8
3.0	0.952 9	2.858 8	6.0	0.909 6	5.457 4

经巨正则蒙特卡洛模拟后得到的结果文件给出的吸附量结果并不能直接应用，文件中吸附量的单位是"个/晶胞"，也就是模拟晶胞内吸附甲烷分子的个数。本章中经瓦斯吸附实验得到的吸附量单位是 m³/t，因此，需要对单位进行转换。需要注意的是结果文件给出的吸附量是平均吸附量，非最小或最大吸附量。此外，模拟得到的吸附量是绝对吸附量，需要转为过剩吸附量，过剩吸附量的定义为材料的绝对吸附量减去孔体积在计算压力和温度下所含有的吸附质的个数，其表达式为：

$$N_{ex} = N_{ab} - N_A P V_{mp} / RT \tag{6-16}$$

式中：N_{ex} ——过剩吸附量；

　　N_{ab} ——绝对吸附量；

　　N_A ——阿伏伽德罗常数，6.02×10^{23}；

　　V_{mp} ——材料中可测孔的体积，m³；

　　R ——普适气体常数，8.31 J·mol^{-1}·K^{-1}；

　　T ——温度，K。

将计算后得到的过剩吸附量转换为标准状况下的吸附量：

$$V_{ex} = 22\,400 \times N_{ex} / M \tag{6-17}$$

式中：V_{ex} ——标况下的过剩吸附量，m^3/t；

$\quad\quad M$ ——单个晶胞的摩尔质量，g/mol。

经单位转换后的过剩吸附量即为需要的吸附量结果，分别将不同压力下的吸附量结果进行单位转换并汇总，就可以得到模拟吸附等温线。

6.5.4 微孔中甲烷的吸附特性

6.5.4.1 吸附甲烷模拟分析

运用 GCMC 方法模拟得到的煤大分子结构在不同压力下的绝对吸附量结果如表6-2所示。由式(6-16)可以计算出过剩吸附量值，通过对比发现过剩吸附量和绝对吸附量的差异性与压力呈正相关性，在 6.0 MPa 时平煤十矿构造煤的绝对吸附量与过剩吸附量相差 3.43，平煤十矿原生煤的绝对吸附量与过剩吸附量相差 2.9。因此，在得到绝对吸附量的模拟结果后必须将其转换为过剩吸附量，否则会使吸附量值被严重高估。经计算得到不同压力下平煤十矿构造煤标况下的过剩吸附量变化范围为 5.80 m^3/t～10.14 m^3/t，原生煤标况下的过剩吸附量变化范围为 5.29 m^3/t～9.57 m^3/t，从结果看构造煤标况下的过剩吸附量更高，这与其具有相对较大的可测孔孔容密不可分，同时也佐证了孔容与吸附的关系，即孔容越大，对应的瓦斯吸附量越大。为了便于理解，后文统一将标况下的过剩吸附量用模拟甲烷吸附量替代进行表达分析。

表 6-2 煤样的模拟吸附量结果

压力/MPa	平煤十矿构造煤			平煤十矿原生煤		
	N_{ex}	N_{ab}	$V_{ex}/(m^3 \cdot t^{-1})$	N_{ex}	N_{ab}	$V_{ex}/(m^3 \cdot t^{-1})$
0.5	9.60	9.88	5.80	8.63	8.874	5.29
1.0	11.84	12.42	7.16	10.88	11.37	6.67
1.5	13.29	14.15	8.04	11.81	12.53	7.24
2.0	—	—	—	13.11	14.07	8.03
2.5	14.70	16.13	8.89	13.72	14.92	8.40
3.0	15.35	17.06	9.28	14.43	15.87	8.84
3.5	15.69	17.69	9.49	—	—	—
4.0	16.02	18.31	9.69	14.95	16.87	9.16
4.5	—	—	—	15.06	17.23	9.23
5.0	—	—	—	15.50	17.91	9.49
5.5	16.68	19.83	10.09	—	—	—
6.0	16.77	20.20	10.14	15.62	18.52	9.57

在获得模拟吸附量的基础上,分别绘制煤的模拟吸附等温线,如图 6-20 所示。模拟吸附等温线表现出很好的 Langmuir 性质,吸附前期,吸附量迅速增加,随着吸附压力的增大,吸附速度逐渐变缓;拟合的相关度高达 0.995 以上,说明经吸附模拟得到的吸附量结果是可靠的。低压下两种煤的模拟吸附量均较大,在 0.5 MPa 时,构造煤和原生煤的模拟吸附量分别占模拟极限瓦斯吸附量的 53.7% 和 51.1%,占比高达一半以上。前人的研究结果也表现出相似的性质[44-45],这与前文实测的吸附等温线结果存在较大的差异性,可能的原因有两点:①微孔内的吸附势作用很强,微孔吸附填充是极其快速的过程,且模拟过程不会受到外界的干扰,微孔在较低的压力下便能迅速吸附大量的甲烷分子;②微孔内有更强的吸附势作用,孔隙内部的甲烷分子很难脱附,即便是在抽真空的条件下部分甲烷分子仍很难从较小的微孔内脱附,在进行等温吸附实验时由于微孔内已有部分吸附位被甲烷分子占据,所以在较低压力时吸附量可能偏低。而对于吸附模拟过程,初始条件时孔隙内部未含有任何甲烷分子,所以模拟时会有更高的吸附量。

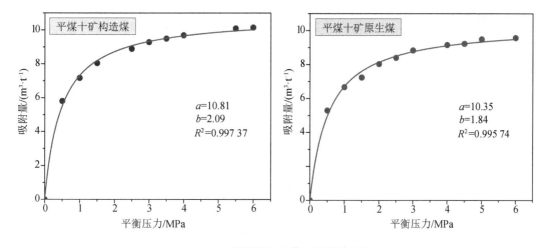

图 6-20　煤样的吸附等温线模拟结果

为了更直观地比较模拟吸附量与实验吸附量的差异,将二者的吸附等温线进行对比分析,如图 6-21 所示。对于平煤十矿构造煤,0.5 MPa 对应的模拟吸附量和实验吸附量相差很小,前者高于后者;当吸附压力高于 1 MPa 以后,模拟吸附量和实验吸附量的差异越来越大,且模拟吸附量的增加速度更小,在 6.0 MPa 时的模拟吸附量已经接近于模拟极限瓦斯吸附量,两者仅有 0.67 m^3/t 的差距。模拟极限瓦斯吸附量为 10.81 m^3/t,等温吸附实验中极限瓦斯吸附量为 17.93 m^3/t,前者为后者的 60.3%。

对于平煤十矿原生煤,在平衡压力为 0.5 MPa 时,模拟吸附量大约是实验吸附量的 1.75 倍,到平衡压力为 3.0 MPa 时模拟吸附量与实验吸附量相当,平衡压力大于 3.0 MPa 后,模拟吸附量低于实验吸附量。进一步分析发现,在低压时,构造煤和原生煤模拟吸附量均高于实验吸附量。理论上这种情况是不可能存在的,因为当前模拟吸附

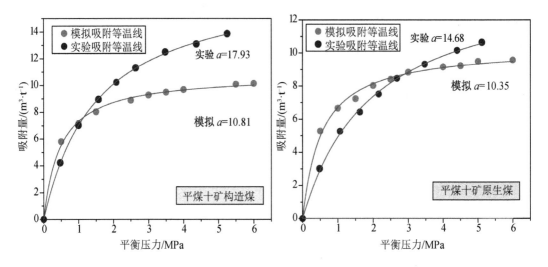

图 6-21　煤样的模拟吸附等温线和实验吸附等温线

仅考虑了微孔,尚未考虑介孔和大孔的吸附量,如果将介孔和大孔的吸附量考虑在内,模拟吸附量会更高于实验吸附量。关于这种现象产生的原因,将来还需做进一步的深入研究。与构造煤的吸附规律相似,原生煤在 6.0 MPa时的模拟吸附量同样很接近于模拟极限瓦斯吸附量,两者仅有 0.77 m³/t 的差距。模拟极限瓦斯吸附量为 10.35 m³/t,等温吸附实验中极限瓦斯吸附量为 14.68 m³/t,前者为后者的 70.5%,该占比要高于构造煤。构造煤的模拟极限瓦斯吸附量占实验极限瓦斯吸附量的比值小于原生煤,主要是因为构造煤实验极限瓦斯吸附量的结果更高,即便其模拟吸附量高于原生煤,但占比仍相对较低。

6.5.4.2　微孔填充形式的甲烷吸附量

业界普遍认为微孔是煤吸附瓦斯存储的主要空间[9,46],Wei 等人[47]结合低压二氧化碳吸附法、低压氮气吸附法和压汞法综合分析了孔隙结构对甲烷吸附能力的影响,认为微孔贡献了 96.38% 的比表面积。Zhao 等人[48]结合低压二氧化碳吸附法和低压氮气吸附法分析了孔隙结构与吸附能力的关系,发现微孔孔容贡献了更高的比表面积,而微孔比表面积对吸附孔的贡献率达 99%。同时,Hu 等人[36]通过理论推导和计算认为微孔是煤中瓦斯吸附存储的主要空间,微孔内以填充形式吸附的瓦斯量占总吸附量的 74%～99%。本章应用第 3 章获得的 BET 比表面积和微孔结构参数探讨了平煤十矿构造煤和原生煤以微孔填充形式吸附的极限瓦斯吸附量。

甲烷的单层吸附量可以依据 BET 比表面积并基于单个甲烷分子占据的等效面积计算,表达式如下:

$$N_{\mathrm{ma}} = \frac{A_s}{S_m} \tag{6-18}$$

式中：N_{ma}——单层吸附形式的甲烷分子个数；

　　　A_s——BET 比表面积，m^2/g；

　　　S_m——单个甲烷分子覆盖在外表面占据的等效面积，$1.251 \times 10^{-19} \ m^2$。

对于以微孔填充形式吸附的甲烷分子数可由式(6-19)计算：

$$N_{mf} = \sum_{i=1}^{n} i \frac{L_i}{h_m} \qquad (6-19)$$

$$L_i = \frac{4 \times 10^{-6} V_i}{\pi d_i^2} \qquad (6-20)$$

式中：N_{mf}——微孔填充形式的甲烷分子个数；

　　　i——圆柱形微孔横截面容纳甲烷分子个数的理论值；

　　　L_i——圆柱形微孔的总孔长，m；

　　　h_m——甲烷分子的等效高度，m。

将吸附甲烷的分子个数转换为标况下的瓦斯吸附量，表达式如下：

$$V'_L = 22\ 400 \times \frac{N_{ma} + N_{mf}}{N_a} \qquad (6-21)$$

式中：V_i——微孔孔容，mL/g；

　　　d_i——微孔平均孔径，m；

　　　V'_L——极限瓦斯吸附量计算值，m^3/t；

基于上式可分别计算得到以单层吸附和微孔填充形式吸附的甲烷分子数和相应的吸附量(表 6-3)。从表中可以看出，平煤十矿构造煤和原生煤的计算极限瓦斯吸附量分别为 17.586 m^3/t 和 15.828 m^3/t。构造煤的计算极限瓦斯吸附量为实验极限瓦斯吸附量的 98.1%，原生煤的计算极限瓦斯吸附量是实验极限瓦斯吸附量的 1.07 倍。可见，基于单层吸附和微孔填充形式计算的极限瓦斯吸附量非常接近于实验值。其中，构造煤和原生煤中以微孔填充形式吸附的瓦斯量占计算极限瓦斯吸附量的 99%，这与国内外部分学者的研究结果相一致[36,47,48]，这进一步证实了微孔是煤中瓦斯存储的主要吸附空间，且瓦斯主要以微孔填充的形式赋存。

表 6-3　煤样的计算极限瓦斯吸附量

煤样	$N_{ma}/\times 10^{19}$ 个	$N_{mf}/\times 10^{19}$ 个	$V_{ma}/(m^3 \cdot t^{-1})$	$V_{mf}/(m^3 \cdot t^{-1})$	$V'_L/(m^3 \cdot t^{-1})$
构造煤	0.224	45.96	0.083	17.503	17.586
原生煤	0.226	41.46	0.084	15.744	15.828

本章中构造煤和原生煤的模拟极限瓦斯吸附量分别为实验极限瓦斯吸附量的 60.3% 和 70.5%，低于计算值的占比(98.1%)。原因可能是计算过程中将孔隙全部视为

理想状态(圆柱形孔),按照理想状态下计算的极限瓦斯吸附量可能与真实结果存在一定的差异,有可能使吸附结果偏高。从分子模拟的角度看,大分子结构模型内的孔隙分布是随机的,孔隙形状不规则,这与计算的假设不同;同时,模拟过程中涉及能量和力场等很多参数的选择,不同的选择也会直接影响最终模拟的结果,可能使得结果被低估或高估。本章的结果表明,模拟极限瓦斯吸附量低于实验值和计算值。虽然模拟极限瓦斯吸附量相对较低,但是,结合微孔结构参数的模拟和计算结果,可以证明微孔是煤中瓦斯吸附存储的主要空间,且瓦斯主要以微孔填充的形式赋存。

6.5.5　等量吸附热和吸附位分析

6.5.5.1　等量吸附热

吸附热的研究能够准确反映出吸附现象的物理或是化学的本质,以及吸附剂材料的活性、吸附能力的强弱,是衡量吸附剂材料吸附能力强弱的一个重要指标,通常认为当吸附热大于 42 kJ/mol 时会发生化学吸附[49-50]。煤在吸附甲烷的过程中会产生热量,这部分热量即为吸附热,吸附热是煤体表面的原子或分子与甲烷分子相互作用的宏观体现。因此,吸附热值越大说明煤的吸附能力越强。在实际的应用过程中,吸附热包含等量吸附热和微分吸附热,本章主要分析了经巨正则系统处理后的等量吸附热,模拟压力下等量吸附热变化范围如表 6-4 所示。

表 6-4　吸附甲烷的等量吸附热

压力/MPa	等量吸附热/(kJ·mol⁻¹)		压力/MPa	等量吸附热/(kJ·mol⁻¹)	
	平煤十矿构造煤	平煤十矿原生煤		平煤十矿构造煤	平煤十矿原生煤
0.5	24.29	24.18	3.5	23.52	—
1.0	23.98	23.91	4.0	23.59	23.54
1.5	23.88	23.79	4.5	—	23.40
2.0	—	23.73	5.0	—	23.32
2.5	23.71	23.61	5.5	23.44	—
3.0	23.60	23.65	6.0	23.40	23.30

平煤十矿构造煤吸附甲烷的模拟等量吸附热变化范围为 23.4～24.29 kJ/mol,原生煤的变化范围为 23.3～24.18 kJ/mol,最大值均小于 42 kJ/mol,说明吸附甲烷的过程属于物理吸附,且等量吸附热变化幅度很小,分别为 0.89 kJ/mol 和 0.88 kJ/mol。很多学者在实验室内对煤的吸附热进行了测定,发现其在 0～30 kJ/mol 之间[50-52];郑仲[52]通过分子模拟获得甲烷的等量吸附热变化范围为 23.997～24.867 kJ/mol,这与本章的模拟结果非常接近。通过对比发现,构造煤的等量吸附热大于原生煤,而吸附热是衡量吸附剂材

料吸附能力强弱的一个重要指标,由此也可证实构造煤的吸附能力高于原生煤。

6.5.5.2　吸附位

　　煤吸附解吸甲烷的过程是孔隙表面吸附位上的甲烷分子吸附和脱落的过程,该过程本质上则是由大分子结构中的化学基团与甲烷的分子作用力决定的,同时也会受到各官能团在空间展布形态的影响。前人普遍认为,煤的大分子结构中芳香结构的吸附能力要大于脂肪结构,且官能团之间的吸附能力存在差异性[53-54]。本节基于已建立的三维大分子结构模型,对吸附过程中甲烷的吸附位做了分析,主要调用了 Sorption 模块中的 Locate 任务,设置吸附甲烷分子的个数为 15 个,在 Method 项中选择 Metropolis,最大加载步数(Maximun loading steps)和生产步数(Production steps)均设置为 5 000 000,Temperature steps 项设置为 15,在 Forcefield 项中选择 COMPASSII 力场,Charges 项选择 Forcefield assigned,Quality 项选择 Fine,Electrostatic 项选择 Ewald,van der Waals 项选择 Atom based,然后点击 Run 进行吸附位的模拟分析。

　　平煤十矿构造煤和原生煤的大分子结构中甲烷吸附的吸附构象如图 6-22 和图 6-23

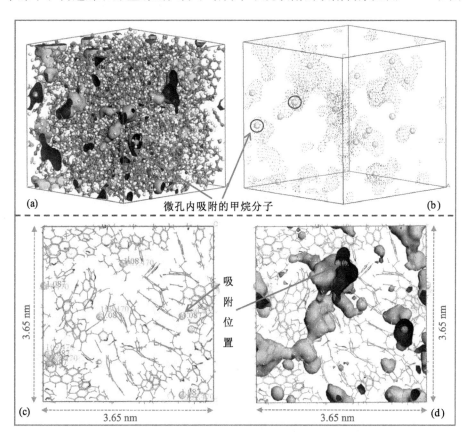

图 6-22　平煤十矿构造煤大分子结构中甲烷吸附的吸附位

注:图(a)和(b)表示甲烷分子在孔隙中的分布;图(c)和(d)表示甲烷分子在大分子结构中的分布

所示,直观可见的是甲烷分子均吸附在孔隙中,且因孔隙分布的不均匀性甲烷吸附也间接体现出不均匀性。如果需要分析甲烷分子在大分子结构中的吸附位,则首先要明确大分子结构中孔隙的分布情况。结合大分子结构演化过程中孔隙成因与图 6-22 和图 6-23 中孔隙在大分子结构中的分布情况可知,对于平煤十矿构造煤和原生煤,其微孔主要分布在芳香结构和脂肪结构附近,也就是相应的苯环、蒽环、菲环、奈环、甲基和亚甲基等基团附近。很多微孔形成于芳香环和甲基抑或是亚甲基组合形成的空间结构中。因此,吸附在微孔中的甲烷分子也应该处于芳香环和甲基抑或是亚甲基组合形成的空间结构中。

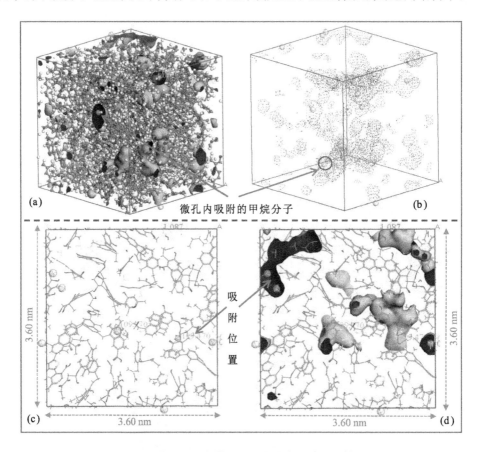

图 6-23 平煤十矿原生煤大分子结构中甲烷吸附的吸附位

注:图(a)和(b)表示甲烷分子在孔隙中的分布;图(c)和(d)表示甲烷分子在大分子结构中的分布

对于不同化学基团与甲烷分子相互作用的关系,前人通过分子模拟手段对此展开了系列的研究得出:苯环吸附甲烷分子时的吸附热为 3.075 6 kcal/mol,甲基吸附甲烷分子时的吸附热为 1.864 5 kcal/mol,甲基与亚甲基吸附甲烷分子的吸附热为 2.645 1 kcal/mol,含氧官能团中的羟基吸附甲烷分子的吸附热为 1.921 7 kcal/mol,羰基吸附甲烷分子的吸附热为 1.284 1 kcal/mol,羧基吸附甲烷分子的吸附热为 1.582 0 kcal/mol[45]。吸附甲烷分子时吸附热最大的是苯环,其次是甲基与亚甲基,含氧官能团的吸附热最小。上节中已经提到,吸附热的大小是判别吸附能力大小的一个重要指标,根据各基团吸附甲烷分子的吸附热,可以知道苯环(芳香结构类)吸附能力最大,其次是甲基与亚甲基(脂肪结构类),吸附能力最低的是羟基、羧基和羰基(含氧官能团类)。

为了更直观地观察甲烷分子在大分子结构中吸附的位置,采用 Slice 工具对两种煤样模型的吸附构象做切片处理,切片结果如图 6-22(c)、(d) 和图 6-23(c)、(d) 所示。综合对比分析甲烷分子在大分子结构中的分布情况,可以看出甲烷分子多吸附在芳香环和脂肪结构组成的空间结构中,且更靠近芳香结构,少部分甲烷分子吸附在含氧官能团附近。根据本章的实验结果并结合前人的研究可知,芳香结构具有最大的吸附能力,脂肪结构的吸附能力次之,含氧官能团的吸附能力最弱。同时,在吸附过程中,甲烷分子更容易吸附在由芳香环和脂肪结构组成的孔隙中,且更容易被孔隙中靠近芳香结构的一侧吸附。

通过总结发现大分子结构模型中微孔分布极为不均匀,大部分孔隙是由更小尺寸的孔隙喉道连接形成,且孔隙不规则,少部分孔隙独立存在;大分子结构中孔隙可视为由孔结构较为简单的近似球形孔和较为复杂的近似墨水瓶孔组成,不可测孔多数为近似球形孔。微孔孔容和比表面积共同决定了煤瓦斯的吸附能力;微孔结构越发育,瓦斯的吸附能力越强,构造煤及小粒径煤样更发育的微孔结构是导致其具有高吸附能力的主要原因。以微孔填充形式吸附的瓦斯量占计算极限瓦斯吸附量的 99%,证实微孔是煤中瓦斯存储的主要吸附空间,且瓦斯主要以微孔填充的形式赋存。

参考文献

[1] 张力,何学秋,聂百胜.煤吸附瓦斯过程的研究[J].矿业安全与环保,2000,27(6):1-2.

[2] ARMBRUSTER M H, AUSTIN J B. The adsorption of gases on plane surfaces of mica[J]. Journal of the American Chemical Society, 1938, 60(2): 467-475.

[3] BRUNAUER S, EMMETT P H, TELLER E. Adsorption of gases in multimolecular layers[J]. Journal of the American Chemical Society, 1938, 60(2): 309-319.

[4] HARPALANI S, PRUSTY B K, DUTTA P. Methane/CO_2 sorption modeling for coalbed methane production and CO_2 sequestration[J]. Energy & Fuels, 2006, 20(4): 1591-1599.

[5] LIN H F, JI P F, KONG X G, et al. Experimental study on the influence of gas pressure on CH_4 adsorption-desorption-seepage and deformation characteristics of coal in the whole process under triaxial stress[J]. Fuel, 2023, 333: 126513.

[6] LIU S M, YANG K, SUN H T, et al. Adsorption and deformation characteristics of coal under liquid nitrogen cold soaking[J]. Fuel, 2022, 316: 123026.

[7] MA R Y, YAO Y B, WANG M, et al. CH_4 and CO_2 adsorption characteristics of low-rank coals containing water: An experimental and comparative study[J]. Natural Resources Research, 2022, 31(2): 993-1009.

[8] 季鹏飞,林海飞,孔祥国,等.三轴应力下煤体对 CH_4/N_2 的吸附-解吸-扩散-渗流规律及变形特征

研究[J].岩石力学与工程学报,42(10):2496-2514.

[9] 张开仲,程远平,王亮,等.基于煤中瓦斯赋存和运移方式的孔隙网络结构特征表征[J].煤炭学报,2022,47(10):3680-3694.

[10] 程远平.煤矿瓦斯防治理论与工程应用[M].徐州:中国矿业大学出版社,2011.

[11] CHENG Y P, PAN Z J. Reservoir properties of Chinese tectonic coal: A review[J]. Fuel, 2020, 260: 116350.

[12] 于继孔.构造煤微观结构与瓦斯吸附关系研究[D].焦作:河南理工大学,2018.

[13] 张浩.构造煤层掘进工作面区域性顺层水力造穴强化瓦斯抽采机制与工程应用[D].徐州:中国矿业大学,2020.

[14] GUO D Y, GUO L, MIAO X H. Experimental research on pore structure and gas adsorption characteristic of deformed coal[J]. China Petroleum Processing & Petrochemical Technology, 2014, 16(4): 55-64.

[15] WANG Z Y, CHENG Y P, WANG L, et al. Characterization of pore structure and the gas diffusion properties of tectonic and intact coal: Implications for lost gas calculation[J]. Process Safety and Environmental Protection, 2020, 135: 12-21.

[16] 张荣.复合煤层水力冲孔卸压增透机制及高效瓦斯抽采方法研究[D].徐州:中国矿业大学,2019.

[17] 李云波,张玉贵,张子敏,等.构造煤瓦斯解吸初期特征实验研究[J].煤炭学报,2013,38(1):15-20.

[18] YAO H F, KANG Z Q, LI W. Deformation and reservoir properties of tectonically deformed coals[J]. Petroleum Exploration and Development, 2014, 41(4): 460-467.

[19] 董骏.基于等效物理结构的煤体瓦斯扩散特性及应用[D].徐州:中国矿业大学,2018.

[20] 王佑安,杨思敬.煤和瓦斯突出危险煤层的某些特征[J].煤炭学报,1980,5(1):47-53.

[21] 霍多特.煤与瓦斯突出[M].宋士钊,王佑安,译.北京:中国工业出版社,1966.

[22] 杨其銮.关于煤屑瓦斯放散规律的试验研究[J].煤矿安全,1987,18(2):9-16.

[23] 赵伟.粉化煤体瓦斯快速扩散动力学机制及对突出煤岩的输运作用[D].徐州:中国矿业大学,2018.

[24] RUPPEL T C, GREIN C T, BIENSTOCK D. Adsorption of methane on dry coal at elevated pressure[J]. Fuel, 1974, 53(3): 152-162.

[25] 金侃.煤与瓦斯突出过程中高压粉煤—瓦斯两相流形成机制及致灾特征研究[D].徐州:中国矿业大学,2017.

[26] 戚宇霄.新景矿3#煤层地质构造作用对煤孔隙结构特征及瓦斯吸附—解吸特性影响[D].徐州:中国矿业大学,2018.

[27] 陈家良,邵震杰,秦勇.能源地质学[D].徐州:中国矿业大学,2004.

[28] 段旭琴,王祖讷,曲剑午.神府煤惰质组与镜质组的结构性质研究[J].煤炭科学技术,2004,32(2):19-23.

[29] 肖贤明,毛鹤龄.从各向异性壳质组的发现论壳质组在煤化过程中的光性演变[J].沉积学报,1991,9(1):87-96.

[30] 于不凡.煤矿瓦斯灾害防治及利用技术手册[M].北京:煤炭工业出版社,2005.

[31] 俞启香.矿井瓦斯防治[M].徐州:中国矿业大学出版社,2012.

［32］ LANGMUIR I. The constitution and fundamental properties of solids and liquids. part i. solids ［J］. Journal of the American Chemical Society, 1916, 38(11): 2221-2295.

［33］ 顾惕人. 表面化学［M］. 北京:科学出版社,1994.

［34］ DUBININ M. On physical feasibility of Brunauer's micropore analysis method［J］. Journal of Colloid and Interface Science, 1974, 46(3): 351-356.

［35］ JIN K, CHENG Y P, LIU Q Q, et al. Experimental investigation of pore structure damage in pulverized coal: Implications for methane adsorption and diffusion characteristics［J］. Energy & Fuels, 2016, 30(12): 10383-10395.

［36］ HU B, CHENG Y P, HE X X, et al. New insights into the CH_4 adsorption capacity of coal based on microscopic pore properties［J］. Fuel, 2020, 262: 116675.

［37］ TAO S, CHEN S D, TANG D Z, et al. Material composition, pore structure and adsorption capacity of low-rank coals around the first coalification jump: A case of eastern Junggar Basin, China［J］. Fuel, 2018, 211: 804-815.

［38］ THOMMES M, KANEKO K, NEIMARK A V, et al. Physisorption of gases, with special reference to the evaluation of surface area and pore size distribution (IUPAC Technical Report)［J］. Pure and Applied Chemistry, 2015, 87(9-10): 1051-1069.

［39］ CLARKSON C R, SOLANO N, BUSTIN R M, et al. Pore structure characterization of North American shale gas reservoirs using USANS/SANS, gas adsorption, and mercury intrusion［J］. Fuel, 2013, 103: 606-616.

［40］ NIU Q H, PAN J N, CAO L W, et al. The evolution and formation mechanisms of closed pores in coal［J］. Fuel, 2017, 200: 555-563.

［41］ ALEXEEV A D, VASILENKO T A, ULYANOVA E V. Closed porosity in fossil coals［J］. Fuel, 1999, 78(6): 635-638.

［42］ CAI Y D, LIU D M, PAN Z J, et al. Pore structure and its impact on CH_4 adsorption capacity and flow capability of bituminous and subbituminous coals from Northeast China［J］. Fuel, 2013, 103: 258-268.

［43］ 董爽. 太原西山西铭 8 号煤大分子结构构建及甲烷吸附机理研究［D］. 太原:太原理工大学,2015.

［44］ SONG Y, ZHU Y M, LI W. Macromolecule simulation and CH_4 adsorption mechanism of coal vitrinite［J］. Applied Surface Science, 2017, 396: 291-302.

［45］ 刘宇. 煤镜质组结构演化对甲烷吸附的分子级作用机理［D］. 徐州:中国矿业大学,2019.

［46］ 程远平,胡彪. 基于煤中甲烷赋存和运移特性的新孔隙分类方法［J］. 煤炭学报,2023,48(1): 212-225.

［47］ WEI Q, LI X Q, ZHANG J Z, et al. Full-size pore structure characterization of deep-buried coals and its impact on methane adsorption capacity: A case study of the Shihezi Formation coals from the Panji Deep Area in Huainan Coalfield, Southern North China［J］. Journal of Petroleum Science and Engineering, 2019, 173: 975-989

［48］ ZHAO J L, XU H, TANG D Z, et al. A comparative evaluation of coal specific surface area by

CO$_2$ and N$_2$ adsorption and its influence on CH$_4$ adsorption capacity at different pore sizes[J]. Fuel, 2016，183：420-431.

[49] 金智新,武司苑,邓存宝,等. 基于蒙特卡洛方法的煤吸附水机理[J]. 煤炭学报,2017,42(11)：2968-2974.

[50] 刘志祥,冯增朝. 煤体对瓦斯吸附热的理论研究[J]. 煤炭学报,2012,37(4)：647-653.

[51] 卢守青,撒占友,张永亮,等. 高阶原生煤和构造煤等量吸附热分析[J]. 煤矿安全,2019,50(4)：169-172.

[52] 郑仲. 神东煤镜质组结构特征及其对 CH$_4$、CO$_2$ 和 H$_2$O 吸附的分子模拟[D]. 太原：太原理工大学,2009.

[53] THIERFELDER C, W ITTE M, LANKENBURG S, et al. Methane adsorption on graphene from first principles including dispersion interaction[J]. Surface Science, 2011, 605(7-8)：746-749.

[54] QIU N X, XUE Y, GUO Y, et al. Adsorption of methane on carbon models of coal surface studied by the density functional theory including dispersion correction (DFT-D3)[J]. Computational and Theoretical Chemistry, 2012，992：37-47.

第7章 煤的瓦斯解吸扩散特性

当煤体内部的吸附/解吸动态平衡状态被打破时，内部的瓦斯会先后经历孔隙表面脱附、基质和孔隙内的扩散运移及裂隙中的渗流三个过程。孔隙表面的脱附过程耗时很短，相对于整个解吸过程所需要的时间来说通常可以忽略不计。基质和孔隙内的扩散运移则主要受到浓度梯度的控制，而扩散系数又是决定其扩散能力的重要参数。煤中瓦斯解吸的规律如何？瓦斯扩散的模式和影响因素有哪些？孔隙结构对瓦斯解吸扩散的影响规律体现在哪些方面？本章将对上述这些问题进行解答。

7.1 煤的瓦斯解吸特性

当煤样处于原始状态时，其瓦斯压力等于原始煤体的瓦斯压力，煤样中的游离瓦斯和吸附瓦斯处于动平衡状态；当采掘作业使煤样被剥离后，煤样暴露于大气之中，其周围环境的压力变成测定地点的大气压力。压力的降低使煤样中游离瓦斯和吸附瓦斯的动平衡状态被破坏，原来吸附于煤中的瓦斯开始解吸，直至煤样中的瓦斯压力等于测定地点的大气压力，从而达到新的动态平衡。

煤体中注入瓦斯的过程是一个渗流—扩散过程。瓦斯分子不能立即同时与所有的孔隙、裂隙表面接触，因此煤体中会形成瓦斯压力梯度和浓度梯度。由瓦斯压力梯度引起渗流的过程在大的裂隙、孔隙系统（面割理和端割理）内占优势；瓦斯分子在其浓度梯度的作用下由高浓度向低浓度扩散的过程在小孔与微孔系统内占优势。瓦斯气体在向煤体深部进行渗流—扩散运移的同时，与接触到的煤体孔隙、裂隙表面发生吸附和脱附。因此，就整个过程来说，煤体中注入瓦斯的过程是渗流—扩散、吸附—脱附的综合过程（图7-1）[1-2]。

（1）渗流过程：渗流过程是吸附全过程的第一步，发生在裂隙系统及大孔系统中，渗流过程会使煤基质外表面形成瓦斯气体气膜。

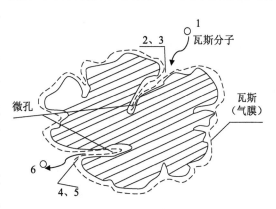

1—吸附外扩散；2—吸附内扩散；3—吸附过程；
4—脱附过程；5—内反扩散过程；6—外反扩散过程

图7-1 煤基质吸附瓦斯气体示意图

（2）外扩散过程：煤基质外围空间的瓦斯气体分子穿过气膜，扩散到煤基质表面的过程。

（3）内扩散过程：瓦斯气体分子进入煤基质微孔中，扩散到煤基质内表面的过程。

（4）吸附过程：经过外扩散、内扩散而到达煤基质内表面的瓦斯气体分子被煤基质吸附的过程。

（5）脱附过程：在进行上述吸附过程的同时，有部分脱附的瓦斯气体分子离开煤基质的内孔表面和外表面进入瓦斯气膜层。

（6）内孔中瓦斯气体分子的反扩散过程：瓦斯气体分子经脱附过程进入瓦斯气体气膜内扩散到煤基质外表面，并进入瓦斯气体气相主体的过程。

（7）煤基质外表面反扩散过程：瓦斯气体分子经脱附过程进入煤基质外表面瓦斯气体膜，并扩散到瓦斯气体相主体中的过程。

瓦斯的解吸是吸附的逆过程，瓦斯解吸量随压力的增加会逐渐增大，但也存在一个临界压力，超过该压力时，瓦斯解吸量会趋于一个稳定值。瓦斯解吸量的大小和瓦斯解吸速率取决于孔隙结构的发育程度[3-4]。李云波等[5]开展了瓦斯解吸实验，发现构造煤的瓦斯解吸量和解吸速率均高于原生煤，且解吸能力与介孔和大孔孔隙结构的发育程度成正比。杨其銮[6]开展了不同煤种多种粒径下的瓦斯解吸实验，认为存在一个极限粒径，当颗粒煤的粒径大于该极限粒径时，煤体的瓦斯解吸速度基本保持不变；当颗粒煤粒径小于极限粒径时，瓦斯解吸速度会迅速增加。Barrer[7]、Bolt等人[8]、Bertard等人[9]、曹垚林等人[10]和王兆丰[11]开展的实验也证实当粒径增加至一定程度，瓦斯解吸速度、解吸量和衰减系数随粒径的增加基本保持不变。

煤被面割理和端割理切割为尺度大小不等的基质，基质内部含有大量以微孔和小孔为主的孔隙，煤中瓦斯主要以吸附状态保存在基质孔隙表面，当瓦斯运移边界条件改变时，瓦斯分子首先从基质孔隙表面解吸，然后向裂隙扩散，最后以渗流流态流向暴露表面（钻孔或煤壁流动）。

当煤层瓦斯流动边界条件发生变化时，裂隙内的瓦斯先行流动，煤基质瓦斯再与裂隙系统进行质量交换。需要明确的是基质内孔隙尺寸和裂隙的尺寸相差较大，因此瓦斯运移和储存方式也存在差异。对于煤中的瓦斯运移，具有大量孔隙的煤基质是瓦斯源，而通道尺寸大且连通性好的裂隙系统是瓦斯渗流流动的通道。煤基质会影响裂隙中瓦斯的流动，原因在于煤基质吸附瓦斯时将产生膨胀变化从而对裂隙产生挤压作用，使裂隙宽度变小；而煤基质解吸瓦斯时将产生收缩变形，使得裂隙宽度变大。煤的裂隙宽度变化将影响煤的运移性质。对煤基质吸附变形影响的进一步研究表明，基质之间仅有裂隙的物理模型与实际的煤模型并不相同。由于裂隙分布具有不规则性，基质间不能完全分开或两裂隙面也会有接触。基质接触部分由于受到束缚，其膨胀变形也会产生膨胀力。

7.1.1　瓦斯解吸装置

实验室所用的瓦斯解吸装置示意图如图 7-2 所示,瓦斯解吸装置主要由供气系统、气体平衡系统、真空泵组和解吸记录装置组成。瓦斯解吸实验简要步骤如下:

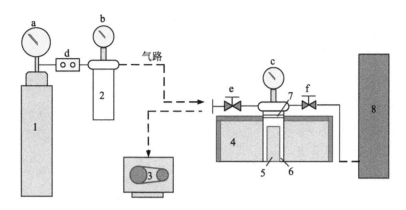

1—高压甲烷钢瓶;2—参考罐;3—真空泵组;4—水浴箱;5—煤样;6—煤样罐;
7—过滤装置;8—解吸量筒;(a～c)压力表;(d)减压阀;(e～f)阀门

图 7-2　瓦斯解吸实验装置

(1)将采集到的原煤粉碎,用标准筛筛分成粒径 1～3 mm 的试样,每一试样重约 70 g;将试样放入温度为 104 ℃的烘箱内加热干燥 1 h,脱去煤中水分;称取不同粒径的烘干的煤样 50 g 装入煤样罐中(装罐时应尽量装满压实,以减少罐内死空间),密封煤样罐。对煤样罐内剩余容积进行测定,并检测煤样罐气密性。

(2)开启恒温水浴、真空泵,设定水浴温度为(60±1)℃,打开煤样罐阀门,对煤样进行真空脱气 8 h 以上,最后关闭煤样罐阀门和真空泵。

(3)调整恒温水浴温度为(30±1)℃;拧开高纯高压瓦斯钢瓶阀门、充气罐阀门,使高压瓦斯进入煤样罐中,当罐内瓦斯压力达到某一压力值时(该值可根据所要求的试样吸附平衡压力 1 MPa 或 4 MPa 估算),迅速关闭煤样罐阀门。罐内煤样经过 8～48 h 的吸附后(吸附平衡时间与试样粒度有关),将达到吸附平衡状态,读取此时煤样罐平衡瓦斯压力及大气压力。

(4)将恒温水浴温度及实验室室温设置为(30±1)℃;将量筒、煤样罐及真空气袋分别与三通阀连接,并将三通阀调至煤样罐与真空气袋连通状态;准备好秒表,测量并记录实验室内温度及大气压力;拧开煤样罐阀门,使煤样罐内游离瓦斯进入真空气袋,同时开始计时,当压力表示数为 0 时迅速调整三通阀使煤样罐与量筒连接;每隔一定时间读取并记录量筒内解吸出的瓦斯体积,当连续 60 min 解吸的瓦斯量小于 1 mL 时,终止测试,并测量真空气样袋内瓦斯体积。

(5)为了对比分析不同试样的瓦斯解吸特征,必须将实测的瓦斯解吸量换算成标准状态下的体积。

7.1.2 影响瓦斯解吸能力的主要因素

7.1.2.1 瓦斯压力

煤的原始瓦斯压力不仅表征着瓦斯含量的大小,同时也为瓦斯解吸提供动力来源。

图 7-3 为不同压力下河南省古汉山煤样的瓦斯解吸量随解吸时间的变化关系[4]。从图中可以看出,不同吸附平衡压力下,煤样的解吸规律相似,瓦斯解吸量与时间呈现出近似的抛物线关系。初始瓦斯解吸量高,解吸速率快,之后瓦斯解吸速率逐渐降低,对应的瓦斯解吸量增幅降低。随着吸附平衡压力的增大,瓦斯解吸量增大,这是因为高瓦斯压力下吸附了更多的气体,而更高的气体浓度有助于瓦斯解吸扩散。

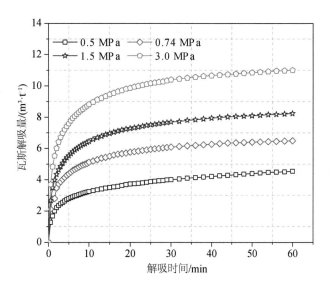

图 7-3　河南省古汉山煤矿不同压力下煤样的瓦斯解吸曲线

7.1.2.2 粒径

煤的粒径同样会影响瓦斯解吸能力,其本质原因是小粒径煤样有更高的孔容和比表面积,能够吸附更多的瓦斯气体分子。小粒径煤样的解吸路径也优于大粒径煤样,因此前者的解吸速度更快。图 7-4 给出了安徽省祁南煤矿在相同压力(0.6 MPa 和 1.0 MPa)不同粒径下煤样的瓦斯解吸曲线。

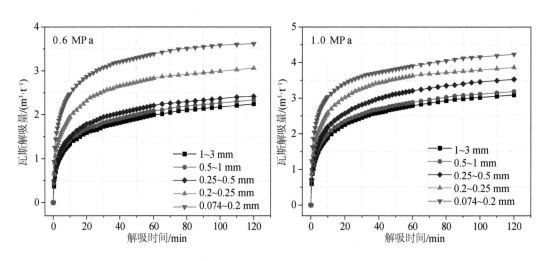

图 7-4　安徽省祁南煤矿不同粒径煤样的瓦斯解吸曲线

相同吸附平衡压力下,粒径越小,瓦斯解吸量越高。不同粒径煤样在不同压力下的瓦斯解吸曲线呈现出相同的解吸特征,即初始时刻瓦斯解吸速率快,解吸量高;随着解吸的进行,瓦斯解吸速率逐渐减小,解吸量增幅降低。瓦斯解吸后期,解吸曲线逐渐趋于直线,意味着内部的瓦斯难以解吸。此外,对于不同的煤样而言,存在一极限粒径,当煤样粒径小于该粒径时,瓦斯解吸性质不再发生明显变化。李云波[5]分析了不同粒径下构造煤的瓦斯解吸参数,他认为当粒径小于极限粒径时,粒径大小并不是影响瓦斯初期解吸规律的主要因素,粒径越小,粒径大小对构造煤瓦斯初期解吸性质的影响越小。

7.1.2.3　煤的破坏类型

煤的破坏类型主要是指煤受构造作用的程度,现有研究已经证实构造作用会改变煤的结构,进而影响其瓦斯的吸附和解吸过程。在相同的粒径和吸附平衡压力下,相同质量的构造煤吸附的瓦斯量、向空气介质中释放瓦斯的初速度以及累计瓦斯解吸量要高于原生煤。比如河南省平煤十矿原生煤的朗缪尔体积为 15.45 m^3/t,朗缪尔压力为 0.86 MPa^{-1},构造煤的朗缪尔体积为 19.14 m^3/t,朗缪尔压力为 1.08 MPa^{-1}。通过对不同破坏程度构造煤瓦斯解吸规律的研究,能够为煤与瓦斯突出预测、煤尘瓦斯压力估算以及采动落煤的瓦斯涌出预测提供理论依据。

7.1.2.4　内在水分

大量研究证实[12-16],煤对瓦斯的解吸能力随着水分含量的增加而降低,直至达到临界值。水分作为阻止煤吸附与解吸瓦斯的因素之一,其含量越高,煤中瓦斯的解吸速度越低,瓦斯极限解吸量越小。需要说明的是虽然水分对瓦斯吸附和解吸有一定的影响,但在地勘解吸法实测煤层瓦斯含量时可以不予考虑,原因在于无论原始煤的粒径大小和破坏类型如何,一旦取样地点确定了,那么煤中内在水分含量基本是相等的,水分对解吸过程的阻力也是恒定的。但对煤的内在水分的研究对瓦斯吸附解吸以及能量释放的研究有着重要的作用。杨卫华[14]通过对三个低阶煤样的研究发现煤样吸附孔连通性较好,能够使得煤体中的瓦斯在较短的时间内迅速解吸。水分的增加在一定范围内会使煤体瓦斯的极限解吸量减小,当增加到一定程度时,其不会再对煤的极限瓦斯解吸量产生明显的影响。在含水率较低的阶段瓦斯解吸速率快速下降,当含水率高至一定程度时下降趋于平缓,这主要是由于水分在煤基质表面堵塞了连通内部孔隙与外界的通道。

7.1.3　瓦斯解吸特性与瓦斯含量预测

7.1.3.1　煤的瓦斯解吸模型

国内外学者对空气介质中颗粒煤的瓦斯解吸规律进行了大量的研究,提出了很多关于瓦斯解吸规律的统计或经验公式,由于研究角度的不同和研究对象条件的差别,经验公式在揭示煤中瓦斯解吸规律时既有合理又有不合理成分。

英国 Barrer[7]在研究天然气在沸石中的流动时,导出了球状经典扩散模型的精确解。

他认为吸附和解吸是可逆的物理过程,气体的累计吸附量和解吸量与时间的平方根成正比:

$$\frac{Q_t}{Q_\infty} = \frac{2s}{V}\sqrt{\frac{Dt}{\pi}} = k\sqrt{t} \tag{7-1}$$

式中:Q_t——从开始到时间 t 时刻的累计解吸量,cm^3/g;

  Q_∞——极限吸附或解吸气体量,cm^3/g;

  s——单位质量试样的外表面积,cm^2/g;

  V——单位质量试样的体积,cm^3/g;

  t——吸附或解吸时间,min;

  D——扩散系数,cm^3/min;

  k——拟合参数。

德国工学博士 K. Winter 等[17]研究发现,从吸附平衡煤中解吸出来的瓦斯量取决于煤的瓦斯含量、吸附平衡压力、时间、温度、粒度等因素,解吸瓦斯含量随时间的变化可用幂函数表示:

$$Q_t = \left[\frac{\mu_1}{1-k_t}\right] t^{1-k_t} \tag{7-2}$$

式中:μ_1——$t=1$ 时的瓦斯解吸速度,$cm^3/(g \cdot min)$;

  k_t——瓦斯解吸速度变化特征指数。

上式中的 k_t 不能为1,在瓦斯解吸的初始阶段,计算结果与实测结果较为一致,但是当解吸时间很长时,计算结果与实测结果之间的差值有增大的趋势。

有学者认为按达西定律计算得到的煤的瓦斯解吸数据与实测数据有较大的出入,他在实测数据的统计分析基础上得到了与实测数值较吻合的计算用经验公式[18]:

$$Q_t = \mu_0 \left[\frac{(1+t)^{1-n_1}-1}{1-n_1}\right] \tag{7-3}$$

式中:μ_0——$t=0$ 时的瓦斯解吸速度,$cm^3/(g \cdot min)$;

  n_1——取决于煤质等因素的系数。

英国学者 E. M. Airey[19]在研究煤层瓦斯涌出时,将煤体看作分离的包含有裂隙的"块体"的集合体,每个块体尺寸各有不同,由此建立了以达西定律为基础的煤的瓦斯涌出理论,并提出了如下的煤中瓦斯解吸量与时间的经验公式:

$$Q_t = Q_\infty \left[1 - e^{-\left(\frac{t}{t_0}\right)^{n_2}}\right] \tag{7-4}$$

式中:n_2——与煤中裂隙发育程度有关的常数。

Airey 的经验公式强调的是块状煤体,且是富含有裂隙的块体,并且裂隙构成了煤的渗透孔容[19]。从生产实践上看,当煤的破坏程度不是极其强烈时,将煤层简化成这种"块体"是较为合理的。然而,当煤破坏极为强烈时或对于人为采集的小粒径煤样,煤中会含有较大比例的微孔和过渡孔,渗透孔溶解所占的比例相对减少,此时,煤的瓦斯解吸分析采用菲克扩散定律相对更好。

澳大利亚研究人员 Bolt 和 Innes[8]等人通过试验对各种变质程度的煤的瓦斯解吸过程进行了测试,他们认为瓦斯在煤中的解吸过程和瓦斯通过沸石的扩散过程非常类似,他们得出:

$$\frac{Q_t}{Q_\infty} = 1 - A e^{-\lambda t} \tag{7-5}$$

式中: A、λ ——经验常数。

王佑安和杨思敬[20]利用重量法测定了煤样瓦斯解吸速度,他们认为煤屑瓦斯解吸量随时间的变化符合朗缪尔型方程:

$$Q_t = \frac{A_t B t}{1 + B t} \tag{7-6}$$

式中: A_t、B ——解吸常数。

孙重旭[21]对煤屑瓦斯解吸规律进行了研究,他认为煤样粒度较小时,煤中瓦斯解吸主要为扩散过程,解吸瓦斯含量随时间的变化可用幂函数表示:

$$Q_t = A_i t^i \tag{7-7}$$

式中: A_i、i ——与煤的瓦斯含量及结构有关的常数。

我国许多学者认为煤屑的瓦斯解吸随时间的衰变过程与煤层钻孔中的瓦斯涌出衰减过程类似,均可以用下式来描述:

$$Q_t = \frac{\mu_0}{b}(1 - e^{-b_v t}) b_v \tag{7-8}$$

式中: b_v ——瓦斯解吸速度随时间衰变系数。

美国矿务局(USBM)的 Kissell 等人[22]认为煤中瓦斯解吸过程可用扩散方程来描述,解吸过程的早期累计解吸量与时间的平方根成正比,这种关系可用于推算泥浆介质中取芯时煤中瓦斯漏失量。Kissell 认为,泥浆介质中煤芯的瓦斯扩散开始时间取决于钻探取芯所使用的循环液类型,如用空气或湿气,扩散开始于岩芯管钻穿煤层之时,煤中瓦斯漏失的时间为取芯时间、提升时间以及试样装入密封罐开始瓦斯解吸测定前的时间之和;如用钻探泥浆,则瓦斯扩散开始于煤芯被提升至钻孔孔深一半时,此时,煤中瓦斯漏失时间可定义为提升时间的一半加上试样从取出至装入密封罐开始瓦斯测定前的时间。Kissell

由此建立了被世界各国广泛认可的煤层瓦斯含量测定的工业标准——USBM 解吸法。

美国的 Smith 和 Williams[23]针对 USBM 解吸法存在的技术缺陷,进一步提出了计算泥浆介质中取芯过程煤的瓦斯损失量的方法,并建立了 Smith-Williams 解吸法。Smith-Williams 解吸法是一种利用钻探煤屑确定煤层瓦斯含量的方法,钻探煤屑在现场从被循环液带到地表的煤屑收集得到,然后可利用类似于 USBM 解吸法的步骤解吸煤屑中的瓦斯。

王兆丰[11]采用不同变质程度的煤样,在不同粒度、瓦斯压力(瓦斯含量)和介质压力条件下,模拟煤样在水和泥浆介质中的瓦斯解吸过程,测定介质压力线性降低时煤中瓦斯解吸量与时间的关系,研究在水和泥浆介质中钻孔取样时煤样瓦斯损失量的计算办法。他对不同的煤芯煤样模拟提钻过程瓦斯解吸数据进行了曲线拟合,拟合结果表明泥浆介质中煤芯瓦斯解吸过程遵循如下规律:

$$Q_t = \mu_0 \left[\frac{(1+t)^{1+n_2} - 1}{1+n_2} \right] \tag{7-9}$$

式中:n_2——系数。

式(7-9)和式(7-3)在形式上是完全相同的,但表述的物理过程及物理意义完全不同。空气介质中乌斯季诺夫指数为 $(1-n) < 1$,说明煤中的瓦斯解吸是衰减过程;式(7-9)中的 $(1+n) > 1$,表明泥浆介质中提钻取芯过程中的瓦斯解吸整体上呈现出增速趋势。

7.1.3.2 瓦斯含量测定方法

1)直接法测瓦斯含量的原理

直接法测定煤层原始瓦斯含量的依据是瓦斯解吸原理。首先,测定煤样的解吸瓦斯量、解吸瓦斯规律及残存瓦斯量;然后根据解吸规律及煤样脱离煤体直到装入煤样罐进行测定前暴露于空气中的时间推算在此时间内损失的瓦斯量。测定和计算的损失量、解吸瓦斯量和残存瓦斯量的和即为煤层原始瓦斯含量。

2)直接法测试流程

井下测定瓦斯解吸量步骤如下:

(1)组织人员打钻采样,当钻孔见煤后,及时将煤装入煤样罐中进行密封,这段时间应控制在 2 min 之内。如煤芯中有夹矸或杂物时应将其剔除,煤样不能用水清洗,不能压实,保持原状装罐。

(2)迅速将煤样罐与瓦斯解吸速度测定仪连接,打开密封阀,每间隔 1 min 读 1 次量筒刻度数,直至解吸量 <2 cm³/min。或者现场测试 2 h 瓦斯解吸量 X_j,同时记录井下的大气压力、温度。根据煤样瓦斯解吸规律选取合适的经验公式推算煤样装入煤样罐密封之前的瓦斯损失量 X_s;然后将煤样煤样罐带回实验室再次粉碎前脱气和粉碎后脱气,进行残存瓦斯含量 X_c 的测定。瓦斯损失量、瓦斯解吸量和瓦斯残存量的和即为煤层原始瓦

斯含量 X：

$$X = X_s + X_j + X_c \tag{7-10}$$

3）直接法测定瓦斯含量的计算

（1）井下瓦斯解吸体积校正

采用井下瓦斯含量解吸仪测定解吸瓦斯含量，瓦斯解吸量以实测数据为准，即将井下测定的 2 h 瓦斯解吸体积换算成标准状态下瓦斯解吸体积，然后计算单位质量的瓦斯解吸量，按式（7-11）进行计算。

$$V_{t0} = \frac{273.2(p_0 - 0.009\,81h_w - p_t)V_t}{101.325(273.2 + T_w)} \tag{7-11}$$

式中：V_{t0}——换算为标准状态下的气体体积，cm^3；

　　　V_t——t 时刻时量筒内气体体积读数，cm^3；

　　　p_0——实验状态下大气压，Pa；

　　　T_w——实验室内温度，℃；

　　　h_w——读取试验数据时量管内水柱高度，mm；

　　　p_t——饱和蒸汽压力，Pa。

（2）实验室两次脱气气体体积的换算

粉碎前脱气：利用真空脱气装置将解吸 2 h 后的煤样分别在常温和加热至 95～100℃ 恒温下进行脱气，一直进行到每 30 min 内泄出瓦斯体积小于 10 cm^3，然后用气相色谱仪分析气体成分。

粉碎后脱气：粉碎前脱气结束后，迅速将煤样装入球磨罐中密封，将煤样粉碎到粒度小于 0.25 mm 的煤样重量超过 80%，并按照下式将两次脱气的气体体积换算为标准状态下的体积：

$$V_{T_n0} = \frac{273.2(p_0 - 0.016\,7hT_C - p_{T_n})V_{T_n}}{101.325(273.2 + T_n)} \tag{7-12}$$

式中：V_{T_n0}——换算为标准状态下的气体体积，cm^3；

　　　V_{T_n}——实验室温度 T_n、大气压力 p_1 条件下的量筒内的气体体积，cm^3；

　　　T_n——实验室内温度，℃；

　　　T_C——气压计温度，℃；

　　　p_{T_n}——实验室温度 T_n 下饱和食盐水饱和蒸汽压，kPa。

（3）损失瓦斯量的计算

① $\sqrt{t}$ 法

Barrer[7] 提出气体的累计吸附量和解吸量与时间的平方根成正比，基于此，Bertard

等人[9]通过实验研究证实了瓦斯损失量的假设：

$$Q_t = c + d\sqrt{t} \tag{7-13}$$

式中：c、d ——常数；

在计算常数 c 之前，先以 $\sqrt{t}$ 为横坐标，以 V_{t0} 为纵坐标绘图，根据所绘图形大致判定呈线性关系的各测点，然后根据这些点的坐标值，按照最小二乘法求出 c 值，即为所求的损失瓦斯量。

② 幂函数法

将测得的 (t, V_t) 数据转化为解吸速度数据 $\left(\dfrac{t_i + t_{i-1}}{2}, q_t\right)$，然后将 $\left(\dfrac{t_i + t_{i-1}}{2}, q_t\right)$ 按式(7-14)拟合求出 q_0 和 n。

$$q_t = q_0(1+t)^{-n} \tag{7-14}$$

式中：q_t ——时间 t 对应的瓦斯解吸速度，cm^3/min；

q_0 ——$t = 0$ 时对应的瓦斯解吸速度，cm^3/min；

t ——包括取样时间 t_0 在内的瓦斯解吸时间，min；

n ——瓦斯解吸速度衰减系数，$0 < n < 1$。

在此基础上，可求得煤样的损失瓦斯量：

$$V_s = q_0 \frac{(1+t_0)^{1-n} - 1}{1-n} \tag{7-15}$$

式中：V_s ——煤样损失瓦斯量，cm^3；

t_0 ——煤样暴露时间，min。

③ 对数函数法

安等人[24]发现对数公式对解吸的拟合程度有显著影响，他们通过大量实验研究证明对数公式对煤具有一定的普适性，并给出了 t 时刻解吸的瓦斯量：

$$V_s = b + a\ln(2) \tag{7-16}$$

式中：a、b ——拟合系数。

7.1.4 瓦斯解吸曲线

不同粒径和平衡压力下煤样的 120 min 瓦斯解吸曲线如图 7-5 和图 7-6 所示，瓦斯解吸曲线呈现出典型的 Langmuir 特征，即随着解吸时间的增加，瓦斯解吸量先迅速增加，随后增速放缓。瓦斯解吸曲线初始阶段的斜率很大，此后随时间的增加逐渐减小，斜率越大说明瓦斯解吸速度越快,斜率越小说明瓦斯解吸速度越慢。从煤样的瓦斯解吸曲线可以看出在初始阶段瓦斯解吸速度最快,随着解吸时间的增加,瓦斯解吸速度逐渐降低。通过对比构造煤和原生煤的瓦斯解吸曲线发现,一方面构造煤有更高的瓦斯解吸量,另一方面构造煤有更高的初始瓦斯解吸速度,这与其对应的大分子结构和孔隙结构的发育程度是密不可分的。

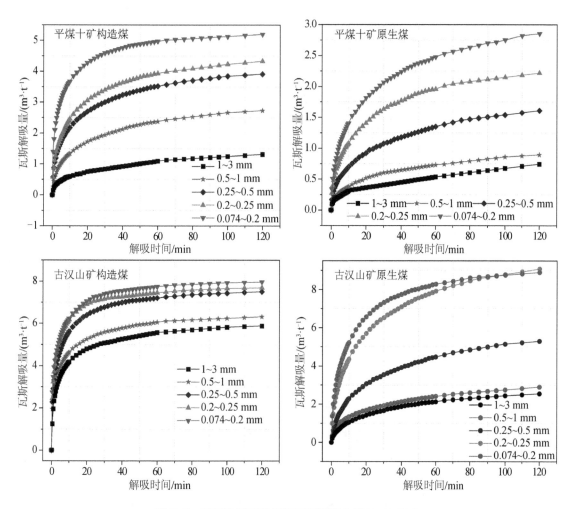

图 7-5　不同粒径下煤样的瓦斯解吸曲线(0.6 MPa)

瓦斯解吸的本质是煤内部的瓦斯分子宏观扩散运移,其主要受到浓度梯度和扩散系数的影响,关于扩散系数是恒定值还是变化值,近年来,大量学者对此进行了一系列的研究[25-28]。浓度梯度随解吸时间的增加逐渐降低,这一点是学者们的共识,随解吸时间的增加,扩散系数保持不变或逐渐降低,最终都会导致瓦斯扩散的物质通量逐渐降低[25]。在初始阶段,煤内部的瓦斯浓度最高,因此,初始阶段的瓦斯解吸速度最快;随着解吸的进行,浓度差变得越来越小,瓦斯解吸速度逐渐变缓。

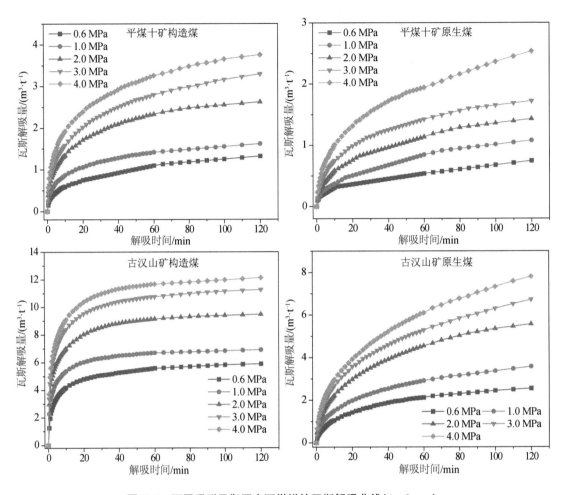

图 7-6　不同吸附平衡压力下煤样的瓦斯解吸曲线（1～3 mm）

由图 7-5 可知，相同压力下，煤样的瓦斯解吸量和初始瓦斯解吸速率随粒径的减小逐渐增加。以 0.6 MPa 对应的煤样为例，粒径由 1～3 mm 降低至 0.074～0.2 mm 时，平煤十矿构造煤的瓦斯解吸量由 1.32 m³/t 增加至 5.20 m³/t，增加了 2.94 倍，原生煤的瓦斯解吸量由 0.74 m³/t 增加至 2.85 m³/t，增加了 2.85 倍；古汉山构造煤的瓦斯解吸量由 5.88 m³/t 增加至 7.96 m³/t，增加了 0.35 倍，原生煤的瓦斯解吸量由 2.55 m³/t 增加至 8.89 m³/t，增加了 2.49 倍。由此可见，粉化作用对构造煤的瓦斯解吸量的影响要弱于原生煤。

随着吸附平衡压力的增加，相同粒径下各煤样的瓦斯解吸量和初始瓦斯解吸速度均有所增加（图 7-6）。同一粒径下，煤样的吸附平衡压力越大，内部的瓦斯浓度越大，吸附的瓦斯量越多，在解吸路径不变的前提下，初始阶段的浓度梯度就越大，进而会有更高的初始瓦斯解吸速度。同时，吸附平衡压力越大，相同粒径下构造煤的初始瓦斯解吸速度和瓦斯解吸量比原生煤越高，这也是构造煤有更发育孔隙结构的直观反映。以粒径为 1～

3 mm 的煤样为例,吸附平衡压力由 0.6 MPa 增加至 4 MPa 时,平煤十矿构造煤和原生煤的瓦斯解吸量变化范围分别介于 1.32~3.76 m³/t 和 0.74~2.54 m³/t 之间;古汉山构造煤和原生煤的瓦斯解吸量变化范围分别介于 5.88~12.14 m³/t 和 2.55~7.8 m³/t 之间。该结果表明构造煤的瓦斯解吸量显著大于原生煤,且古汉山煤样的瓦斯解吸量高于平煤十矿煤样的瓦斯解吸量。

7.1.5　初始瓦斯解吸速度

为更清楚地认识构造煤和原生煤初始瓦斯解吸性能的差异,以平衡压力 0.6 MPa、2 MPa 和 4 MPa 为例,计算并分析不同粒径下构造煤和原生煤第一分钟的瓦斯解吸平均速度,结果如图 7-7 所示。不同平衡压力下,各煤样第一分钟瓦斯解吸平均速度随粒径的减小逐渐增加。祁南构造煤和原生煤第一分钟瓦斯解吸平均速度为 0.009 7~0.052 mL/(g·s) 和 0.002 4~0.036 5 mL/(g·s);平煤十矿构造煤和原生煤第一分钟瓦斯解吸平均速度为 0.003 9~0.063 9 mL/(g·s) 和 0.002~0.024 2 mL/(g·s);古汉山构造煤和原生煤第一分钟瓦斯解吸平均速度为 0.032 7~0.113 5 mL/(g·s) 和 0.005 5~0.078 45 mL/(g·s)。祁南、平煤十矿和古汉山构造煤的第一分钟瓦斯解吸平均速度分别是原生煤的 1.43~4.05 倍、1.98~3.71 倍和 1.45~8.83 倍,该结果表明构造煤具有更高的初始瓦斯解吸速度。

图 7-7 的变化特征还表明,第一分钟瓦斯解吸平均速度随粒径的减小呈现出“分段式”增加的特征。煤的双重孔隙性质决定其可能存在一个大致范围内的解吸极限粒径,当颗粒煤的粒径高于该粒径时,解吸速度随粒径的增加基本不变;当颗粒煤的粒径小于该粒径时,解吸速度会随粒径的减小呈快速增加趋势[29]。图中的变化结果证实了不同极限粒径的存在。周世宁[30]的研究结果表明颗粒煤极限粒径的范围一般介于 0.5~10 mm 之间,多处于毫米级别,赵伟[29]通过实验研究得出极限粒径在 0.75 mm 左右。从本章的结果发现,颗粒煤的极限粒径大致为 0.5~0.75 mm,且并未明显观察到构造煤和原生煤极限粒径的差异性。当颗粒煤的粒径大于极限粒径时,不同煤样的解吸速度随压力的增加并未表现出基本不变的特性,相反,仍表现出较为明显的降低趋势。

通过对比分析煤样的瓦斯解吸量和初始瓦斯解吸速度可知,粉化作用对平煤十矿煤样的瓦斯解吸性能影响最大,对祁南煤样和古汉山煤样的影响效果要弱。粒径越小,粉化作用对煤的改造效果越大,孔隙结构会越发育,瓦斯运移路径更简单。因此,小粒径煤样中会吸附更多的瓦斯,解吸的瓦斯量更大。由于小粒径煤样的瓦斯运移路径更简单,所以相应的初始瓦斯解吸速度更高。对孔隙结构的分析结果表明,构造煤的孔隙结构已经很发育,粉化作用对构造煤的影响程度要显著弱于原生煤,因而,小粒径构造煤样的瓦斯解吸性能与大粒径煤样相比虽然有所增加,但仍低于原生煤增加幅度。

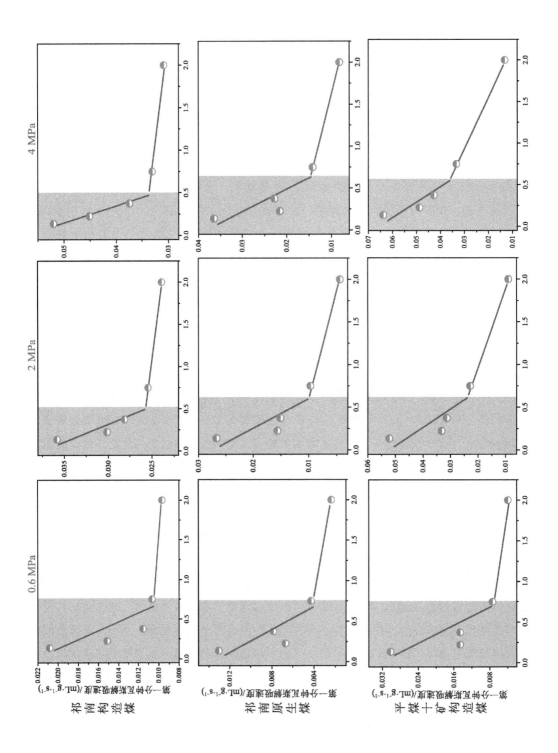

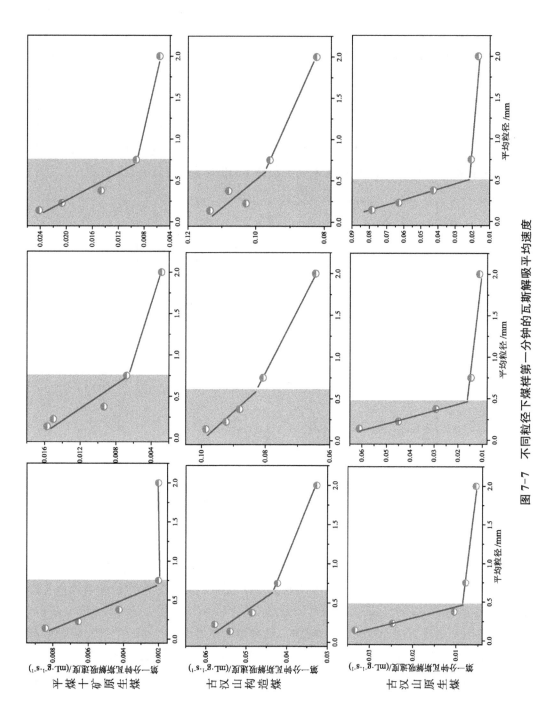

图 7-7　不同粒径下煤样第一分钟的瓦斯解吸平均速度

7.1.6 瓦斯损失量

1) 不同解吸模型下损失瓦斯量的相关性

根据不同压力下的气体解吸数据,采用上述方法计算构造煤和原生煤的相关系数,以确定最佳的煤解吸方法,如图7-8所示。结果表明,Barrer法和对数函数法对原生煤的预测精度最高,在不同气压下的相关系数分别接近0.97~0.99和0.94~0.96。幂函数法的离散型较大,相关系数最低仅为0.76。构造煤的Barrer方法的相关系数最低,最小为0.76,而对数函数方法最好,其次是幂函数方法。结果表明,Barrer方法不适用于所有具有快速气体解吸特征的构造作用煤。在Wang等人[31]的研究中,应用了六种拟合类型,其中对数公式拟合解吸曲线最准确,在不同的条件下,相关系数接近1。

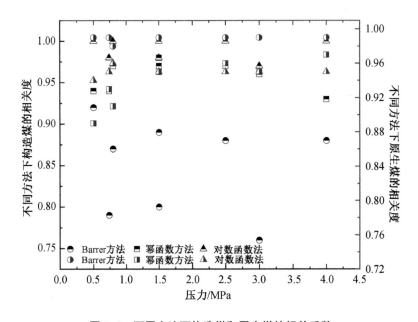

图7-8 不同方法下构造煤和原生煤的相关系数

2) 暴露过程中损失瓦斯量计算的验证

以不同的平衡压力为例,分别计算暴露时间为5 min的构造煤和原生煤的损失瓦斯量(表7-1),并将损失瓦斯量与真实损失瓦斯量进行比较。很明显,无论是构造煤还是原生煤,用幂函数计算的损失瓦斯量的相对误差最大,分别为75.3%~76.7%和59.4%~65.3%。使用Barrer方法计算损失瓦斯量时,构造煤的相对误差(44.9%~52.0%)明显大于原生煤的相对偏差(4.1%~17.7%)。然而,除1.5 MPa以下的古汉山原生煤样外,所有原生煤的计算所得的损失瓦斯量相对误差均小于构造煤。进一步观测表明,用对数函数计算的原生煤的损失瓦斯值与真实损失瓦斯量非常接近,最大相对误差为8.2%,最小相对误差仅为0.7%。与原生煤相比,构造煤损失瓦斯量具有很大的离散性。古汉山构造煤和卧龙湖构造煤的对数法计算损失瓦斯量与真实损失瓦斯量相差较大,相对误差分别高达 42.1% 和 35.9%。尽管对数函数计算的相对误差很大,但在相同条件下,其精度仍高于幂函数法和 Barrer 方法。上述分析表明,用 Barrer 方法和对数函数计算的损失瓦斯量更适合于原生煤,当然,这两种方法是广泛应用的方法。然而,对于构造煤,我们感到困惑的是,用上述方法计算的损失瓦斯量与真实损失瓦斯量相差较大。另一个有趣的发现是,对数函数法计算的损失瓦斯量有时大于真实值,而其他方法的计算值通常低于真实值。一般来说,幂函数法在计算损失瓦斯量时误差较大,在现场应用时应避免使用。

表 7-1　5 min 暴露时间下不同解吸模型计算的煤样损失瓦斯量

煤样	压力 /MPa	真实损失量 /(m³·t⁻¹)	Barrer 法		幂函数法		对数法	
			计算损失量 /(m³·t⁻¹)	相对误差 /%	计算损失量 /(m³·t⁻¹)	相对误差 /%	计算损失量 /(m³·t⁻¹)	相对误差 /%
古汉山构造煤	0.74	4.38	2.28	47.9	1.02	76.7	2.74	37.4
	1.5	5.54	2.66	52.0	1.34	75.8	3.21	42.1
古汉山原生煤	0.74	0.98	0.94	4.1	0.34	65.3	1.00	2.0
	1.5	1.47	1.21	17.7	0.52	64.6	1.46	0.7
卧龙湖构造煤	0.8	2.96	1.63	44.9	0.73	75.3	1.97	33.4
	1.5	3.68	1.90	48.4	0.88	76.1	2.36	35.9
卧龙湖原生煤	0.8	0.64	0.61	4.7	0.26	59.4	0.67	4.7
	1.5	0.97	0.87	10.3	0.39	59.8	1.05	8.2

　　3 min 暴露时间下不同解吸模型计算所得的煤样损失瓦斯量见表 7-2,用上述方法计算的不同暴露时间(3 min 和 5 min)下的相对误差差别并不明显。在相同条件下,对于卧龙湖煤样,前者的相对误差略小于后者;古汉山煤样对应的相对误差与卧龙湖煤样存在差异,这可能与特定的样品性质有关。

表 7-2　3 min 暴露时间下不同解吸模型计算的煤样损失瓦斯量

煤样	压力 /MPa	真实损失量 /(m³·t⁻¹)	Barrer 法		幂函数法		对数法	
			计算损失量 /(m³·t⁻¹)	相对误差 /%	计算损失量 /(m³·t⁻¹)	相对误差 /%	计算损失量 /(m³·t⁻¹)	相对误差 /%
古汉山构造煤	0.74	3.87	1.88	51.4	1.15	70.3	1.88	51.4
	1.5	4.85	2.57	47.0	1.49	69.3	2.41	50.3
古汉山原生煤	0.74	0.80	0.68	15.0	0.29	63.8	0.78	2.5
	1.5	1.19	0.98	17.6	0.45	62.2	1.17	1.7
卧龙湖构造煤	0.8	2.55	1.46	42.7	0.77	69.8	1.51	40.8
	1.5	3.19	1.71	46.4	0.91	71.5	1.85	42.0
卧龙湖原生煤	0.8	0.50	0.49	2.0	0.23	54.0	0.52	4.0
	1.5	0.75	0.73	2.7	0.34	54.7	0.77	2.7

采用幂函数法计算的损失瓦斯量仍然存在很高的相对误差,但整个误差略小于暴露时间为 5 min 时的误差。此外,在这 3 min 内,可观察到损失瓦斯量的明显变化,以古汉山原生煤和构造煤为例,其结果分别为 0.51 m³/t(0.74 MPa)、0.18 m³/t(0.74 MPa)和 0.69 m³/t(1.5 MPa)、0.28 m³/t(1.5 MPa)。一方面,研究表明,在相同条件下,构造煤的损失瓦斯量较大,且与压力呈正相关。尽管采用了几种常用的计算损失瓦斯量的方法,但构造煤的损失瓦斯量的计算值相对误差仍然很大。对数函数是几种方法中计算损失瓦斯量的最佳方法;然而,在古汉山原生煤和卧龙湖构造煤的损失气体的计算中该方法所得结果仍然存在较大的误差。因此,应重视构造煤中损失瓦斯量的研究,特别是损失瓦斯量的计算方法。

3) 现场验证

为了验证和比较上述方法计算所得的损失瓦斯量,笔者在焦作煤田古汉山煤矿开展了验证工作。钻孔位置均位于 21 煤层内的 1603 工作面。在开始钻探之前,预先准备了煤样罐、气体解吸量筒和秒表。21 煤层自下而上分别由原生煤、构造煤和原生煤组成。在钻探过程中,当钻杆靠近煤层时,用气动钻机取代水钻。当煤出现时,立即启动计时器,将煤样迅速装入煤样罐进行气体解吸试验,将采样时间(暴露时间)严格控制在 5 min 以内。在煤矿不同位置测量的气体解吸曲线如图 7-9 所示。

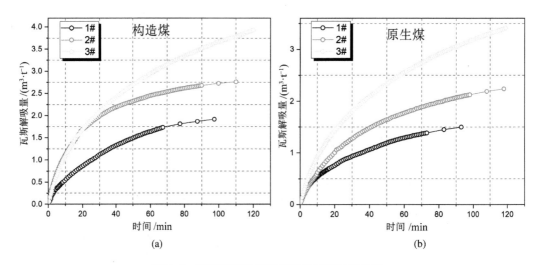

图 7-9　不同取样位置下煤样的瓦斯解吸曲线

测得的瓦斯解吸量与实验室中所得结果具有相同的性质:即构造煤的气体解吸量和解吸速率大于原生煤。然后,基于测得的解吸日期,通过上述方法获得损失瓦斯量(表 7-3)。很明显,对数函数法计算的损失瓦斯量高于其他方法,这与实验室获得的结果一致,而幂函数法测得值仍然最小。以♯1 钻孔为例,对数函数法计算的构造煤和原生煤的损失瓦斯量分别是 Barrer 法和幂函数法的 1.74 倍、2.41 倍和 1.29 倍、1.89 倍。这些结果不仅表明构造煤中的损失瓦斯量水平更高,而且表明不同方法计算的损失瓦斯量存在很大差异。此外,对于所有测量的煤样,特别是暴露时间相同的 3# 钻孔,构造煤的损失瓦斯量总是大于原生煤,这也与实验室的结果一致。根据煤矿和实验室的损失瓦斯量计算结果,我们得出结论:用对数函数法计算的损失瓦斯量可能是最准确的。

表 7-3　对不同钻孔取样位置的煤样计算损失瓦斯量

钻孔	煤样	暴露时间/min	不同解吸模型下损失瓦斯量		
			Barrer 法/($m^3 \cdot t^{-1}$)	幂函数法/($m^3 \cdot t^{-1}$)	对数法/($m^3 \cdot t^{-1}$)
1#	构造煤	2.5	0.47	0.34	0.82
	原生煤	2	0.41	0.28	0.53
2#	构造煤	3	1.19	0.54	1.65
	原生煤	1.5	0.30	0.15	0.75
3#	构造煤	2	0.71	0.35	1.41
	原生煤	2	0.60	0.29	1.20

4)解吸模型和暴露时间的选择

许多学者已经进行了大量的研究以减少计算损失瓦斯量的误差[32,33],包括研究气体解吸公式、物理性质、温度等[22,34]。构造煤与原生煤的气体解吸规律不同,因此,一些公式通常可用于计算原生煤的损失瓦斯量,但不一定适用于具有快速初始气体解吸能力的构造煤损失瓦斯量的计算。因此,我们应该综合比较每种方法,并选择最佳损失瓦斯量计算结果(即通常选择最大值)。近年来,样品的暴露时间越来越受到学者们的关注。即使使用合理的方法来计算损失的气体,当样品暴露时间超过一定值时,也无法获得确切的结果[31],尤其是对于具有快速解吸能力的构造煤。Jiang 等人[35]应用 Barrer 方法计算损失瓦斯量,结果表明,误差随着暴露时间的增加而增加。谢向向[36]还利用 Barrer 方法计算了常村煤矿和邹庄煤矿构造煤和原生煤的损失瓦斯量,结果表明,计算损失瓦斯量的方法更适用于低压条件下的原生煤,而不适用于构造煤,这与本章的结果相一致。因此,为了准确计算损失的瓦斯量,有必要尽可能缩短样品的暴露时间。在允许的条件下,应采用密封取芯方法。同时,所有样品的计算瓦斯损失量的误差值都随着压力的增加而增加。需要注意的是,原生煤的误差随着温度的升高而减小,但构造煤的结果相反。因此,应进一步研究温度对构造煤损失瓦斯量的影响。

7.2　颗粒煤中瓦斯扩散模式及影响因素

煤中 80%~90% 的吸附态瓦斯在表面脱附后,均需通过扩散的形式进入煤的裂隙系统内,瓦斯扩散特性对于煤层瓦斯抽采意义非凡,因而煤中瓦斯的扩散性质一直是国内外学者广泛研究的热点。聂百胜等[37,38]和何学秋[39]依据分子运动理论,对瓦斯在煤层中的扩散模式和扩散机理进行了系统性的分析,认为瓦斯在煤体中的扩散形式包含有细孔扩散、表面扩散和晶体扩散;他们根据扩散阻力的不同并依据诺森数的大小,将瓦斯在颗粒煤孔隙中的扩散模式分为 Fick 扩散、Kundsen 扩散和过渡型扩散。Houst 等人[40]认为煤本身是孔裂隙结构极其复杂的多孔介质,从孔隙到微米孔裂隙均发育,瓦斯在颗粒煤孔隙中的扩散模式可能并非一种,实际扩散形式可能是 Fick 扩散、Kundsen 扩散和过渡型扩散复合作用的结果。

7.2.1 颗粒煤中瓦斯扩散模式

煤层中的瓦斯解吸一般认为是扩散、渗流或者是扩散和渗流共存的过程。对于颗粒煤中的瓦斯解吸,国内外学者普遍认为瓦斯由颗粒内部扩散至颗粒表面需要经过两个过程[41]:

(1)孔隙表面瓦斯的快速解吸;

(2)表面快速解吸的瓦斯经由基质和孔隙系统快速扩散运移。

煤中瓦斯的解吸发生在孔隙结构的表面,甲烷分子在孔隙表面的吸附是物理过程。在稳定状态下,吸附和解吸处于一个动态平衡过程,因此,解吸同样属于物理过程,且在瞬间就能够实现,因而表面瓦斯的快速解吸相对于整个扩散过程是可以忽略的。扩散过程是传质过程,其物理本质特征在于质点的无规则运动,并且有使扩散物质在整个扩散体系内达到均匀化的趋势;在微观机理方面,扩散物质分子在整体动态平衡体系内做热运动,当平衡状态被打破时,扩散物质分子的平衡位置会发生改变,此过程即为扩散。

颗粒煤中的瓦斯扩散本质是瓦斯分子在颗粒煤中以浓度梯度为驱动力发生的一种定向运动,运移过程符合 Fick 第一扩散定律,即:

$$J = -D \frac{\partial C}{\partial x} \tag{7-17}$$

式中:J ——扩散通量,$kg/(m \cdot s)$;

D ——扩散系数,m^2/s;

x ——扩散距离,m;

C ——扩散物质的浓度,kg/m^3;

$\dfrac{\partial C}{\partial x}$ ——浓度梯度。

颗粒煤中的扩散过程实际是非稳态的,将 Fick 第一扩散定律应用于三向非稳态流动场的环境下,并依据质量守恒定律和连续性原理,可以推导出 Fick 第二扩散定律,表达式如下:

$$\frac{\partial C}{\partial t} = \frac{\partial}{\partial x}\left(D \frac{\partial C}{\partial x}\right) + \frac{\partial}{\partial y}\left(D \frac{\partial C}{\partial y}\right) + \frac{\partial}{\partial z}\left(D \frac{\partial C}{\partial z}\right) \tag{7-18}$$

煤是一种由孔裂隙组成的复杂的多孔介质,依据诺森数的大小,可将瓦斯在颗粒煤孔隙中的扩散模式分为 Fick 扩散、Kundsen 扩散和过渡型扩散[38,39,42]，扩散模型如图 7-10 所示。

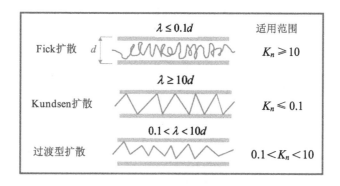

图 7-10　颗粒煤中甲烷扩散示意图

诺森数可以由孔隙平均直径和分子平均自由程的比值计算得到，表达式如下：

$$K_n = \frac{d}{\lambda_s} \tag{7-19}$$

式中：K_n——诺森数；

　　d——孔隙平均直径，nm；

　　λ_s——气体分子的平均自由程，nm。

当 $K_n \geqslant 10$ 时，孔径较大，甲烷分子在孔隙中的扩散主要会受到分子之间相互碰撞的影响，此时的扩散为 Fick 扩散；当 $K_n \leqslant 0.1$ 时，孔径较小，甲烷分子在孔隙中的扩散主要会受到甲烷分子与孔隙壁相互碰撞的影响，甲烷分子间的碰撞作用可以忽略不计，这时孔内的扩散为 Kundsen 扩散；当 $0.1 < K_n < 10$ 时，分子平均自由程与孔隙直径相近，Kundsen 扩散和 Fick 扩散同时起到重要的作用，这时的扩散为介于二者之间的过渡型扩散[39]。

7.2.2　颗粒煤中瓦斯扩散的影响因素

瓦斯在颗粒煤中的扩散主要受到内在因素和外在因素的共同影响。内因主要是颗粒煤本身的性质对瓦斯分子扩散的控制作用，可概述为以下两点：

（1）颗粒煤的孔隙结构特征：孔隙结构越复杂，瓦斯扩散运移的路径越长，扩散能力越弱。

（2）颗粒煤本身的结构缺陷：颗粒煤与瓦斯分子之间的吸附势作用会导致瓦斯在晶体表面的扩散较内部的扩散更快。

外因则主要是瓦斯分子的性质和外部条件，可以概述为以下三点：

（1）温度：温度越高，瓦斯分子的内能越大，扩散能力越强。

（2）压力：压力越大，说明浓度越高，越有利于瓦斯的扩散。

（3）浓度：瓦斯浓度越高，扩散能力越强。

将瓦斯分子视为理想气体，依据分子运动理论，分子平均自由程可由下式计算得到：

$$\lambda = \frac{kT}{\sqrt{2}\pi d_0^2 p} \tag{7-20}$$

式中：k ——玻尔兹曼常数，J/K；$k = 1.38 \times 10^{-23}$ J/K，

d_0 ——气体分子的平均有效直径，nm；

λ ——气体分子平均自由程，m；

T ——气体分子所处环境的温度，K；

p ——气体分子所处空间的压强，Pa。

从式（7-20）可知，气体分子平均自由程与温度成正比，与压力成反比。因此，温度和压力是影响颗粒煤中瓦斯扩散的主要因素。同时，颗粒煤中的孔隙平均直径还会受到孔隙的大小和形状、微晶结构性质以及化学结构等特性的多重影响。

7.3 颗粒煤的瓦斯扩散系数

7.3.1 均质颗粒煤的非稳态瓦斯扩散模型

式（7-5）即为均质颗粒煤的非稳态瓦斯扩散模型，此模型能够应用的前提是要对颗粒煤中的瓦斯扩散行为做出以下假设：

（1）颗粒煤的颗粒为球形；

（2）颗粒煤为均质、各向同性的介质；

（3）扩散系数与极坐标、时间和浓度均无关系；

（4）颗粒煤中的瓦斯流动遵循连续性原理和质量守恒定理。

当处于动态平衡的颗粒煤-瓦斯体系的外界条件发生改变时，颗粒煤表面的瓦斯浓度会立刻发生变化，在颗粒煤的流动方向（半径方向）会形成浓度差，瓦斯的吸附和游离的动态平衡会发生改变，进而使颗粒煤中心的瓦斯向表面扩散，颗粒煤的初始吸附平衡浓度 C_0 会发生变化，最终的浓度会稳定在 C_1 处：

$$\begin{cases} C = C_0 = \dfrac{abp_0}{1+bp_0} & (0 \leqslant r < a, t = 0) \\ C = C_1 & (r = a, t > 0) \\ \dfrac{\partial C}{\partial r} = 0 & (r = 0, t > 0) \end{cases} \tag{7-21}$$

式中：a ——吸附常数，$\mathrm{m^3/t}$；

b ——吸附常数，MPa^{-1}；

p_0——原始瓦斯压力，MPa。

结合式(7-21)给出的初始条件和边界条件对式(7-18)进行求解，就可以得到累计扩散率的表达式：

$$\frac{Q_t}{Q_\infty} = 1 - \frac{6}{\pi^2} \sum_{n=1}^{\infty} \frac{1}{n^2} e^{\left(-\frac{n^2 \pi^2 D t}{r_0^2}\right)} \tag{7-22}$$

式中：C_0——颗粒煤的初始吸附平衡的瓦斯质量浓度，kg/m^3；

C_1——颗粒煤表面的瓦斯质量浓度，kg/m^3；

p_0——原始瓦斯压力，MPa；

r_0——颗粒煤的平均半径，m；

Q_t——t 时间内颗粒煤中的瓦斯解吸总量，m^3/t；

Q_∞——极限瓦斯解吸量，m^3/t；

D——扩散系数，m^2/s；

t——时间，s。

在考虑颗粒煤中水分和灰分的情况下，极限瓦斯解吸量可由下式进行估算：

$$Q_\infty = \left(\frac{abp}{1+bp} - \frac{abp_a}{1+bp_a}\right)(1 - W_f - A_f) \tag{7-23}$$

式中：p_a——实验室的大气压力，MPa；

W_f——煤的水分，$\%$；

A_f——煤的灰分，$\%$。

当前的颗粒煤中的瓦斯扩散模型主要有依据 Fick 扩散定律的数学模型和经验模型两种。数学模型可分为单孔扩散模型、双孔扩散模型和多孔扩散模型[43]。Crank[44]首先利用 Fick 扩散定律建立了边界条件下的均质颗粒煤的非稳态瓦斯扩散模型(经典扩散模型)，并给出了扩散模型的解析解。在此基础上，Nandi 和 Walker[45]、Airey[19] 和杨其銮[46]等学者对经典扩散模型进行了数值简化求解，发现放散量与时间呈级数解关系，级数解的形式与边界条件有关。在这些学者的推动下，经典扩散模型得到更广泛的推广和应用。聂百盛等[47,48]在经典扩散模型的基础上将颗粒煤的表面传质考虑在内，建立了第三类边界条件下的瓦斯扩散模型。此外，还有一些广泛使用的乌斯基诺夫式[18]、文特式和王佑安式[20]，这些经验和半经验公式在煤矿现场瓦斯含量测定等方面具有较高的应用价值。

7.3.2　颗粒煤多尺度孔隙的瓦斯扩散物理模型

均质颗粒煤的非稳态瓦斯扩散模型计算的理论解吸量均偏离实际解吸量，原因在于模型假设颗粒煤是均质且各向同性的介质，这种假设将颗粒煤中孔隙简单化了；然而，前文的研究结果已经证实颗粒煤中的孔隙结构是复杂多样的,孔隙结构的复杂性会引起颗粒煤内部瓦斯分布的差异性,进而引起扩散系数的变化。此外,模型还假定扩散系数为恒定值,但是随着瓦斯的解吸,扩散系数是在不断降低的,这会直接导致理论解吸量与实际解吸量之间存在较大的差异,且理论解吸量会显著高于实际解吸量,构造煤和原生煤解吸量的理论计算值与实际解吸量之间的差异性会有明显的不同。

在这种认识下,Ruckenstein[49]提出了将煤的孔隙视为由大孔隙和微孔隙组成的双孔模型,并将该模型用于煤的瓦斯扩散规律的分析。Smith 和 Williams[23]以及 Beamish 等人[50]认为双孔模型比单孔模型更适合用于描述整个瓦斯扩散过程。Cui 等人[51]和 Shi 等人[52]利用双孔模型对煤的扩散规律进行了描述,他们认为双孔模型在实际应用时计算过于复杂,并不适合推广和使用。刘彦伟[26]指出描述颗粒煤瓦斯扩散的模型并不能对整个瓦斯放散过程进行很好的描述,尤其是对具有快速初始解吸能力的构造煤,现有的模型并不适用。在这种情况下,我们建立了基于三级孔隙特征的颗粒煤瓦斯扩散的模型,进行了解算,发现实验得出的构造煤的瓦斯解吸曲线基本与拟合曲线重合,但当解吸时间大于30 min 时误差会迅速增大。对比发现,无论是双孔模型还是多孔模型,都存在待定参数多、测试任务重、计算复杂的特点,且拟合结果仍会存在一定的偏差。董骏[25]利用多尺度孔隙分布模型分析了祁南煤矿构造煤和原生煤颗粒的实验解吸量与理论值的关系,认为二者基本吻合,模型能够很好地对构造煤和原生煤的扩散过程进行表征。

李志强等[27,28]在均质颗粒煤的非稳态瓦斯扩散模型的基础上提出了颗粒煤多尺度孔隙的瓦斯扩散物理模型,该模型新增的假设为:颗粒煤的孔隙系统是由多尺度、大小不同的多级孔隙组成,由颗粒煤中心到表面,孔隙尺寸由小变大逐级递增并连续均匀分布,扩散系数也相应由小变大逐级递增,并展现出与时间相关的函特性,即扩散系数随时间的增加而减小。表达式如下:

$$D(t) = D_0 \exp\left(-\beta t\right) \tag{7-24}$$

式中:$D(t)$——随时间增加而变化的动扩散系数,m^2/s;

D_0——初始扩散系数,m^2/s;

β——动扩散系数随时间的衰减系数,s^{-1}。

将式(7-24)代入式(7-18)并结合式(7-21)给出的初始条件和边界条件进行求解,可以获得新模型 t 时刻的累计扩散率:

$$\frac{Q_t}{Q_\infty} = 1 - \frac{6}{\pi^2} \sum_{n=1}^{\infty} \frac{1}{n^2} e^{\left(-\frac{n^2 \pi^2 D_0}{\beta r_0^2}(1 - e^{-\beta t})\right)} \tag{7-25}$$

经式(7-25)计算可得到煤样的初始扩散系数和动扩散系数随时间的衰减系数。由式(7-24)可得到随时间变化的动扩散系数,同时,也可以反算出经模型计算的理论解吸量,以验证颗粒煤多尺度孔隙的瓦斯扩散物理模型对于煤样的适用性。

7.3.3　理论瓦斯解吸量和实验值的差异性比较

运用 120 min 瓦斯解吸量数据,由式(7-22)和式(7-25)计算煤样在不同压力和粒径下的瓦斯解吸量理论值,模型反算结果和实测瓦斯解吸量的结果如图 7-11 和图 7-12 所示。在瓦斯解吸初期阶段,运用均质颗粒煤的非稳态瓦斯扩散模型反算的理论瓦斯解吸量与实验值接近;随着解吸时间的增加,理论瓦斯解吸量与实验值之间的差距越来越大,误差值随平衡压力的增加和粒径的减小会出现不同程度的波动。平煤十矿煤样的理论瓦斯解吸量与实验值的误差随粒径的减小而逐渐减小。随着平衡压力的增加,平煤十矿煤样的理论瓦斯解吸量与实验值的误差逐渐减小。构造煤的平均理论瓦斯解吸量与实验值的差异要略大于原生煤,平煤十矿构造煤和原生煤的理论瓦斯解吸量与实验比值的平均结果分别是 1.24 和 1.23。

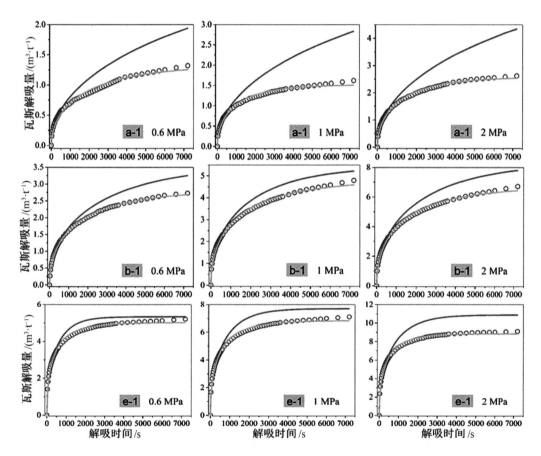

○　实验值　──均质颗粒煤的非稳态瓦斯扩散理论值　──颗粒煤多尺度孔隙的瓦斯扩散理论值

图 7-11　平煤十矿构造煤样瓦斯解吸量实测值与理论值对比图(a-1:粒径 1～3 mm; b-1:粒径 0.5～1 mm; e-1:粒径 0.074～0.2 mm)

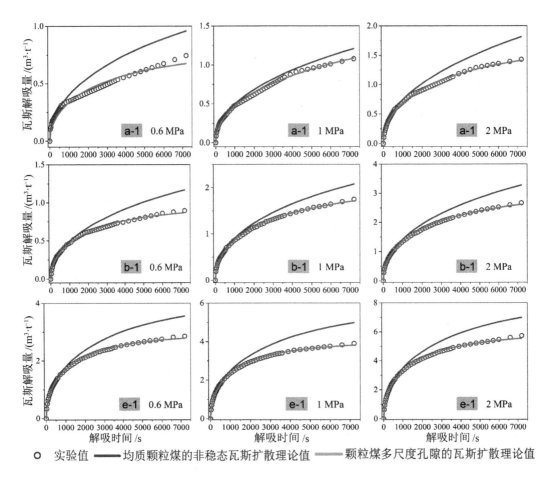

图 7-12　平煤十矿原生煤样瓦斯解吸量实测值与理论值对比图(a-1:粒径 1～3 mm;
b-1:粒径 0.5～1 mm; e-1: 粒径 0.074～0.2 mm)

产生上述结果的原因在于,均质颗粒煤的非稳态瓦斯扩散模型反算的瓦斯解吸量是基于定扩散系数展开的,该扩散系数实际为前 10 min 的平均瓦斯扩散系数。在实际的解吸过程中,解吸速率是逐渐降低的,即瓦斯扩散系数是处于不断变化中的,呈不断减小的特征,因而使用定扩散系数反算的瓦斯解吸量要显著大于实际值。从图 7-12 的结果可以看出,构造煤样后期的瓦斯解吸量逐渐趋于平缓,也就是解吸速度在逐渐降低,原生煤样的解吸速度虽然出现了明显降低,但仍大于构造煤,因而构造煤的理论瓦斯解吸量与实验值的差异要大于原生煤。

经式(7-25)计算的理论瓦斯解吸量与实验值的曲线基本重合,仅有解吸后期的瓦斯解吸量略低于实验值,该结果优于由均质颗粒煤的非稳态瓦斯扩散模型计算的结果,说明基于颗粒煤多尺度孔隙的瓦斯扩散物理模型对于构造煤和原生煤均有很好的适用性,基于此计算的扩散系数也能较好地反映出解吸过程中瓦斯扩散能力的变化。

7.3.4　瓦斯扩散系数

运用前述结论,选取颗粒煤多尺度孔隙的瓦斯扩散物理模型计算的初始扩散系数分析不同条件下煤样的扩散能力,计算结果如表 7-4 和表 7-5 所示。压力对相同粒径下构造煤和原生煤的初始扩散系数的影响并不大,且不同粒径和不同煤阶煤样的初始扩散系数随压力的增加表现出的变化趋势不同,并未呈现出单一的变化特征。具体分析可以发现,初始扩散系数随压力的增加而减小,但当压力到达一定值时(不同粒径和不同煤阶煤样的压力值不同),随平衡压力的增加,初始扩散系数反而呈现出增加趋势,这与薛文涛[53]的研究结论一致,他认为可能的原因在于孔隙结构会随压力的增加发生破坏,孔隙发生堵塞,转变为更小的孔隙,进而使得瓦斯不能快速运移;当平衡压力达到一定值后,发生堵塞的孔隙会进一步发生破坏,使得孔隙内的瓦斯再次发生扩散运移,从而使初始扩散系数增加。此外,也有学者认为随平衡压力的增加,初始扩散系数的变化很小,同时初始扩散系数本身数较小,因此可以忽略压力对初始扩散系数的影响。

表 7-4　不同粒径下平煤十矿构造煤的初始扩散系数

粒径/mm	0.6 MPa		1 MPa		2 MPa		3 MPa		4 MPa	
	D_0	β	D_0	β	D_0	β	D_0	β	D_0	β
1~3	3.73E-12	2.91E-04	4.07E-12	5.70E-04	4.50E-12	4.63E-04	4.37E-12	3.93E-04	5.51E-12	4.61E-04
0.5~1	3.88E-12	2.42E-04	5.23E-12	2.04E-04	4.46E-12	2.61E-04	4.69E-12	2.89E-04	5.42E-12	2.13E-04
0.25~0.5	1.35E-12	4.14E-04	1.45E-12	3.71E-04	1.68E-12	4.08E-04	1.84E-12	4.14E-04	2.20E-12	3.05E-04
0.2~0.25	6.20E-13	3.66E-04	6.30E-13	5.28E-04	6.40E-13	4.83E-04	9.70E-13	5.17E-04	1.00E-12	2.78E-04
0.074~0.2	7.10E-13	6.39E-04	5.10E-13	6.35E-04	5.30E-13	9.42E-04	6.00E-13	8.33E-04	5.80E-13	8.22E-04

构造煤的初始扩散系数明显高于原生煤,平煤十矿构造煤的初始扩散系数是原生煤的 1.03~6.45 倍,平均为 3.48 倍。可见,构造煤的初始扩散系数显著大于原生煤,构造煤解吸初期较大的初始瓦斯扩散能力与其较大的介孔孔隙参数有关,同时也受到甲烷分子与构造煤间较弱的作用力的影响。扩散系数的衰减系数随平衡压力的增加和粒径的减小表现出增加趋势,说明压力越大,粒径越小,扩散系数的衰减速度越快,相应的扩散能力的降低幅度也越大。此外,构造煤的衰减系数大于相同粒径和相同压力下的原生煤,这与初始瓦斯解吸速度相吻合。

表 7-5 不同粒径下平煤十矿原生煤的初始扩散系数

粒径/mm	0.6 MPa		1 MPa		2 MPa		3 MPa		4 MPa	
	D_0	β	D_0	β	D_0	β	D_0	β	D_0	β
1～3	3.61E-12	1.68E-04	2.60E-12	4.60E-05	2.30E-12	1.57E-04	2.75E-12	2.46E-04	3.82E-12	1.67E-04
0.5～1	7.80E-13	2.33E-04	1.03E-12	1.41E-04	9.90E-13	1.65E-04	1.02E-12	1.65E-04	1.05E-12	2.45E-04
0.25～0.5	5.50E-13	1.66E-04	4.70E-13	2.02E-04	4.60E-13	1.84E-04	4.80E-13	1.68E-04	6.20E-13	1.25E-04
0.2～0.25	2.40E-13	2.99E-04	2.40E-13	2.76E-04	2.40E-13	2.40E-04	2.90E-13	2.40E-04	3.40E-13	2.02E-04
0.074～0.2	1.10E-13	2.85E-04	1.00E-13	3.04E-04	1.00E-13	2.57E-04	1.40E-13	2.77E-04	1.70E-13	1.66E-04

　　粒径越小，相同瓦斯压力下煤样的初始扩散系数越低，这一实验结论与董骏[25]、刘彦伟[26]和薛文涛[53]等学者的研究结果相一致。这些学者分别从扩散所需的活化能、扩散路径和有效扩散截面积及孔隙结构等角度进行了分析，结合前人的观点，我们认为不同粒径下初始扩散系数的差异与煤不同孔阶段孔隙结构的复杂程度密切相关。不同粒径煤样的孔隙发育程度不同，相应的孔隙结构复杂程度不同，因而扩散运移的能力也不同。前文孔隙结构和瓦斯解吸实验的结果均表明小粒径煤样应该具有更高的瓦斯解吸扩散能力，然而，初始扩散系数却随粒径的减小而减小，这与孔隙结构参数和瓦斯解吸性质不符，在此基础上，本章计算了煤样的初始有效扩散系数 D_e，其表达式如下：

$$D_e = \frac{D_0}{r_0^2} \tag{7-26}$$

式中：D_e——初始有效扩散系数，s^{-1}；

　　　D_0——初始扩散系数，m^2/s；

　　　r_0——颗粒煤的平均半径，m。

　　不同粒径下煤样的初始有效扩散系数如图 7-13 所示，其值在 $10^{-6}\sim10^{-4}$ s^{-1} 数量级。在相同平衡压力下，多数煤样的初始有效扩散系数随粒径的减小呈增大趋势，仅有部分煤样的系数未呈现明显的增大特征。随粒径的减小，相同压力下祁南构造煤的初始有效扩散系数先降低后增加，在最小粒径时的值高于最大粒径，表现出类"U"形增加特征。随粒径的减小，多数平衡压力下古汉山构造煤的初始有效扩散系数先增加后降低，且在最小粒径时的结果高于最大粒径，表现出反"U"形增加特征，仅在 0.6 MPa 时，最小粒径时的扩散系数反而低于最大粒径对应扩散系数。综合图 7-13 的变化结果可知，煤样的初始有效扩散系数整体随粒径的减小而增加，这与孔隙结构参数和瓦斯解吸曲线呈现的特征相似。由此可知，真正控制瓦斯扩散量的是有效扩散系数。

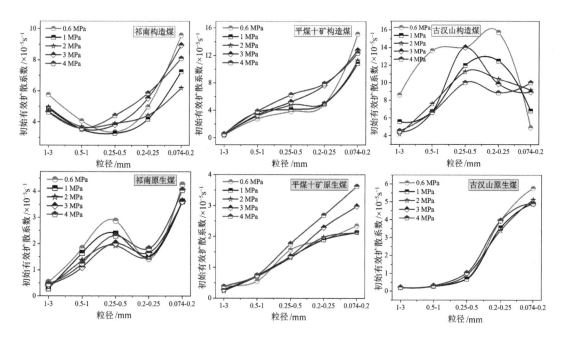

图 7-13　不同粒径下煤样的初始有效扩散系数

因为初始有效扩散系数是初始扩散系数与颗粒煤平均半径平方的比值,因此构造煤的初始有效扩散系数依旧高于原生煤,且两者的比值与初始扩散系数相等。粒径对于初始有效扩散系数的影响包括三个方面:①粒径越小,孔隙结构越简单,瓦斯扩散的阻力越小,扩散系数因而会增大;②粒径越小,颗粒煤的比表面积越大,单颗粒煤中瓦斯运移的路径和有效扩散面积越低,进而引起有效扩散系数的减小;③粒径越大,相同温度梯度下,瓦斯扩散所需要的活化能越大,解吸越困难。本章的实验结果表明,初始瓦斯扩散系数随粒径的减小逐渐降低,说明有效扩散截面积影响作用要高于其他两个因素。Dong 等人[54]认为影响瓦斯扩散特性的因素还包括基质形状因子,且该因素对瓦斯扩散性质的影响程度要大于扩散系数。

7.4　孔隙结构对瓦斯解吸扩散特性的影响

第 5 章中孔隙结构复杂度评价模型是基于介孔的孔隙结构参数建立的,因此,得到的复杂度评价指数和分级范围可用于描述介孔的性质。煤中的介孔是主要的瓦斯运移空间,因而,孔隙结构复杂度的评价指数能够用于评价煤中的瓦斯运移能力。为了验证这一结论,以 4 MPa 对应的初始有效扩散系数 D_e 为例,分析煤样的孔隙结构复杂度评价指数 K_t 和初始有效扩散系数 D_e 的关系,拟合结果如图 7-14 所示。观察并分析所有煤样的 K_t 与 D_e 的关系发现,二者间呈现出一定的函数关系,孔隙结构复杂度的评价指数越小,初始有效扩散系数越大,相应的瓦斯解吸能力越强。在此基础上,分别拟合不同煤样的 K_t 和

D_e 关系,结果如图 7-15(b)、(c)和(d)所示。与拟合所有煤样关系结果不同的是,各煤矿煤样的 K_t 和 D_e 拟合结果呈线性关系,K_t 越小,相应的 D_e 越大,瓦斯的解吸能力越强;祁南煤样、平煤十矿煤样和古汉山煤样 K_t 和 D_e 相关度分别为 0.464 87、0.620 88 和 0.793 77;在祁南煤样中存在一个异常点,该异常点与其余结果严重偏离,进而影响了 K_t 和 D_e 之间的相关性。虽然异常点使祁南煤样的相关度较弱,但其他煤样的相关性相对较高。

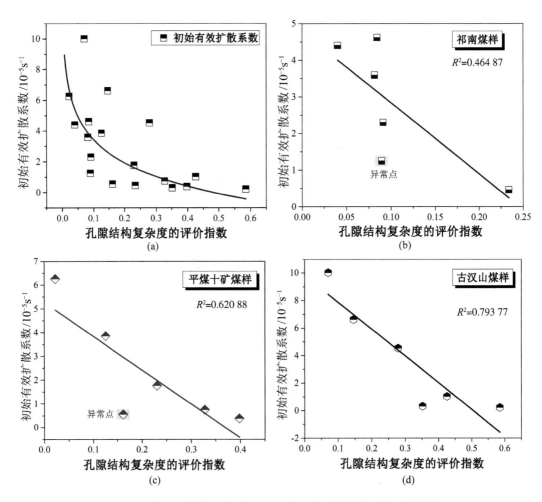

图 7-14　煤样的孔隙结构复杂度评价指数与初始有效扩散系数的关系

　　基于该分析结果,可认为孔隙结构复杂度评价指数可以用来判断煤样瓦斯解吸扩散的能力,其值越小,代表瓦斯运移的路径越简单,颗粒煤中瓦斯解吸能力越强。由孔隙结构复杂度评价指数结果可以得出,构造煤比原生煤有更高的瓦斯解吸能力,且小粒径煤样的解吸能力高于大粒径煤样。但运用该评价指数对不同煤样的孔隙结构复杂度和解吸能力进行分析时,会存在部分数据偏离的情况,表明该方法虽能较好地表征相同煤矿煤样的解吸能力,但在表征不同煤矿煤样之间的关系时会存在相关性差的情况,对此可进一步做深入的研究。

构造煤及小粒径颗粒煤的解吸能力高于原生煤和大粒径煤的主要原因在于其等效基质尺度发生了显著改变,等效基质尺度的权重值证实了其对孔隙结构复杂度的影响程度,具体为构造煤等效基质尺度的平均值比原生煤降低了 41.4%~93.7%。图 7-15 给出了相同尺度下构造煤和原生煤内部的基质分布情况,从图中可以看到原生煤的基质尺度显著高于构造煤,基质内的孔隙通道曲折、路径更长,基质内的瓦斯吸附耗时更长,瓦斯解吸速度相对较慢。不同于原生煤,构造煤的基质尺度显著减小,相同尺度下基质的数量更多,且基质内孔隙通道路径长度会明显降低;同时第 4 章中关于孔形的分析结果表明构造作用过程会伴随着孔形的改变,即孔隙由一端开放性孔隙逐渐演变为两端开放孔,瓦斯运移的路径缩短,因此吸附和解吸速度加速。

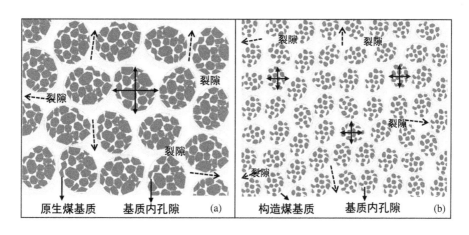

图 7-15　相同尺度下构造煤和原生煤的基质分布示意图

构造煤和小粒径颗粒煤的孔隙结构简单,复杂度小,瓦斯解吸能力强;原生煤和大颗粒煤的孔隙结构复杂,瓦斯解吸能力相对较弱。孔隙结构复杂度的诸多影响因素中,等效基质尺度对复杂度的影响最大;相同尺度下构造煤较小的基质尺度是导致孔隙结构复杂度降低、瓦斯吸附速度加快和解吸能力提高的主要原因。

参考文献

[1] 程远平.煤矿瓦斯防治理论与工程应用[M].徐州:中国矿业大学出版社,2010.

[2] 程远平,刘清泉,任廷祥.煤力学[M].北京:科学出版社,2017.

[3] WANG Z, CHENG Y, WANG L, et al. Analysis of pulverized tectonic coal gas expansion energy in underground mines and its influence on the environment[J]. Environmental Science And Pollution Research, 2020, 27(2): 1508-1520.

［4］ WANG Z Y, CHENG Y P, WANG L, et al. Characterization of pore structure and the gas diffusion properties of tectonic and intact coal: Implications for lost gas calculation［J］. Process Safety and Environmental Protection, 2020, 135: 12-21.

［5］ 李云波,张玉贵,张子敏,等. 构造煤瓦斯解吸初期特征实验研究［J］. 煤炭学报,2013,38(1):15-20.

［6］ 杨其銮. 关于煤屑瓦斯放散规律的试验研究［J］. 煤矿安全,1987,18(2):9-16.

［7］ BARRER R M. Diffusion in and through solids［M］. Cambridge : University Press, 1951.

［8］ BOLT B A, INNES J A. Diffusion of carbon dioxide from coal［J］. Fuel, 1959, 38: 333-337.

［9］ BERTARD C, BRUYET B, GUNTHER J. Determination of desorbable gas concentration of coal (direct method)［J］. International Journal of Rock Mechanics and Mining Sciences & Geomechanics Abstracts, 1970, 7(1): 43-65.

［10］ 曹垚林,仇海生. 碎屑状煤芯瓦斯解吸规律研究［J］. 中国矿业,2007,16(12):119-123.

［11］ 王兆丰. 空气,水和泥浆介质中煤的瓦斯解吸规律与应用研究［D］. 徐州:中国矿业大学,2001.

［12］ 孙永鑫,王兆丰,尉瑞,等. 覆压及水分对含瓦斯煤体渗吸特性的影响研究［J］. 中国安全生产科学技术,2022,18(1):114-119.

［13］ 高华礼,孙海涛,戴林超,等. 水分对突出煤相似材料力学特性及瓦斯解吸性能的影响［J］. 矿业安全与环保,2020,47(2):7-10.

［14］ 杨卫华. 水分对低阶煤瓦斯时变扩散动力学特性影响机制实验研究［D］. 徐州:中国矿业大学,2020.

［15］ WANG C J, YANG S Q, LI J H, et al. Influence of coal moisture on initial gas desorption and gas-release energy characteristics［J］. Fuel, 2018, 232: 351-361.

［16］ GUO H J, YUAN L A, CHENG Y P, et al. Effect of moisture on the desorption and unsteady-state diffusion properties of gas in low-rank coal［J］. Journal of Natural Gas Science and Engineering, 2018, 57: 45-51.

［17］ WINTER K, JANAS H. Gas emission characteristics of coal and methods of determining the desorbable gas content by means of desorbometers［C］// ⅩⅣ international conference of coal mine safety research. 1996.

［18］ 彼特罗祥. 煤矿沼气涌出［M］. 宋世钊,译. 北京:煤炭工业出版社,1983.

［19］ AIREY E M. Gas emission from broken coal. An experimental and theoretical investigation［J］. International Journal of Rock Mechanics and Mining Sciences & Geomechanics Abstracts, 1968, 5 (6): 475-494.

［20］ 王佑安,杨思敬. 煤和瓦斯突出危险煤层的某些特征［J］. 煤炭学报,1980,5(1):47-53.

［21］ 孙重旭. 煤样解吸瓦斯泄出的研究及其突出煤层煤样解吸的特点［D］. 重庆:重庆研究所,1983.

［22］ KISSELL F N, MCCULLOCH C M, ELDER C H. Direct method of determining methane content of coalbeds for ventilation design［J］. Rep Invest, 1973, 7767: 17.

［23］ SMITH D M, WILLIAMS F L. Diffusion models for gas production from coal: Determination of diffusion parameters［J］. Fuel, 1984, 63(2): 256-261.

［24］ AN F H, CHENG Y P, WU D M, et al. Determination of coal gas pressure based on characteristics of gas desorption[J]. Journal of Mining & Safety Engineering, 2011, 28(1): 81-85+9.

[25] 董骏. 基于等效物理结构的煤体瓦斯扩散特性及应用[D]. 徐州：中国矿业大学，2018.

[26] 刘彦伟. 煤粒瓦斯放散规律、机理与动力学模型研究[D]. 焦作：河南理工大学，2011.

[27] 李志强，刘勇，许彦鹏，等. 煤粒多尺度孔隙中瓦斯扩散机理及动扩散系数新模型[J]. 煤炭学报，2016,41(3):633-643.

[28] 李志强，彭建松，成墙. 中尺度煤块中煤层气多尺度扩散系数随时间依赖的实验及模型[J]. 煤炭技术，2019,38(1):86-88.

[29] 赵伟. 粉化煤体瓦斯快速扩散动力学机制及对突出煤岩的输运作用[D]. 徐州：中国矿业大学，2018.

[30] 周世宁. 瓦斯在煤层中流动的机理[J]. 煤炭学报，1990,15(1):15-24.

[31] WANG L A, CHENG L B, CHENG Y P, et al. A new method for accurate and rapid measurement of underground coal seam gas content[J]. Journal of Natural Gas Science and Engineering, 2015, 26: 1388-1398.

[32] BARKER C E, DALLEGGE T A, CLARK A C. USGS coal desorption equipment and a spreadsheet for analysis of lost and total gas from canister desorption measurements[R]. US Department of the Interior, US Geological Survey, 2003.

[33] DIAMOND W P, SCHATZEL S J. Measuring the gas content of coal: A review[J]. International Journal of Coal Geology, 1998, 35: 311-331.

[34] BUTLAND C I, MOORE T A. Secondary biogenic coal seam gas reservoirs in New Zealand: A preliminary assessment of gas contents[J]. International Journal of Coal Geology, 2008, 76(1/2): 151-165.

[35] JIANG H N, CHENG Y P, AN F H. Research on effective sampling time in direct measurement of gas content in Huaibei coal seams[J]. Journal of Mining & Safety Engineering, 2013, 30(1): 143-148.

[36] 谢向向. 构造煤瓦斯损失量实验研究[D]. 焦作：河南理工大学，2014.

[37] 聂百胜，张力，马文芳. 煤层甲烷在煤孔隙中扩散的微观机理[J]. 煤田地质与勘探，2000,28(6): 20-22.

[38] 聂百胜，何学秋，王恩元. 瓦斯气体在煤孔隙中的扩散模式[J]. 矿业安全与环保，2000,27(5): 14-16.

[39] 何学秋，聂百胜. 孔隙气体在煤层中扩散的机理[J]. 中国矿业大学学报，2001,30(1):1-4.

[40] HOUST Y F, WITTMANN F H. Influence of porosity and water content on the diffusivity of CO_2 and O_2 through hydrated cement paste[J]. Cement and Concrete Research, 1994, 24(6): 1165-1176.

[41] HARPALANI S, CHEN G L. Influence of gas production induced volumetric strain on permeability of coal[J]. Geotechnical & Geological Engineering, 1997, 15(4): 303-325.

[42] 林瑞泰. 多孔介质传热传质引论[M]. 北京：科学出版社，1995.

［43］桑树勋,朱炎铭,张井,等.煤吸附气体的固气作用机理(Ⅱ):煤吸附气体的物理过程与理论模型[J].天然气工业,2005,25(1):16-18.

［44］CRANK J. The mathematics of diffusion[M]. Oxford:Clarendon Press,1975.

［45］Nandi S P, Walker P L. Activated diffusion of methane in coal[J]. Fuel, 1970, 49(3):309-323.

［46］杨其銮,王佑安.煤屑瓦斯扩散理论及其应用[J].煤炭学报,1986,11(3):87-94.

［47］聂百胜,王恩元,郭勇义,等.煤粒瓦斯扩散的数学物理模型[J].辽宁工程技术大学学报(自然科学版),1999,18(6):582-585.

［48］聂百胜,郭勇义,吴世跃,等.煤粒瓦斯扩散的理论模型及其解析解[J].中国矿业大学学报,2001,30(1):19-22.

［49］RUCKENSTEIN E, VAIDYANATHAN A S, YOUNGQUIST G R. Sorption by solids with bidisperse pore structures[J]. Chemical Engineering Science, 1971, 26(9):1305-1318.

［50］BEAMISH B B, CROSDALE P J. Instantaneous outbursts in underground coal mines: An overview and association with coal type[J]. International Journal of Coal Geology, 1998, 35(1):27-55.

［51］CUI X J, BUSTIN R M, DIPPLE G. Selective transport of CO_2, CH_4, and N_2 in coals: Insights from modeling of experimental gas adsorption data[J]. Fuel, 2004, 83(3):293-303.

［52］SHI J Q, DURUCAN S. A bidisperse pore diffusion model for methane displacement desorption in coal by CO_2 injection[J]. Fuel, 2003, 82(10):1219-1229.

［53］薛文涛.煤粒瓦斯扩散系数随放散时间的变化规律研究[D].焦作:河南理工大学,2016.

［54］DONG J, CHENG Y, WANG L, et al. Establishment of the equivalent structural model for the tectonic coal and some implications for the methane migration[J]. Rsc Advances, 2020, 10(17):9791-9797.

第8章 瓦斯吸附解吸特性对突出及突出发展的作用

突出的地点或突出附近区域多数都发育有构造煤,构造煤的存在已经被认为是突出发生的必要条件。地质构造带发育的构造煤对突出具有很重要的控制作用,体现在构造煤的高瓦斯吸附性能和失稳后快速解吸性能等方面。突出过程的能量来源是什么?煤的瓦斯吸附能力和解吸能力对突出的作用具体如何体现?本章将对上述这些问题进行解答。

8.1 煤与瓦斯突出

8.1.1 煤与瓦斯突出机理

自煤与瓦斯突出事故有记录以来,国内外已统计的突出灾害事故达 37 000 多次[1],为了深入探究突出的机理,国内外学者们投入了大量的精力对突出的发生发展过程开展了实验和理论研究。基于不同的地质条件和开采条件,国内外学者在总结大量突出事故案例的现场统计资料和实验室试验及理论推导的前提下,提出了不同的突出假说,如"以地应力为主导作用的假说""以瓦斯为主导作用的假说""化学本质说"和"综合作用假说"[2-6]。

"综合作用假说"认为突出是由地应力、瓦斯和煤体的物理性质综合影响的一种动力现象[4],如图 8-1 所示。由于突出的复杂性,国内外学者多认为突出是多种作用共同影响的结果,"综合作用假说"受到学者们的广泛认可。在这三个控制因素中,地应力对突出的孕育和突出激起主要的作用,在地应力以及一期或多期地质构造作用下,煤体会发生破碎,地质构造作用会对煤体的分子结构、孔裂隙结构和强度性质进行改造[7];同时,受地质构造作用的影响,且高应力条件下煤体渗透性较差,煤层瓦斯容易富集,逸散能力变弱。受地应力等因素影响,构造煤分布区域多被视为突出易发区。朱立凯等[8]进行了不同地应力和瓦斯压力条件下突出发生发展过程的数值分析,他们认为高地应力更有利于突出的发生,地应力会使煤体呈楔形破坏发展;地应力对突出初始和末期阶段影响较大,突出中期发展阶段则主要受到瓦斯压力的影响。B. B. 霍多特[9]从能量的角度出发,指出突出主要是由瓦斯膨胀能和变形潜能引起,当受到外界的扰动后,变形潜能使煤体发生破碎,破碎的煤体在瓦斯压力和瓦斯膨胀能的双重作用下向巷道空间内移动,破碎煤体的瓦斯吸附/解吸性能对突出有重要影响。

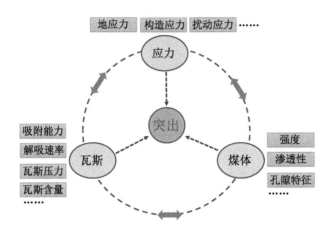

图 8-1 综合作用假说中突出发生的条件

Khodot 和 Kogan[10]通过建立的模型分析了突出发展的机理,并对"综合作用假说"进行了进一步的完善。以于不凡[4]、周世宁[11]、何学秋[12]、胡千庭[13]、李萍丰[14]、蒋承林和俞启香[15-16]等为代表的国内学者针对突出机理做了大量的实验和理论研究,提出多种具有代表性的假说:"突出发动中心假说""流变假说""球壳失稳假说""力学破坏过程假说"和"二相流体假说"。

突出发动中心假说认为突出是由发动中心开始的,该发动中心距暴露面一定距离,当突出发动后,由发动中心周围的煤-岩石-瓦斯体系提供能量及参与活动使得突出向周围发展[4]。

流变假说认为除瓦斯、地应力和煤的物理力学性质之外,时间同样是影响突出的因素之一[11]。流变假说将煤在应力的作用下发生的煤与瓦斯突出过程分为三个阶段,Ⅰ阶段和Ⅱ阶段是煤与瓦斯突出的准备阶段,而Ⅲ阶段是煤与瓦斯突出的发生发展阶段。所有含瓦斯煤的流变性能均受外界环境及煤体本身物理力学性能影响,并无突出与非突出之分。在条件允许的情况下,可通过改变地应力与瓦斯压力的情况,以达到突出煤层和非突出煤层相互转换的目的。

球壳失稳假说认为在煤块抛出前,要经历五个阶段。原始地应力作用阶段:该阶段煤块距暴露面较远,作用在煤块上的应力为原始地应力[15-16]。集中应力阶段:由于暴露面的前移,煤体前方集中应力峰也移向煤体深部,作用在煤块上的应力增大,弹性潜能增高。煤块破碎阶段:煤块在集中应力的作用下发生破碎,煤体内裂隙扩展,弹性能变为煤体的表面能,为释放瓦斯作准备。瓦斯撕裂煤体阶段:当沿巷道方向作用在煤块上的应力小于煤体裂隙内的瓦斯压力时,瓦斯气体将撕裂煤体,裂纹扩展的方向与巷道方向垂直,片状的煤壳形成。瓦斯抛出煤壳阶段:煤壳形成后,在煤壳前后瓦斯气体压差的作用下,煤壳失稳抛向巷道空间,形成突出。从球壳失稳假说对突出的解释来看煤层发生突出与否主要与煤块在地应力作用下破碎后释放瓦斯气体的快慢有关。只有在原始瓦斯压力大,煤块在地应力作用下破碎严重的条件下,初始时刻向大裂隙中释放的瓦斯气体量较大,大裂隙中的瓦斯气体来不及向巷道空间释放,才有可能在大裂隙中积聚起较高的瓦斯压力,撕裂煤体并将其抛向巷道空间。

胡千庭[13]认为"煤与瓦斯突出是一个力学破坏过程",他依据不同的突出节点将突出的力学过程划分为孕育—激发—发展—终止等四个阶段。采掘作业会破坏原有的应力平衡,造成应力的转移和煤岩的准静态破坏,导致突出孕育。外界的突然扰动载荷导致临界条件下的煤岩瞬时失稳,造成突出激发。突出发展阶段煤体在应力和瓦斯的共同作用下以粉化和层裂等两种不同的方式被快速破坏并在瓦斯流的搬运下被抛出,其中层裂破坏需要特定的动力条件。突出的终止是由于孔洞内无法再聚集足够的瓦斯压力以支撑突出孔洞内破碎突出煤的搬运。

李萍丰[14]将工作面前方煤体分成突出阻碍区、突出控制区、突出积能区和突出能量补给区,他认为突出积能区形成的煤粒与瓦斯二相流体所产生的膨胀能、煤的弹性能与瓦斯膨胀能三种能量之和超过煤体本身强度后就会发生突出,并以此提出了突出的二相流体假说。

在此基础上,程远平等[17-20]进一步提出了"层裂发展假说"。该假说认为突出煤的层裂破坏是建立在构造煤的物理结构基础上的,突出是消除各向异性并具有低强度的构造煤体在应力和瓦斯的作用下以层裂破坏的方式逐层发展的,并指出构造煤是突出的必要条件。这些假说当前对于认识和理解突出机理以及指导现场等仍具有重要意义。

由于突出灾害很难监测和重现,因此,针对于突出的物理模拟是研究突出机理的重要手段。陈鲜展[21]开展的突出模拟实验也证实突出的强度会随地应力的减小呈降低趋势,但二者并不是线性关系。煤体在经地应力及多期构造作用后,其分子结构和孔隙结构会发生改变,生烃能力增强,储集瓦斯的空间增多,内源瓦斯含量更高[7]。煤层内富集的瓦斯可弱化煤体的强度以及为破碎煤体的搬运提供能量[22]。Jin 等人[23]利用自主设计研发的突出-粉煤瓦斯两相流模拟试验装置,开展了 CO_2 和 N_2 的突出模拟实验,得出突出总能量中 73.3%～89.95%比例的突出能量将由粉化煤吸附瓦斯的快速解吸提供。Zhao 等人[24]结合中梁山突出事故的资料认为常规粒径(1～3 mm)颗粒煤的解吸速度下无法产生足够的运输突出煤体的能量,颗粒需破碎至粒径为 $100~\mu m$ 以下。

8.1.2　煤与瓦斯突出预兆

1) 有声预兆

(1) 响煤炮。突出发生前,煤体深处发出大小、间隔不同的响声。有的像炒豆声,有的像鞭炮声,有的像机枪连射声,有的像闷雷声。煤炮声由小到大,由远到近,由稀到密是突出较危险的信号。

(2) 气体穿过含水裂缝时的吱吱声。

（3）因压力突然增大而出现的支架嘎嘎声，劈裂折断声，煤岩壁开裂声。

2）无声预兆

（1）煤层结构构造方面表现为：煤层层理紊乱，煤变软、变暗淡、无光泽，煤层干燥，煤尘增大，煤层受挤压褶曲、粉碎、厚度不均，倾角变化。

（2）矿山压力显现方面表现为：压力增大使支架变形；煤壁外臌，片帮、冒顶次数增多，底臌严重；炮眼变形快，装药困难，打炮眼时易顶钻、卡钻、喷钻、垮孔。

（3）其他方面表现为：瓦斯涌出量忽大忽小；煤尘增大；空气气味异常，忽冷忽热。

8.1.3　典型煤与瓦斯突出事故

8.1.3.1　阳泉煤业集团五矿赵家分区"5.13"较大煤与瓦斯突出事故

阳泉煤业集团五矿赵家分区属五矿扩区的一部分，为五矿的接续区域，在五矿现有井田的西部，位于阳泉市平定县冶西镇赵家村境内。五矿扩区呈"平行四边形"，东西宽约7.0 km，南北长12.7 km，面积约101.18 km^2；赵家分区东西长6.5 km，南北宽3.5 km，面积为22 km^2。五矿扩区设计生产能力为500万 t/a。

1）煤层和瓦斯赋存

根据《阳煤五矿深部扩大区煤炭勘探报告》（2012年6月），15号煤层位于太原组下部，煤层厚度为1.49～9.44 m，平均厚度为3.85 m，结构简单，其顶板多为泥岩、炭质泥岩和砂质泥岩，底板为泥岩、炭质泥岩和砂质泥岩。15号煤层底板底部厚度为0.00～8.27 m，平均3.75 m，赋存15下煤层，煤层厚度为0.70～6.00 m，平均厚度为3.76 m。煤层倾角一般为5～12°。根据"赵家分区副立井井筒实测地质剖面图"，15号煤层和15下煤层总厚度为8.90 m，距煤层顶板下部2.50 m处含有一层厚度为1.00 m的夹矸，岩性为黑色泥岩，距煤层底板向上0.90 m处含有一层厚度为0.30 m的夹矸，岩性为黑色泥岩。

根据《阳煤五矿深部扩大区煤炭勘探报告》，15号煤层埋深563.61～1 229.33 m，空气干燥机基瓦斯含量为0.72～11.78 m^3/t。15号煤层Langmuir体积为30.32～35.25 m^3/t，Langmuir压力为1.52～3.09 MPa，平均坚固性系数 f 值为1.13，瓦斯放散初速度为29.44。埋深559.06 m时的储层压力为1.50 MPa，埋深787.06 m时的储层压力为2.15 MPa。

宏厦一建第七项目部在措施巷距15号煤层法距7.00 m时，进行过煤层突出危险性预测，实测煤层瓦斯压力为0.48 MPa，瓦斯含量为13.37 m^3/t。

河南理工大学相关团队在该区15号煤井底车场东P2孔处，采用被动法测定的15号煤层原始瓦斯压力最大为1.0 MPa，现场采样实验室测定的15号煤层瓦斯放散初速度为22.0～29.5 mmHg，煤的坚固性系数最小为0.48。

2）突出防治措施、瓦斯抽采系统及安全监测监控

赵家分区为开拓工程施工，宏厦一建的主要防突措施是石门揭煤的防突，采用区域性

四位一体综合防突措施,巷道工作面距煤层法距 7.0 m 时,进行地质探测和区域性突出危险预测,预测瓦斯压力大于等于 0.6 MPa 或瓦斯含量大于等于 7.0 m³/t 时,认为有煤与瓦斯突出危险,根据地质勘探获得的工作面前方煤层的赋存情况进行预抽瓦斯设计,设计获得批准后,进行抽采瓦斯钻孔的施工。

赵家分区工地回风井口 50 m 处建有永久性瓦斯抽放泵站,安设的两台抽放泵为 2BEC72 型水循环式真空泵,最大流量为 600 m³/min,电机功率 600 kW,极限真空度为 160 hPa。回风井井筒内敷设有 φ800 mm 永久抽放管路,井下敷设 φ510 mm 和 φ380 mm 两路瓦斯抽放主管,沿回风井西马头门—北回风石门—南北回风石门 1♯联络巷—南回风石门—措施巷敷设。

赵家分区目前安装有重庆煤炭研究院生产的 KJ90N 型监测监控系统,地面设有监控机房,机房内安设监控终端两套,监控机房通过光缆与井下监控系统相连。井下按规定安设了甲烷、CO、风速、温度、开停、馈电及风筒传感器,各类传感器报警断电复电值均符合规定要求,且已实现了风电及瓦斯电闭锁。

3) 事故发生地点及类别

根据井下现场勘查结果,在措施巷工作面迎头发现了的突出孔洞,支护锚杆被突出煤炭打弯,距工作面迎头 30 m 范围内堆积了不同厚度的突出煤炭,突出事故发生时涌出大量的瓦斯,事故地点为措施巷掘进工作面。

(1) 事故主要特征

① 抛出煤量多、抛出距离较远

本次瓦斯动力现象抛出的煤炭在巷道中累计长度约为 30 m,最大堆积高度为 3.5 m,经清理过程装车累计计算,本次瓦斯动力现象共抛出煤炭约 325 t。

② 堆积的煤具有明显分选性

煤炭堆积角明显小于自然安息角,呈明显分选性,外面粉煤粒度小,里面含有一定煤块。

③ 在掘进工作面产生了孔洞

措施巷突出工作面右上角有一直径约为 1.5 m 的突出孔洞,孔洞轴线略偏右、约 20° 向上发展,实测孔洞深度为 7.5 m。

④ 涌出了大量瓦斯

本次瓦斯动力现象涌出了大量瓦斯,矸石装车线回风处瓦斯浓度传感器 T3 显示,从 5 月 13 日 15 时 59 分至 5 月 15 日 6 时 30 分,瓦斯浓度浓度最大值为 30%,之后逐渐下降至事故前的瓦斯浓度(0.15% 以内)。经过计算,本次瓦斯动力现象共涌出瓦斯量约 11 354 m³,吨煤瓦斯涌出量为 34.9 m³/t,大于 30 m³/t。

⑤ 产生了明显的动力效应

措施巷突出工作面右帮最前面的锚杆被突出煤炭打弯,工作面迎头支护受到明显破坏。

（2）事故类别认定

根据以上主要特征，按照行业标准《煤与瓦斯突出矿井鉴定规范》（AQ 1024—2006）和《防治煤与瓦斯突出规定》（2009 年版），认定本次瓦斯动力现象为煤与瓦斯突出事故（本次事故发生时，《防治煤与瓦斯突出规定》（2019 年版）未颁布实施），事故导致 4 人死亡，直接经济损失 456 万元。

4）事故原因

（1）15 号煤层突出危险性

措施巷施工时揭露的 15♯煤层具有突出危险性，巷道迎头接近一正断层，采取防突措施时钻孔未能进入断层下盘煤层夹石以上的煤体，未消除工作面突出的危险性；煤岩体受到耙岩机导向轮的扰动，应力重新分布；工作面迎头煤岩体应力失衡引起煤与瓦斯突出。以上是事故发生的直接原因。

（2）事故地点构造分析

措施巷揭煤地点附近 15 号煤层处在向斜的轴部，在现场勘查时发现措施巷工作面前方存在一条落差约为 2.5 m 的正断层。以上情况说明措施巷突出工作面附近地质条件复杂。

（3）防突措施未能完全消除突出危险性

五矿赵家分区改扩建项目的措施巷布置在向斜构造轴部和矸石装车线巷道保护岩柱的应力集中区，施工过程中，防突措施制定执行不严格。揭煤巷道采取的防突措施中，钻孔设计不合理，钻孔施工不到位，揭煤段巷道的安全控制范围不足，掘进施工中探测地质构造和分析岩性变化的工作不细致，没有及时发现施工巷道临近的断层，没有采取相应的局部防突措施，这是主要原因。

（4）工作面清理矸石过程中发生突出

防突管理不到位，区域防突预抽钻孔和区域效果检验工作不认真，区域验证和局部防突措施效果检验钻孔覆盖面小，措施巷揭煤防突技术措施审批不严。

8.1.3.2 永贵能源开发有限责任公司新田煤矿"10.5"重大煤与瓦斯突出事故

新田煤矿由永贵能源开发有限责任公司开发建设。矿井位于黔西县城北东部，黔西至金沙公路旁，距黔西县城 15 km，属甘棠乡管辖。矿区范围地理坐标为：东经 $106°02'30''\sim106°07'30''$，北纬 $27°05'00''\sim27°09'00''$。矿井分两期建设，一期生产能力为 60 万 t/a，二期达到 120 万 t/a。矿区范围由 34 个拐点圈定，东西长约 8 km，南北宽约 4.6 km，面积约 35.92 km²。其中一期范围由 16 个拐点圈定，开采标高为 1 463 m 至 840 m，面积约 11.380 5 km²。

根据中煤科工集团南京设计研究 2013 年 11 月编制的《永贵能源开发有限责任公司新田矿井（一期）初步设计（修改）说明书》，全井田煤炭资源总量为 22 556 万 t，矿井工业储量为 20 214.8 万 t,设计可采储量为 13 224.9 万 t。其中一期范围内煤炭资源量为 7 604 万 t,工业储量为 7 508.4 万 t,设计可采储量为 4 703.2 万 t。矿井一期设计生产能力为 60 万 t/a,服务年限为 56 a。

1) 煤层和瓦斯赋存

井田地层由老至新为二叠系下统茅口组(P_1m)、上统龙潭组(P_2l)和长兴组(P_2c)、三叠系下统夜郎组(T_1y)、茅草铺组(T_1m)、第四系(Q)。

井田含煤地层为二叠系龙潭组,平均厚 125.59 m,含煤 14 至 20 层,煤层总厚度平均 12.50 m,含煤系数 9.9%。全区可采煤层 2 层(4、9 号),局部可采煤层 3 层(5、8、12 号)。可采和局部可采煤层总厚度 7.25 m,可采系数 5.8%。

矿井 2014 年瓦斯等级鉴定结果:矿井绝对瓦斯涌出量 47.62 m³/min,其中风排瓦斯量为 19.86 m³/min,抽采瓦斯量为 27.76 m³/min;矿井相对瓦斯涌出量 43.65 m³/t。矿井瓦斯等级为煤与瓦斯突出矿井。

2013 年 9 月,中煤科工集团重庆研究院对新田煤矿 4 号煤层煤与瓦斯突出危险性进行了鉴定。鉴定结论:4 号煤层为煤与瓦斯突出煤层。

2) 事故发生地点及类别

根据井下现场勘查结果,在 1404 回风顺槽距掘进工作面迎头附近的巷道左帮发现了突出孔洞,孔洞边的巷道支护锚网被撕裂,突出煤炭沿 1404 回风顺槽向外堆积至南翼回风大巷内,堆积总长度达 605 m,突出事故发生时涌出大量的瓦斯,由此认定本次事故地点为 1404 回风顺槽掘进工作面迎头附近。

(1) 事故主要特征

① 有大量煤(岩)抛出:突出煤(岩)2 500 t,堆积总长度约 605 m。

② 有间歇多次突出和分选性:突出地点附近有大块煤(矸),堆积厚度呈现"厚、薄、厚、薄"特征,堆积块度呈现"块状、粉状、块状、粉状"特征。

③ 有明显的动力现象:经现场勘察,1404 回风顺槽掘进工作面迎头附近巷道左帮支护锚网被撕裂;1404 回风顺槽掘进工作面综掘机操作台被突出冲击波冲到距工作面迎头 245 m 处;1404 回风顺槽进风侧 3 组风门中有 2 组被冲击破坏。

④ 有大量瓦斯涌出:突出涌出大量瓦斯,经计算涌出瓦斯量约 22.0 万 m³,突出吨煤瓦斯涌出量为 88.0 m³/t。

⑤ 有突出孔洞:在 1404 回风顺槽距掘进工作面迎头附近的巷道左帮发现了突出孔洞。

⑥ 有人员遇难:本次事故共造成 10 名矿工遇难。

(2) 事故类型认定

按照行业标准《煤与瓦斯突出矿井鉴定规范》(AQ 1024—2006)和《防治煤与瓦斯突出规定》,认定本次事故为煤与瓦斯突事故。

3) 事故原因

（1）1404 回风顺槽突出地点附近地质条件复杂,小型背斜和 F1404-2 正断层交汇于 1404 回风顺槽瓦斯突出地点附近,该地段地质条件复杂,为构造应力集中区。

（2）4 号煤层具有较强的煤与瓦斯突出危险性。

（3）未调整区域防突措施,穿层钻孔条带预抽瓦斯时,钻孔覆盖面未达到要求,煤体实际未消突。

（4）在突出预兆存在的情况下,掘进工作面综掘机掘进的震动作用诱导了突出的发生。

8.2　煤瓦斯解吸的能量特征

要厘清构造煤的瓦斯快速解吸能力对突出发展的作用,从能量的角度进行分析是一种常用且可靠的方法。本章运用煤样的瓦斯解吸实验结果,分别对构造煤和原生煤的初始瓦斯解吸量的比例进行分析;然后,从能量的角度探讨初始瓦斯的快速解吸如何推动破碎煤在采掘空间运动;最后,结合平均瓦斯解吸速度和极限粒径值,对突出试验煤的突出粒径临界值进行估算,分析常规粒径的颗粒煤破碎至临界值的能量消耗,并进行验证。

8.2.1　初始瓦斯解吸量比例

突出是煤与瓦斯短时间内由煤体内部突然向采掘空间大量喷出的过程,根据矿井突出事故的统计分析可知[25-26],突出过程一般持续几秒或几十秒,很少会超过一分钟,对煤初始瓦斯解吸能力的研究更有助于认识突出发展过程。为了更清楚地认识构造煤和原生煤初始瓦斯解吸性质的差异,本章在解吸实验的基础上,以平衡压力 2.0 MPa 和 4.0 MPa 为例,分析不同粒径下煤样的初始瓦斯解吸量(前 30 s 和前 60 s)占 120 min 瓦斯解吸量的比例,如表 8-1 所示。从表中的结果可以看出,不同平衡压力下,前 30 s 和前 60 s 的初始瓦斯解吸量占 120 min 瓦斯解吸量的比例随粒径的减小呈逐渐增加趋势。具体分析表明,构造煤和原生煤的 $Q_{0.5}/Q_{120}$ 比值范围分别为 14.8%～35.9% 和 7.2%～22.2%,Q_1/Q_{120} 比值范围分别为 20.6%～44.6% 和 12.0%～30.0%,煤样前 30 s 解吸量的占比最高可达 35.9%,前 60 s 解吸量占比最高达 44.6%,这些结果均说明煤的初始瓦斯解吸量很大,可在短时间内释放出大量的瓦斯。相同粒径下,随着平衡压力的增加,$Q_{0.5}/Q_{120}$ 和 Q_1/Q_{120} 比值并未呈现出有规律的增加或降低趋势,说明压力对初始瓦斯解吸性能的影响不大,初始瓦斯解吸量主要是由煤中复杂的孔隙结构决定的。

相比于原生煤,构造煤在不同解吸时间内均具有更高的瓦斯解吸量占比;相同粒径和平衡压力下,祁南构造煤的 $Q_{0.5}/Q_{120}$ 和 Q_1/Q_{120} 的比值分别是原生煤的 1.2～2.3 倍和 1.21～1.90 倍;平煤十矿构造煤的比值分别是原生煤的 1.34～2.31 倍和 1.39～2.09

倍;古汉山构造煤的比值分别是原生煤的 2.02~3.6 倍和 1.76~3.34 倍,平均比值在 2 倍左右。构造煤高瓦斯解吸量占比的原因主要在于构造煤具有更为简单的瓦斯运移路径,这已在低压氮气吸附和低压氩气吸附实验的介孔孔容和比表面积变化结果中得到证实。此外,第六章中计算的表征瓦斯解吸能力的孔隙结构复杂度评价指数也表明构造煤有更简单的瓦斯运移路径。因此,相比于原生煤,构造煤初始瓦斯解吸过程中大量的瓦斯会更容易由颗粒煤的内部向表面运移。

表 8-1　不同粒径下煤样的初始瓦斯解吸量占 120 min 解吸量的比例

煤样	压力	$Q_{0.5}/Q_{120}$/%			Q_1/Q_{120}/%		
		1~3 mm	0.2~0.25 mm	0.074~0.2 mm	1~3 mm	0.2~0.25 mm	0.074~0.2 mm
祁南 构造煤	2 MPa	21.5	22.9	25.2	29.6	31.2	33.9
	4 MPa	20.2	24.8	30.4	28.3	33.0	39.5
祁南 原生煤	2 MPa	9.3	15.8	21.0	15.6	21.8	28.1
	4 MPa	13.8	14.6	22.2	19.3	20.5	30.0
平煤十矿 构造煤	2 MPa	14.8	16.9	25.9	20.6	24.5	34.5
	4 MPa	15.2	17.9	24.0	21.1	24.2	32.3
平煤十矿 原生煤	2 MPa	7.2	12.6	11.2	12.0	17.6	16.5
	4 MPa	9.3	12.4	11.9	13.2	17.2	17.0
古汉山 构造煤	2 MPa	31.3	33.6	35.9	40.8	43.9	44.6
	4 MPa	30.6	33.1	35.1	40.7	42.7	44.1
古汉山 原生煤	2 MPa	9.0	12.2	17.8	12.2	18.0	24.6
	4 MPa	8.5	13.6	17.1	12.9	19.9	25.0

注: $Q_{0.5}/Q_{120}$ 和 Q_1/Q_{120} 分别表示前 30 s 和前 60 s 瓦斯解吸量占 120 min 解吸总量的百分比。

8.2.2　突出过程中的能量来源

突出过程中的煤体既是受体同时也是阻力的主体,根据多年的研究结果,B.B.霍多特指出突出的激发需要满足一定的能量条件[9],也就是说:煤的弹性势能与瓦斯的膨胀能之和必须大于煤进入巷道时所需要的移动功和破碎功:

$$W + Q > F + U \tag{8-1}$$

式中: W ——煤中的瓦斯膨胀能,MJ;

　　　Q ——煤中的弹性势能,MJ;

　　　F ——破碎功,MJ;

　　　U ——移动功,MJ。

Zhao 等人[24]在总结前人研究的基础上,提出突出的发展需要满足以下能量条件:

$$W = A_1 + A_2 \tag{8-2}$$

式中:A_1——突出煤体的搬运功,MJ;

$\quad\quad A_2$——突出瓦斯的残余动能,MJ。

煤岩的瓦斯膨胀能要高于弹性势能,两者存在数量级的差异[27]。因此,煤中的瓦斯膨胀能是突出的主要能量来源。此外,煤体在突出过程中的主导应力为地应力(即煤体的破碎功主要来源于地应力能),破碎过程中消耗的主要是煤体的弹性势能,瓦斯膨胀能主要用于煤体的输运。式(8-2)可以写成:

$$W > U \tag{8-3}$$

煤中的瓦斯膨胀能可经由下式计算:

$$W_1 = \frac{p_e V_0}{n-1}\left[\left(\frac{p_1}{p_e}\right)^{\frac{n-1}{n}} - 1\right] \tag{8-4}$$

式中:p_e——煤抛出后巷道中的环境瓦斯压力,MPa;

$\quad\quad V_0$——参与突出做功的瓦斯量,m^3;

$\quad\quad p_1$——突出瓦斯压力,MPa;

$\quad\quad n$——绝热指数,$n = 1.31$。

参与突出做功的瓦斯可进一步分为游离瓦斯和吸附瓦斯,式(8-4)可写为:

$$W_1 = \frac{p_e}{n-1}(V_0^a + V_0^f)\left[\left(\frac{p_1}{p_e}\right)^{\frac{n-1}{n}} - 1\right] \tag{8-5}$$

式中:V_0^a,V_0^f——参与突出做功的吸附瓦斯量和游离瓦斯量,m^3。

瓦斯的原始压力和原始游离量可以通过计算得到,但具体参与突出做功的瓦斯量是无法测定的,对式(8-5)再次变换,可得:

$$W_1 = \frac{p_e}{n-1}(V_1^a + V_1^f)\left(\frac{p_1}{p_e}\right)^{\frac{1}{n}}\left[\left(\frac{p_1}{p_e}\right)^{\frac{n-1}{n}} - 1\right] \tag{8-6}$$

式中:V_1^a,V_1^f——突出前的吸附瓦斯量和游离瓦斯量,m^3。

游离瓦斯量可以通过解吸实验进行测定或者通过气体状态方程进行计算,表达式如下:

$$V_1^f = V_p p_1 T_0 / (T p_0 \xi) \tag{8-7}$$

式中:V_p——单位质量煤的孔隙容积,m^3/t;

$\quad\quad T_0$,p_0——标准状况下绝对温度(273.15 K)与压力(0.101 325 MPa);

$\quad\quad T_s$——瓦斯热力学温度,按 303.15 K 计算;

$\quad\quad \xi$——甲烷的压缩因子,无量纲。

8.2.3　瓦斯膨胀能

Zhao 等人[24]、Jin 等人[23]和姜海纳[28]等学者均已经证实煤体的初始瓦斯快速解吸对突出的发展起到决定性作用,Zhao 等人[24]分析了中梁山突出中吸附瓦斯及游离瓦斯对煤体输运的贡献,证实单纯靠游离瓦斯不足以完成突出,必须依靠新解吸的瓦斯提供能量,且需要提供约 4.51 倍于游离瓦斯膨胀能的能量;Jin 等人[29]通过开展粉煤-瓦斯两相流实验,估算得到突出总能量中有 73.3% ~ 89.95% 的能量是由粉煤中的瓦斯快速解吸提供。基于前人的研究成果和本章的研究目的(分析构造煤和原生煤的初始瓦斯解吸能力对突出发展的作用),本章在假定游离瓦斯产生的膨胀能不足以提供突出发生需要能量前提下,不考虑游离瓦斯对突出的贡献,而是将解吸实验中的解吸量假定为参与突出做功的瓦斯量,并基于此计算相应的瓦斯膨胀能。

为了计算不同粒径下煤样参与突出过程产生的瓦斯膨胀能,需要做出一定的假设:①假定突出持续的时间为 30 s;②前 30 s 内的瓦斯解吸量被视为参与突出做功的瓦斯量;③将平衡压力视为突出压力;④将大气压力视为环境瓦斯压力。基于上述假设并运用式(8-4)计算不同粒径下煤样的瓦斯膨胀能,结果如图 8-2 ~ 图 8-4 所示。

从图中可以看出,相同粒径下,煤样的瓦斯膨胀能均随压力的增加而逐渐增加。以粒径 0.074 ~ 0.2 mm 的煤样为例,随着压力的增加,祁南构造煤瓦斯膨胀能由 7.94 J 增加至 54.12 J,增加 5.82 倍,原生煤瓦斯膨胀能由 4.70 J 增加至 36.37 J,增加 6.73 倍;平煤十矿构造煤的瓦斯膨胀能由 11.95 J 增加至 63.87 J,增加 4.35 倍,原生煤瓦斯膨胀能由 2.87 J 增加至 22.72 J,增加 6.91 倍;古汉山构造煤的瓦斯膨胀能由 20.87 J 增加至 119.27 J,增加 4.72 倍,原生煤瓦斯膨胀能由 11.71 J 增加至 72.58 J,增加 5.19 倍。由此可见,突出点的压力越大,突出产生的瓦斯膨胀能越大,相应的突出危险性也越高。

相同压力下,煤样的瓦斯膨胀能随着粒径的减小也呈逐渐增加趋势。以压力 0.6 MPa 为例,随着粒径的减小,祁南构造煤的瓦斯膨胀能由 3.15 J 增加至 7.94 J,增加 1.52 倍,原生煤由 0.92 J 增加至 4.70 J,增加 4.10 倍;平煤十矿构造煤的瓦斯膨胀能由 1.31 J 增加至 11.95 J,增加 8.13 倍,原生煤由 0.88 J 增加至 2.87 J,增加 2.25 倍;古汉山构造煤的瓦斯膨胀能由 16.64 J 增加至 20.87 J,增加 0.25 倍,原生煤由 1.77 J 增加至 11.71 J,增加 5.61 倍。由此可见,突出点的煤体越破碎,突出产生的瓦斯膨胀能越大,相应的突出危险性也越大。前人也已经证实粉化煤会贡献更大的瓦斯膨胀能并在突出发展过程中起到重要的促进作用。结合相同粒径下瓦斯膨胀能随压力的变化结果可知,煤体越破碎,压力越大,发生突出时产生的瓦斯膨胀能越大,突出危险性也越大。

对比构造煤和原生煤的瓦斯膨胀能变化结果可以得出,构造煤的瓦斯膨胀能较原生煤出现了极大幅度的增加,这一特性在较大粒径的颗粒煤样表现更明显。祁南构造煤的瓦斯膨胀能是原生煤的 1.34 ~ 6.56 倍,平煤十矿构造煤的瓦斯膨胀能是原生煤的 1.48 ~ 4.25 倍,

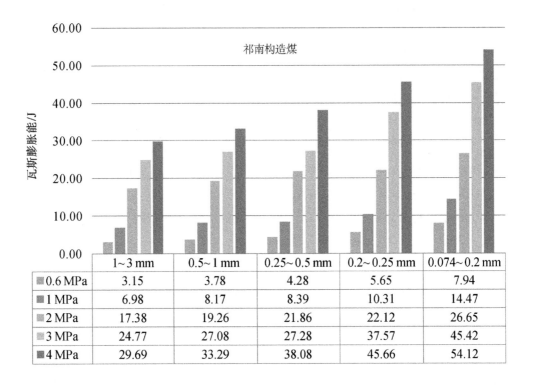

	1~3 mm	0.5~1 mm	0.25~0.5 mm	0.2~0.25 mm	0.074~0.2 mm
0.6 MPa	3.15	3.78	4.28	5.65	7.94
1 MPa	6.98	8.17	8.39	10.31	14.47
2 MPa	17.38	19.26	21.86	22.12	26.65
3 MPa	24.77	27.08	27.28	37.57	45.42
4 MPa	29.69	33.29	38.08	45.66	54.12

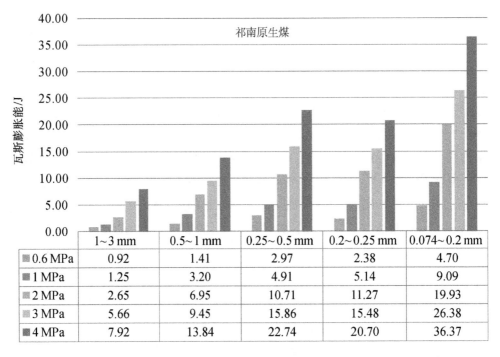

	1~3 mm	0.5~1 mm	0.25~0.5 mm	0.2~0.25 mm	0.074~0.2 mm
0.6 MPa	0.92	1.41	2.97	2.38	4.70
1 MPa	1.25	3.20	4.91	5.14	9.09
2 MPa	2.65	6.95	10.71	11.27	19.93
3 MPa	5.66	9.45	15.86	15.48	26.38
4 MPa	7.92	13.84	22.74	20.70	36.37

图 8-2　祁南构造煤和原生煤的瓦斯膨胀能

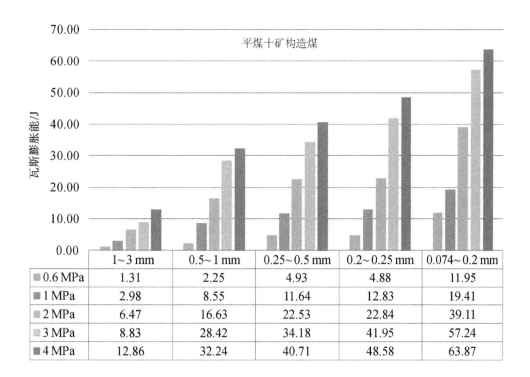

	1~3 mm	0.5~1 mm	0.25~0.5 mm	0.2~0.25 mm	0.074~0.2 mm
0.6 MPa	1.31	2.25	4.93	4.88	11.95
1 MPa	2.98	8.55	11.64	12.83	19.41
2 MPa	6.47	16.63	22.53	22.84	39.11
3 MPa	8.83	28.42	34.18	41.95	57.24
4 MPa	12.86	32.24	40.71	48.58	63.87

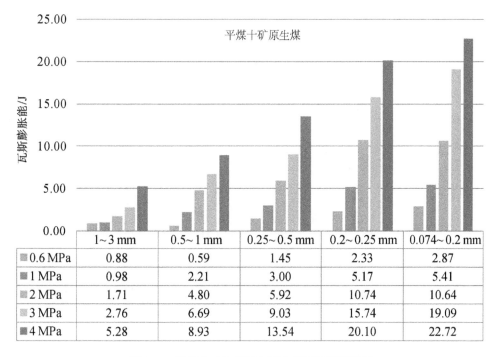

	1~3 mm	0.5~1 mm	0.25~0.5 mm	0.2~0.25 mm	0.074~0.2 mm
0.6 MPa	0.88	0.59	1.45	2.33	2.87
1 MPa	0.98	2.21	3.00	5.17	5.41
2 MPa	1.71	4.80	5.92	10.74	10.64
3 MPa	2.76	6.69	9.03	15.74	19.09
4 MPa	5.28	8.93	13.54	20.10	22.72

图 8-3 平煤十矿构造煤和原生煤的瓦斯膨胀能

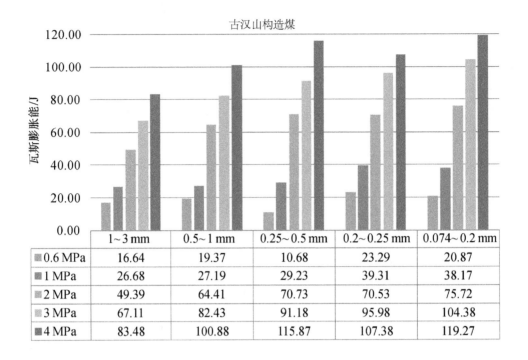

	1~3 mm	0.5~1 mm	0.25~0.5 mm	0.2~0.25 mm	0.074~0.2 mm
0.6 MPa	16.64	19.37	10.68	23.29	20.87
1 MPa	26.68	27.19	29.23	39.31	38.17
2 MPa	49.39	64.41	70.73	70.53	75.72
3 MPa	67.11	82.43	91.18	95.98	104.38
4 MPa	83.48	100.88	115.87	107.38	119.27

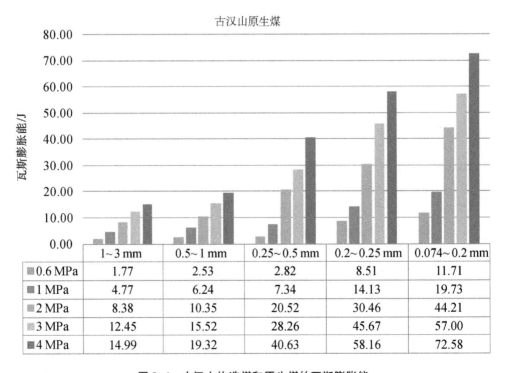

	1~3 mm	0.5~1 mm	0.25~0.5 mm	0.2~0.25 mm	0.074~0.2 mm
0.6 MPa	1.77	2.53	2.82	8.51	11.71
1 MPa	4.77	6.24	7.34	14.13	19.73
2 MPa	8.38	10.35	20.52	30.46	44.21
3 MPa	12.45	15.52	28.26	45.67	57.00
4 MPa	14.99	19.32	40.63	58.16	72.58

图 8-4　古汉山构造煤和原生煤的瓦斯膨胀能

古汉山构造煤的瓦斯膨胀能是原生煤的 1.64～9.39 倍。在长期的地质构造演化过程中，构造煤发育的孔隙结构为瓦斯提供了更多的吸附空间和更简单的运移路径，因此具有快速的瓦斯解吸能力和更高的瓦斯膨胀能。由此可知，在突出煤体的输运过程中，构造煤的存在是突出的必要条件，其高瓦斯膨胀能为煤体的移动提供了可能，且构造煤粉化程度越大，其更高的瓦斯膨胀能会进一步加强突出的强度和威力。

8.2.4 瓦斯突出及对环境影响

温室气体指的是大气中能吸收地面反射的太阳辐射，并重新发射辐射的一些气体，如水蒸气、二氧化碳、大部分制冷剂等。它们会使地球表面变得更暖，类似于温室截留太阳辐射，并加热温室内空气。这种温室气体使地球变得更温暖的影响称为"温室效应"。瓦斯突出过程中释放的气体和二氧化碳会破坏环境并造成温室效应[30,31]。在长期存在的温室气体中，甲烷在辐射强迫方面仅次于二氧化碳[31]，目前甲烷排放占全球人为温室气体排放量的 30%[32]。

2018 年 4 月 2 日，美国能源部劳伦斯伯克利国家实验室的研究人员，利用俄克拉何马州南大平原观测站十年来获得的对地球大气的综合观测数据，首次直接证明了甲烷导致地球表面温室效应不断增加。据国家能源署数据显示，2022 年全球甲烷排放量为 35 580.13 万 t，其中农业领域排放最多，能源行业次之。2022 年中国甲烷排放量占全球的 15.65%，为 5 567.61 万 t，约 28.95 亿 t 二氧化碳当量。与全球排放结构不同，我国能源行业甲烷排放最多，农业次之。能源行业的甲烷排放主要来自煤炭开采、油气行业和生物能源，占比分别为 82.88%、13.24% 和 3.88%。农业活动的甲烷排放以畜牧业和水稻种植为主。其中煤炭开采过程甲烷排放最多，占比为 85%，其中地下开采占 80%，露天开采占 5%。其次是矿后活动，占比为 13%，废弃矿场占比为 2%。

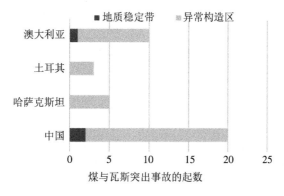

图 8-5 2000 年以后世界特殊地质条件下突发事件的不完全统计

许多研究表明，煤与瓦斯突出主要发生在构造带，包括断层、褶曲、滑移等[19,33]。构造发育带富集了机械强度低但气体扩散率高的构造粉化煤体[34]。构造粉化煤体孔隙结构发育，一方面，构造作用会改变煤内气体运移的环境；另一方面，它也会加速煤中的气体流动。一些学者还证实,构造应力会导致煤中的应力降解和生烃。在分子结构水平上,煤的有机大分子结构被修饰以产生更多的碳氢化合物气体。因此,突出气体能量进一步增加。构造煤的瓦斯膨胀能明显大于原生煤的瓦斯膨胀能。2000 年以后世界范围内特殊地质条件下突发事件的不完全统计见图 8-5[35]。可以看出,异常构造区共发生突出 35起,占突出事故总数的 92%。

表 8-2 和图 8-6 给出了 2000 年后中国突出瓦斯量和地质条件的详细数据。很明显,大多数突出都发生在断层和褶皱等构造带。此外,煤层的突然变厚也会引起突出,突出过程中会抛出大量的煤、岩、气。突出程度与构造作用之间没有正相关关系,但可以确定突出发生的地质条件与构造作用密切相关。据统计,瓦斯突出量在 $4865 \sim 1380000$ m^3 之间。尽管最大瓦斯突出量出现在地质稳定带,但构造发育带的瓦斯突出量仍然很高。突出过程中产生的瓦斯会直接排放到大气中,以单位分子数而言,甲烷的温室效应要比二氧化碳大 25 倍,对生态环境的破坏性极强。因此,瓦斯的控制,特别是粉化构造煤的地区的瓦斯控制尤为重要。

表 8-2 2000 年后我国特殊地质条件下突发事件的不完全统计

序号	煤矿	日期	突出煤岩量/t	瓦斯突出量/m^3	地质条件
1	芦岭煤矿	2002	8 729	93 000	断层
2	红菱煤矿	2004	701	66 266	构造发育
3	大平煤矿	2004	1 894	249 501	断层
4	望峰岗煤矿	2006	2 831	292 700	未发现异常构造
5	马岭山煤矿	2006	339	28 341	构造发育
6	孟津煤矿	2006	828	86 906	断层
7	陶二煤矿	2007	475	65 000	构造发育
8	大淑村矿	2007	1 270	93 000	断层
9	新兴煤矿	2009	3 845	166 300	断层
10	平禹四矿	2010	2 547	150 000	构造发育
11	九里山矿	2011	3 246	291 000	断层
12	响水煤矿	2012	490	45 000	单斜构造,断层
13	金佳煤矿	2013	3 060	1 380 000	未发现异常构造
14	马场煤矿	2013	2 051	352 000	断层、褶曲
15	白龙山煤矿	2013	868	84 130	断层
16	阳煤五矿	2014	325	11 354	构造发育
17	兴峪煤矿	2017	254	5 940	滑动构造,煤层变厚

（续表）

序号	煤矿	日期	突出煤岩量/t	瓦斯突出量/m³	地质条件
18	薛湖煤矿	2017	116	4 865	断层
19	义马煤矿	2018	1 917	82 843	煤层变厚
20	平煤十三矿	2018	301	10 123	煤层变厚

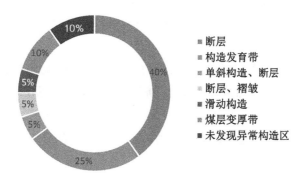

图 8-6　2000 年以后我国特殊地质条件下突发事件的不完全统计

8.3　构造煤突出煤粒临界粒径的估算

颗粒煤的粒径与瓦斯解吸速度呈反比,粒径越小,相应的初始瓦斯解吸速度越大。杨其銮[36]、王佑安[37]、姜海纳[28]、Zhao 等人[24]和 Jin 等人[23]的研究表明颗粒煤的解吸存在一个临界粒径值,当颗粒煤的粒径小于该临界值时,初始瓦斯解吸速度会发生"突变",会随粒径的减小急剧增大,且他们的研究均证实快速解吸的临界粒径基本位于毫米范围内。遵循赵伟[35]等人的假设,将 3 mm 作为极限粒径的一般取值,那么常规粒径(1~3 mm)的煤粒处于极限粒径和第一分钟瓦斯解吸速度关系范围内。当前,国内学者通常在实验室内开展不同平衡压力下常规粒径的瓦斯解吸实验,进而获得适用于相应煤层的突出敏感指标体系,解吸压力和第一分钟解吸量存在如下关系[38]:

$$Q_1 = cp^k \tag{8-8}$$

式中:Q_1——第一分钟瓦斯解吸量,mL/g;

c,k——拟合参数。

杨其銮[36]和渡边伊温[39]分析了颗粒煤的粒径与初始瓦斯解吸速度的关系,认为在小于极限粒径范围内,颗粒煤的平均解吸速度与粒径满足如下关系:

$$\frac{\bar{v}_1}{\bar{v}_2} = \left(\frac{d_2}{d_1}\right)^{k_d} \tag{8-9}$$

式中：$\bar{v}_1$，$\bar{v}_2$——颗粒煤破碎前后的平均解吸速度，$mL/(g \cdot s)$；

  d_1，d_2——颗粒煤破碎前后的粒径，mm；

  k_d——解吸速度的粒径特征系数。

对式(8-9)取对数可得：

$$\ln \bar{v}_1 - \ln \bar{v}_2 = k_d (\ln d_2 - \ln d_1) \tag{8-10}$$

根据第 7 章开展的不同粒径下的瓦斯解吸实验结果，可分别得到祁南构造煤、祁南原生煤、平煤十矿构造煤、平煤十矿原生煤、古汉山构造煤和古汉山原生煤的平均粒度特征系数值分别为 0.26、0.61、0.63、0.6、0.14 和 0.66。

赵伟[35]通过对中梁山突出实验(突出压力 1.75 MPa)中突出煤体输运效果进行分析，得出多数瓦斯膨胀能是由新解吸的瓦斯提供，且突出需要补充的瓦斯解吸量为 1 532 m^3，平均解吸速度为 0.048 07 $mL/(g \cdot s)$。依据式(8-8)计算本章煤样的吸附平衡压力与第一分钟瓦斯解吸量的关系，并对比中梁山突出实验的突出压力给出了 1.75 MPa 对应的第一分钟瓦斯速度，结果见表 8-3。

表 8-3 的数据表明，包含突出煤在内的所有煤样在 1.75 MPa 对应的第一分钟的瓦斯解吸速度介于 0.003 087～0.061 241 $mL/(g \cdot s)$之间，仅有古汉山构造煤的瓦斯解吸速度为 0.061 241 $mL/(g \cdot s)$，大于中梁山突出中输运煤体需要的解吸速度，其余煤样的第一分钟瓦斯解吸速度约为输运煤体需要解吸速度的 1/10～1/2。同时从表中还发现构造煤的瓦斯解吸速度大于原生煤，祁南构造煤的瓦斯解吸速度是原生煤的 4.6 倍，平煤十矿构造煤的瓦斯解吸速度是原生煤的 2.6 倍，古汉山构造煤的瓦斯解吸速度是原生煤的 5.5 倍。除古汉山构造煤外，其余煤样如果要达到完成中梁山突出中输运煤体需要的解吸速度，则粒径必须小于常规粒径，且相比于构造煤，原生煤需要破碎至粒径更小的煤。同时，本章还计算并分析了平煤十三矿突出煤和新义煤矿突出煤的估算临界突出粒径，发现两种突出煤样的瓦斯解吸速度均较高，平煤十三矿突出煤的瓦斯解吸速度为 0.018 999 $mL/(g \cdot s)$，新义煤矿突出煤的瓦斯解吸速度为 0.023 944 $mL/(g \cdot s)$，明显高于同为焦煤的平煤十矿构造煤和原生煤，证实突出煤受到了更强烈的地质构造作用，其瓦斯解吸能力更强。

表 8-3 常规粒径的煤颗粒 1.75 MPa 时第一分钟的瓦斯解吸速度和估算临界粒径值

煤样	第一分钟解吸量 与压力的关系	1.75 MPa 时第一分钟的 瓦斯解吸速度/($mL \cdot g^{-1} \cdot s^{-1}$)	估算临界突出 粒径/mm
祁南构造煤	$Q_1 = 0.888\,84 p^{0.554\,96}$	0.020 209	0.071
祁南原生煤	$Q_1 = 0.176\,43 p^{0.725\,6}$	0.004 413	0.040
平煤十矿构造煤	$Q_1 = 0.345\,24 p^{0.589\,08}$	0.008 001	0.116
平煤十矿原生煤	$Q_1 = 0.130\,24 p^{0.629\,03}$	0.003 087	0.021

（续表）

煤样	第一分钟解吸量与压力的关系	1.75 MPa 时第一分钟的瓦斯解吸速度/$(mL \cdot g^{-1} \cdot s^{-1})$	估算临界突出粒径/mm
古汉山构造煤	$Q_1 = 3.004\,33p^{0.359\,79}$	0.061 241	11.3
古汉山原生煤	$Q_1 = 0.500\,61p^{0.511\,1}$	0.011 106	0.217
平煤十三矿突出煤*	$Q_1 = 1.125\,13p^{0.545\,55}$	0.018 999	0.406
新义煤矿突出煤*	$Q_1 = 1.219\,68p^{0.292\,59}$	0.023 944	0.104

注："*"不同于本章中实验煤样,平煤十三矿突出煤和新义煤矿突出煤的平均粒度特征系数值分别为 0.296 和 0.18。

在获得 1.75 MPa 对应的第一分钟的瓦斯解吸速度后,根据式(8-10)即可估算临界突出粒径值,中梁山突出试验的煤样为焦煤,本章对比了平煤十矿构造煤和原生煤的估算临界突出粒径结果,发现对于原生煤,需要将其破碎至粒径大约为 0.021 mm,对于构造煤,仅需将其破碎至粒径大约为 0.116 mm,粒径大小是原生煤粒径的 5.5 倍,说明构造煤比原生煤更易发生突出。此外,同为焦煤的平煤十三矿突出煤的估算临界突出粒径为 0.406 mm,进一步佐证构造煤更容易发生突出。

赵伟[35]计算得到了焦煤煤样(双柳和屯兰煤样)在 1.75 MPa 的第一分钟的瓦斯解吸速度分别是 0.003 309 mL/(g·s)和 0.003 616 mL/(g·s),对应估算的突出临界粒径分别是 0.074 mm 和 0.083 mm。将文献中的结果与本章的结果相对比发现,文献中的平均解吸速度略大于本章中平煤十矿原生煤但远小于构造煤,文献中的估算突出临界粒径值小于构造煤大于原生煤。可见,文献中的煤样并非构造煤样,可能是受构造作用影响较小的煤,所以估算的突出临界粒径值要更小。此外,我们发现古汉山构造煤的估算临界粒径值大约是 11.3 mm 左右,因为古汉山煤样是无烟煤,而中梁山突出试验煤样是焦煤,所以未进行相互比较。本章在估算突出临界粒径均为平均粒径时,计算过程中也有很多的假设限制,虽然估算值不能完全反映突出粒径的大小,但在解释构造煤和原生煤突出的差异及突出粒径大小的关系方面仍具有一定的指导和参考意义。

通过分析胡千庭等[13]对中梁山煤矿四次突出事故案例中粒径分布的统计结果发现,大部分颗粒煤的粒径位于 0.1~1 mm 区间内,该区间突出粉煤为总突出的 28.45%,粒径 0.1 mm 以下突出粉煤占总突出煤的 9.95%。本章估算的构造煤突出临界粒径为 0.116 mm,平煤十三矿突出煤的临界粒径为 0.406 mm,均介于 0.1~1 mm 之间,而估算的原生煤的突出临界粒径则为 0.021 mm;对比现场统计结果和本章的计算结果发现,估算构造煤的突出临界粒径可靠性更高,也就是说构造煤具备在更大粒径下发生突出的可能,更易发生突出。突出事故粒径分布的统计结果还表明突出煤粒的粒径变化范围最高有 10 个数量级的差别,这也说明了突出煤粉并不呈现出理想正态分布特征,而是表现出明显的非均匀性。

8.4 构造煤的破碎功

如图 8-7 所示,新义煤矿和平煤十三矿突出事故现场的照片显示突出煤多以颗粒煤或者粉化煤为主。构造煤的硬度普遍偏低,而原生煤的硬度很高,原生结构也比较完整。煤体的破碎甚至粉化的过程是在地应力的主导作用下完成的。涂庆毅[25]计算了突出事故多发地点埋深 300~700 m 区间内的垂直应力,其值在 8.1~18.9 MPa 之间,并依据统计数据计算得到了该区间内的平均水平应力为 10~30 MPa;在此基础上,对突出事故地点的地应力进行评估并考虑扰动后的应力集中,认为 300~700 m 的埋深提供的垂直应力为 3.0~32.7 MPa。分析前人文献中的结论以及突出事故现场埋深的地应力等信息,可以得出如下结论:现有的地应力能够将原生煤进行破坏,破坏后的煤体以大块状煤体的形式存在,这与突出呈现的粉化煤和颗粒煤是存在差异的。

(a) 新义煤矿突出 (b) 平煤十三矿突出

图 8-7 突出现场煤的破碎特征

从粉化原生煤所需要的应力角度出发,涂庆毅[25]计算了将三种不同的原生煤破碎至 0.1 mm 粒径时所需要的应力值,发现其值很高,分别为 242.64 MPa、275.08 MPa 和 434.93 MPa;他从瓦斯解吸过程粉化原生煤的角度,通过理论和实验计算,证明颗粒煤与巷道以及颗粒与颗粒间的粉碎率很低,颗粒碰撞的粉碎率仅为 0.000 2%~0.663 8%。Jin 等人[29]分别开展了粒径 1~3 mm 煤样在压力为 0.5 MPa 下强吸附气体 CO_2 和弱吸附气体 N_2 的突出模拟实验,结果表明煤样粉化比例分别为 8.15% 和 3.06%,他们发现由瓦斯解吸引起的颗粒间的碰撞导致的粉化程度并不高。前人的实验结果也表明原生煤或是原生煤颗粒的抗拉强度均会超过 1 MPa,尤其是颗粒煤具有更高的抗拉强度[25, 40]。因此,瓦斯解吸过程对原生煤破碎的作用有限,原生煤破碎需要非常高的初始瓦斯压力。综合研究表明,若想将煤层中的原生煤破碎,需要极高的地应力条件和初始瓦斯压力条件。

破碎功代表着将单位质量煤(每克)破碎形成单位新增表面积所需要消耗的能量,可以用于衡量煤的破碎或是粉化程度。在获得构造煤和原生煤不同估算临界粒径的基础上,为了进一步解释原生煤为何难以突出,本节继续从破碎煤体所需要的能耗角度出发,计算了将常规粒径的构造煤和原生煤颗粒粉碎至粒径为 0.116 mm 和 0.021 mm 时所需的能量,在进行分析前需要做出一定的假设:①假定颗粒煤为均匀的球体;②假定颗粒煤粉碎前和粉碎后的粒径为平均粒径;③假定粉碎前后颗粒煤的总质量和总体积不变。基于上述假设,可以得到粉碎前后的颗粒数目:

$$N_a = \frac{6V_q}{\pi d_a^{\,3}} \tag{8-11}$$

$$N_f = \frac{6V_q}{\pi d_f^{\,3}} \tag{8-12}$$

式中: N_a , N_f ——粉碎前后颗粒的数目;

　　V_q ——单位质量(每克)煤的体积,cm³;

　　d_a , d_f ——粉碎前后平均粒径,cm。

单位质量煤颗粒粉碎前后的表面积可由式(8-13)和式(8-14)得到:

$$A_a = N_a A_g = \frac{3m}{2d_a \rho} \tag{8-13}$$

$$A_f = N_f A_g = \frac{3m}{2d_f \rho} \tag{8-14}$$

式中: A_a , A_f ——单位质量煤粉碎前后颗粒的总表面积,cm²;

　　A_g ——单个颗粒煤的表面积,cm²;

　　m ——煤的质量,g;

　　ρ ——煤的密度,g/cm³。

联合式(8-13)和式(8-14),可得经粉碎后的新增比表面积 ΔA :

$$\Delta A = A_f - A_a = \frac{3m}{\rho}\left(\frac{1}{2d_f} - \frac{1}{2d_a}\right) \tag{8-15}$$

每单位质量的颗粒煤破碎至一定粒径时的能量消耗可表达为新增表面积和表面能耗的函数:

$$W_1 = \Delta A \gamma_e \tag{8-16}$$

式中: W_1 ——每单位质量的颗粒煤破碎至一定粒径时消耗的能量;

　　γ_e ——表面能耗,J/m²。

将式(8-15)代入上式,得到:

$$W_1 = \frac{3m\gamma}{\rho}\left(\frac{1}{2d_f} - \frac{1}{2d_a}\right) \tag{8-17}$$

表面能耗与煤的坚硬程度有关,Wang 等人[41]通过理论推导了表面能耗与坚固性系数的关系,认为二者满足如下表达式:

$$\gamma_e = \frac{185}{4} f \tag{8-18}$$

经过计算可得到单位质量平煤十矿构造煤和原生煤由常规粒径(1~3 mm)粉碎至粒径为 0.116 mm 时需要消耗的能量分别为 0.084 J 和 0.3 J,将原生煤由常规粒径粉碎至粒径为 0.021 mm 时需要消耗 1.743 J 的能量。对比发现,将构造煤由常规粒径粉碎至估算突出粒径时消耗的能量仅为原生煤的 0.28 倍,能耗非常小;如果将原生煤由 0.116 mm 破碎至估算突出粒径 0.021 mm 时则需要多消耗 1.443 J 的能量。由此可见,如果仅由原生煤发生突出,那么与构造煤相比需要消耗大量的能量,这进一步佐证构造煤的存在是突出发生的必要条件。

8.5　构造煤瓦斯快速解吸对突出的作用

综合本章的分析研究,对构造煤瓦斯快速解吸对突出的影响进行再认识,总结如图 8-8 所示。在突出的准备阶段,原始煤层在经一期或多期构造作用过程后发生挤压变形、剪切、碎裂和揉皱等,煤体的大尺度基质演变成小尺度状的基质体,煤体的硬度降低,原生结构发生损伤破坏;分子结构中脂肪侧链长度降低,基本结构单元中芳香族的密集化、堆叠化、缩合化和芳构化的程度增加,提高了煤的生烃能力并促进了孔隙结构的进一步发育,使其吸附瓦斯的能力大大增强,这意味着其提供的瓦斯膨胀能更高。粉化煤体受构造应力集中发生再压实作用,此时,断层、褶曲和煤厚异常区等地质构造会改变煤层的应力环境和瓦斯赋存的状态,对瓦斯起到一定的封存作用,使瓦斯的逸散能力降低,导致地质构造附近小范围区域内形成较高的瓦斯压力梯度。

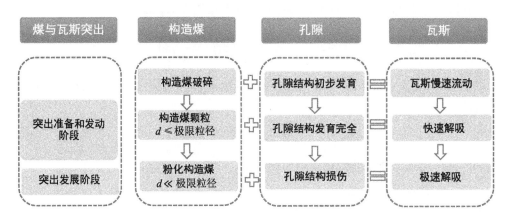

图 8-8　构造煤快速解吸对突出的作用

孔隙中吸附态瓦斯会对煤基质骨架产生压缩效应,使煤体积聚更多的弹性势能,对构造煤体进一步产生破坏;此外,孔隙中吸附的瓦斯也会起到一定的分子楔作用,弱化煤体的强度,使其发生破碎。受地质构造作用和地应力环境的影响,构造煤体内部具有很高的构造应力,发生突然破坏及位移倾向的能力强。常规粒径颗粒煤瓦斯解吸产生的能量无法满足煤体抛出的条件,根据本章的实验研究结果,前 30 s 内构造煤的瓦斯解吸量占 120 min 总解吸量的比例最高可达 35.9%,远高于原生煤的 22.2%,且粒径越小,占比越高,这为突出提供了更高的瓦斯膨胀能。当构造煤粉碎至粒径为 0.074～0.2 mm 时,瓦斯膨胀能会增加 0.25～8.13 倍,为突出的发动和发展提供足够的能量。同时,小范围构造区域内形成的较高瓦斯压力梯度也会为突出的发动和发展提供足够的能量,这时煤层中的瓦斯开始以慢速的状态进行流动。

在突出发动阶段,高吸附且呈破碎及颗粒状分布的构造煤散体颗粒在弹性势能和瓦斯膨胀能的作用下抛向煤岩巷道空间,突出发动是瞬间完成的过程,在快速抛出过程中会形成最初突出孔洞,并为后续的突出发展提供更大空间。在这个过程中,更多高瓦斯压力和高应力的构造煤体先后暴露于巷道环境中,这为构造煤体的持续破坏提供了便利;同时,构造煤散体颗粒的解吸速度快速增加,快速解吸出的瓦斯会直接参与做功,为突出提供短期所需要的能量。

在突出发展阶段,突出孔洞内外会形成较高的瓦斯压力梯度,进而促进层裂的发展、煤体的破碎及瓦斯快速解吸,并沿着孔洞向内部发展;高速流动的瓦斯气流在推动突出构造煤散体颗粒的过程中,也会使其不断发生碰撞和粉化,这个过程中的粉化效果会对突出发展起到一定的促进作用,粉化状态的构造煤会提供更高的瓦斯膨胀能和输运能力。

参考文献

［1］俞启香.矿井灾害防治理论与技术[M].2 版.徐州:中国矿业大学出版社,2008.

［2］于不凡.煤矿瓦斯灾害防治及利用技术手册[M].北京:煤炭工业出版社,2005.

［3］于不凡.煤和瓦斯突出机理[M].北京:煤炭工业出版社,1985.

［4］于不凡.谈煤和瓦斯突出机理[J].煤炭科学技术,1979,7(8):34-42.

［5］程远平.煤矿瓦斯防治理论与工程应用[M].徐州:中国矿业大学出版社,2010.

［6］俞启香,程远平.矿井瓦斯防治[M].徐州:中国矿业大学出版社,2012.

［7］琚宜文,林红,李小诗,等.煤岩构造变形与动力变质作用[J].地学前缘,2009,16(1):158-166.

［8］朱立凯,杨天鸿,徐涛,等.煤与瓦斯突出过程中地应力、瓦斯压力作用机理探讨[J].采矿与安全工程学报,2018,35(5):1038-1044.

［9］霍多特.煤与瓦斯突出[M].宋士钊,王佑安,译.北京:中国工业出版社,1966.

［10］KHODOT V V, KOGAN G L. Modeling gas bursts[J]. Soviet Mining Science, 1979, 15(5): 491-494.

［11］ 周世宁,何学秋.煤和瓦斯突出机理的流变假说[J].中国矿业大学学报,1990,19(2):1-8.

［12］ 何学秋.含瓦斯煤岩流变动力学[M].徐州:中国矿业大学出版社,1995.

［13］ 胡千庭,文光才.煤与瓦斯突出的力学作用机理[M].北京:科学出版社,2013.

［14］ 李萍丰.浅谈煤与瓦斯突出机理的假说:二相流体假说[J].煤矿安全,1989,20(11):29-35.

［15］ 蒋承林,俞启香.煤与瓦斯突出机理的球壳失稳假说[J].煤矿安全,1995,26(2):17-25

［16］ 蒋承林.石门揭穿含瓦斯煤层时动力现象的球壳失稳机理研究[D].徐州:中国矿业大学,1994.

［17］ TU Q Y, CHENG Y P, LIU Q Q, et al. An analysis of the layered failure of coal: New insights into the flow process of outburst coal[J]. Environmental & Engineering Geoscience, 2017: 24(3): 317-331.

［18］ 郭品坤.煤与瓦斯突出层裂发展机制研究[D].徐州:中国矿业大学,2014.

［19］ TU Q Y, CHENG Y P, GUO P K, et al. Experimental study of coal and gas outbursts related to gas-enriched areas[J]. Rock Mechanics and Rock Engineering, 2016, 49(9): 3769-3781.

［20］ 程远平,刘清泉,任廷祥.煤力学[M].北京:科学出版社,2017.

［21］ 陈鲜展.地应力对煤与瓦斯突出强度影响研究[J].煤炭技术,2018,37(7):159-160.

［22］ 吴俊.煤表面能的吸附法计算及研究意义[J].煤田地质与勘探,1994,22(2):18-23.

［23］ JIN K, CHENG Y P, LIU Q Q, et al. Experimental investigation of pore structure damage in pulverized coal: Implications for methane adsorption and diffusion characteristics[J]. Energy & Fuels, 2016, 30(12): 10383-10395.

［24］ ZHAO W, CHENG Y P, JIANG H N, et al. Role of the rapid gas desorption of coal powders in the development stage of outbursts[J]. Journal of Natural Gas Science and Engineering, 2016, 28: 491-501.

［25］ 涂庆毅.构造煤表观物理结构及煤与瓦斯突出层裂发展机制研究[D].徐州:中国矿业大学,2019.

［26］ 金侃.煤与瓦斯突出过程中高压粉煤—瓦斯两相流形成机制及致灾特征研究[D].徐州:中国矿业大学,2017.

［27］ 鲜学福,辜敏,李晓红,等.煤与瓦斯突出的激发和发生条件[J].岩土力学,2009,30(3):577-581.

［28］ 姜海纳.突出煤粉孔隙损伤演化机制及其对瓦斯吸附解吸动力学特性的影响[D].徐州:中国矿业大学,2015.

［29］ JIN K, CHENG Y P, REN T, et al. Experimental investigation on the formation and transport mechanism of outburst coal-gas flow: Implications for the role of gas desorption in the development stage of outburst[J]. International Journal of Coal Geology, 2018, 194: 45-58.

［30］ ALI M. Pakistan's quest for coal-based energy under the China-Pakistan Economic Corridor (CPEC): Implications for the environment[J]. Environmental Science and Pollution Research, 2018, 25(32): 31935-31937.

［31］ CHENG Y P, WANG L, ZHANG X L. Environmental impact of coal mine methane emissions and responding strategies in China[J]. International Journal of Greenhouse Gas Control, 2011, 5(1): 157-166.

［32］ OLIVIER J G J, VAN AARDENNE J A, DENTENER F J, et al. Recent trends in global greenhouse gas emissions：Regional trends 1970 - 2000 and spatial distribution of key sources in 2000［J］. Environmental Sciences，2005，2(2)：81-99.

［33］ LIU Q L，WANG E Y，KONG X G，et al. Numerical simulation on the coupling law of stress and gas pressure in the uncovering tectonic coal by cross-cut［J］. International Journal of Rock Mechanics and Mining Sciences，2018，103：33-42.

［34］ WANG Z Y，CHENG Y P，QI Y X，et al. Experimental study of pore structure and fractal characteristics of pulverized intact coal and tectonic coal by low temperature nitrogen adsorption［J］. Powder Technology，2019，350：15-25.

［35］ 赵伟. 粉化煤体瓦斯快速扩散动力学机制及对突出煤岩的输运作用［D］. 徐州：中国矿业大学，2018.

［36］ 杨其銮. 关于煤屑瓦斯放散规律的试验研究［J］. 煤矿安全，1987，18(2)：9-16.

［37］ 王佑安，杨思敬. 煤和瓦斯突出危险煤层的某些特征［J］. 煤炭学报，1980，5(1)：47-53.

［38］ 孔胜利，程龙彪，王海锋，等. 钻屑瓦斯解吸指标临界值的确定及应用［J］. 煤炭科学技术，2014，42(8)：56-59.

［39］ 渡边伊温，辛文. 作为煤层瓦斯突出指标的初期瓦斯解吸速度：关于 K_t 值法的考察［J］. 煤矿安全，1985，16(5)：56-63.

［40］ OKUBO S，FUKUI K，QI Q X. Uniaxial compression and tension tests of anthracite and loading rate dependence of peak strength［J］. International Journal of Coal Geology，2006，68(3/4)：196-204.

［41］ WANG C H，CHENG Y P，YI M H，et al. Powder mass of coal after impact crushing：A new fractal-theory-based index to evaluate rock firmness［J］. Rock Mechanics and Rock Engineering，2020，53(9)：4251-4270.